化学工业出版社"十四五"普通高等教育规划教材

国家级一流本科专业建设成果教材

碳中和原理与技术

Principles and Technologies of Carbon Neutrality

U0268602

张海涵　张阿凤　刘小燕　主编

化学工业出版社
·北京·

内容简介

《碳中和原理与技术》针对我国碳中和技术重大需求，追溯了国内外碳中和发展历程，系统介绍了各个领域的碳排放现状、发展趋势，碳中和技术基本原理、技术特点和案例分析。全书共包括"双碳"目标概述、大气碳排放与低碳技术、森林碳汇与碳中和、农业碳汇与碳中和、新材料在碳中和发展中的作用、交通运输领域碳中和与低碳转型、建筑领域碳中和、"双碳"目标下的污水处理技术八章内容。在每章后附有思考题，便于学生自学和总结。

本书可作为高等学校环境、农业、林业、材料、建筑、交通等相关专业的教材，也可供从事碳中和领域的管理和技术人员参考。

图书在版编目（CIP）数据

碳中和原理与技术 / 张海涵，张阿凤，刘小燕主编.
北京：化学工业出版社，2024.9. -- ISBN 978-7-122
-46314-2
Ⅰ.X511
中国国家版本馆 CIP 数据核字第 20240J6939 号

责任编辑：刘丽菲   文字编辑：刘 莎 师明远
责任校对：宋 玮   装帧设计：张 辉

出版发行：化学工业出版社
　　　　　（北京市东城区青年湖南街 13 号　邮政编码 100011）
印　　装：大厂回族自治县聚鑫印刷有限责任公司
787mm×1092mm　1/16　印张 13　字数 278 千字
2024 年 12 月北京第 1 版第 1 次印刷

购书咨询：010-64518888   售后服务：010-64518899
网　址：http://www.cip.com.cn
凡购买本书，如有缺损质量问题，本社销售中心负责调换。

定　价：42.00 元

前言

　　气候变暖已是一个不争的事实，是人类面临的重大的全球性挑战。应对气候变化是全人类共同的事业，为应对气候变暖，各个国家纷纷提出了碳中和目标。作为世界上最大的发展中国家，我国承诺 2060 年前实现碳中和，展现了负责任大国的使命和担当，这是着力解决资源环境约束突出问题的必然选择，事关中华民族永续发展和构建人类命运共同体。实现碳中和是一场广泛而深刻的经济社会系统性变革，需要把碳中和纳入我国生态文明建设整体布局。基于目前的碳排放现状和发展趋势，必须清醒地认识到，实现碳中和目标并非易事。而作为能源高效生产和利用、产业节能降耗的关键，碳中和技术的发展和应用在实现碳达峰、碳中和进程中将起到至关重要的作用。

　　国家主席习近平于 2020 年 9 月在联合国生物多样性峰会上发表重要讲话，表达了中国积极参与全球环境治理的决心，同时确定了中国力争于 2030 年二氧化碳排放达到峰值、争取 2060 年前实现碳中和的坚定目标。本书的编写基于我国碳排放现状以及碳中和方面的研究成果和实践，期望为实现"双碳"目标起到推动作用。本书主要从"双碳"政策、生态系统碳汇和重点产业碳减排三个方面，分为八个章节，对各个领域碳中和的基本原理和技术特点进行概述。第 1 章追溯了全球"双碳"目标发展历程，总结了欧盟、英国、日本和美国等主要经济体的碳中和政策，并结合国外碳中和发展现状，系统阐述了我国的"双碳"目标和政策体系。第 2 章阐述了大气碳排放现状，系统介绍了大气碳排放监测和低碳控制技术的基本原理和技术特点，结合示范工程项目阐明了低碳控制技术的应用效果。第 3 章和第 4 章结合我国森林、农业等生态系统碳汇现状，阐述了生态系统碳汇研究方法及其影响因素，系统介绍了森林、农田生态系统固碳增汇技术措施。第 5 章从材料的研究现状、发展方向、机遇与挑战着手，系统阐述了以生物质、CO_2 为原料生产新材料的技术方法，以化工新材料、新型建筑材料、超导材料为例展现了新材料在碳中和发展中的作用，且从材料碳减排角度概述了废弃材料的回收与利用技术。第 6 章回顾了我国交通运输行业的发展和碳排放现状，进一步总结了我国采取的交通运输低碳发展政策与关键路径，并探讨了国内外交通运输行业中实现碳减排的技术措施。第 7 章介绍了建筑领域碳排放现状、建筑领域碳中和政策与实施路径，阐述了绿色建筑的概念和设计要点，总结了绿色建筑节能技术方法，并结合国内外绿色建筑案例阐明了节能技术的应用效果。第 8 章系统地介绍了污水处理碳排放和运行能耗，从污水处理节能降耗措施、低碳工艺、能源回收利用三个角度阐述了污水处理中的碳中和理念和技术方法，并结合国内外先进污水处理厂的工艺、技术和工程实践阐明了污水处理碳中和技术的应用效果。

本书由西安建筑科技大学环境与市政工程学院、理学院与西北农林科技大学林学院、资源环境学院共同编写。具体分工如下：第 1 章由西安建筑科技大学环境与市政工程学院陈兴都编写；第 2 章由西安建筑科技大学环境与市政工程学院张倩编写；第 3 章由西北农林科技大学林学院庞军柱编写；第 4 章由西北农林科技大学资源环境学院张阿凤编写；第 5 章由西安建筑科技大学理学院高当丽编写；第 6～8 章由西安建筑科技大学环境与市政工程学院刘小燕编写。全书由西安建筑科技大学环境与市政工程学院张海涵教授负责修改和统稿。

　　碳中和技术涉及多学科、多领域，由于编者水平有限，书中难免存在不足之处，恳请各位读者批评指正，促进我们不断修改、完善，加快推进我国碳中和学科专业建设和人才培养。

编者

2024 年 8 月

目录

第3章　森林碳汇与碳中和 …………………………… 056

第4章　农业碳汇与碳中和 …………………………… 077

第1章

"双碳"目标概述

1.1 碳达峰和碳中和的基本概念

（1）碳达峰

碳达峰指二氧化碳（CO_2）排放量达到历史最高值，即峰值，然后经过平台期进入持续下降的过程，是 CO_2 排放量由增转降的历史拐点。碳达峰的目标包括达峰的年份和峰值。

（2）碳中和

狭义碳中和指 CO_2 的中和，即某个地区在规定时间内人为活动直接和间接排放的 CO_2，通过利用新能源减少碳排放、碳捕集利用与封存、植树造林等人为的碳移除和碳汇补偿手段，与自身产生的 CO_2 相互抵消，实现 CO_2 排放与吸收的平衡（图 1.1）。广义碳中和还包括净零排放和气候中性等[1]。

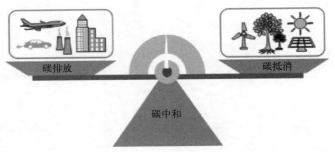

图 1.1　碳中和概念

(3) 碳达峰与碳中和的关系

为积极应对气候变化，截至 2020 年底，全球 130 多个国家提出碳达峰碳中和目标，这些国家 CO_2 排放量占全球的 73%，GDP 占全球的 70%。作为世界上最大的发展中国家，2020 年 9 月，我国宣布了 CO_2 排放量力争于 2030 年前达到峰值，努力争取 2060 年前实现碳中和的目标。碳达峰和碳中和目标是为积极应对气候变化这个全球性重大挑战而提出的，它不仅是我国实现可持续发展的内在要求和加强生态文明建设、实现美丽中国目标的重要抓手，更展现了负责任的大国担当。实现碳中和是一场广泛而深刻的经济社会系统性变革，需要将碳中和纳入生态文明建设整体布局。碳达峰是 CO_2 排放量由增转降的历史拐点，包括达峰年份和峰值，因此碳达峰是碳中和的基础和前提。碳达峰作为前锋，其达峰时间、效率、效果深刻影响着碳中和实现的时长和难易程度。为完成我国 2060 年碳中和目标，需尽快、稳妥地推进碳达峰，为后续减排工作减轻负担、留足余地。

1.2　联合国"双碳"发展历程

气候变化是人类面临的最严峻挑战，共同应对气候变化是全人类共同的责任。为积极应对气候变化，联合国大会于 1992 年 5 月 9 日通过了《联合国气候变化框架公约》(UNFCCC：United Nations Framework Convention on Climate Change)，这是世界上第一个为全面控制 CO_2 等温室气体排放，应对全球气候变暖给人类经济和社会带来不利影响的国际公约，也是国际社会在应对全球气候变化问题上进行国际合作的一个基本框架[2]。1997 年 12 月在日本京都《联合国气候变化框架公约》参加国第三次缔约方会议上通过了《京都议定书》。《京都议定书》是控制气候变化领域第一个有法律约束力的国际条约，首次提出了以法规的形式限制各缔约国的温室气体排放，被誉为国际环境外交的里程碑。但随后二十年间，《京都议定书》并没有达到理想的效果，"共同但有区别的责任"原则亦没有强制约束。

2015 年 12 月 12 日，联合国气候变化大会中通过了《巴黎协定》。《巴黎协定》是继《联合国气候变化框架公约》《京都议定书》之后，人类历史上应对气候变化的第三个里程碑式的国际法律文本，形成了 2020 年后的全球气候治理格局。《巴黎协定》的长期目标是将全球平均气温较前工业化时期上升幅度控制在 2℃ 以内，并努力将温度上升幅度限制在 1.5℃ 以内，并在 2050—2100 年实现全球碳中和目标。在《巴黎协定》的框架下，许多国家提出了碳达峰、碳中和的目标。自此，碳中和作为一项国家层面的发展理念，在各国范围内得到广泛接纳，全球应对气候变化立法从国际立法转化和延伸至国内立法，越来越多的国家做出碳中和承诺并为此进行专项立法[3]。

1.2.1 《联合国气候变化框架公约》

《联合国气候变化框架公约》由序言、正文（26 条款）和两个附件组成，正文中的"目标、原则和承诺"是公约的核心内容。公约确定了可能通过的相关法律文书的最终目标："将大气中温室气体的浓度稳定在防止气候系统受到危险的人为干扰的水平上，这一水平应当在足以使生态系统能够自然地适应气候变化、确保粮食生产免受威胁，并使经济发展能够可持续进行的时间范围内实现"[4]。

为实现公约最终目标和履行其各项规定，确立了五项基本原则：①"共同但有区别的责任"原则，要求发达国家缔约方应当率先对付气候变化及其不利影响；②应当充分考虑到发展中国家缔约方尤其是特别易受气候变化不利影响的那些发展中国家缔约方的具体需要和特殊情况；③各缔约方应当采取预防措施，预测、防止或尽量减少引起气候变化的原因并缓解其不利影响；④各缔约方有权并且应当促进可持续的发展；⑤各缔约方应当合作促进有利的和开放的国际经济体系。

考虑到缔约国共同但有区别的责任，以及各自具体的国家和区域发展优先顺序、目标和情况，公约对发达国家和发展中国家规定的义务以及履行义务的程序有所区别[5]。公约要求发达国家作为温室气体的排放大户，采取具体措施限制温室气体的排放，并向发展中国家提供资金，以支付他们履行公约义务所需的费用，而发展中国家只承担提供温室气体源与温室气体汇的国家清单的义务，制定并执行含有关于温室气体源与汇方面措施的方案，不承担有法律约束力的限控义务。同时，公约建立了一个向发展中国家提供资金和技术，使其能够履行公约义务的资金机制。

《联合国气候变化框架公约》确立了国际社会应对全球气候变化问题的一个基本框架，是专门针对全球气候变暖而全面控制二氧化碳等温室气体排放的第一个国际性文件，是各国在气候领域进行国际合作的基础。但公约没有对各个缔约方规定具体需承担的义务，未规定实施机制和制裁措施，缺少法律上的约束力，也未制定严格的减排时间表与目标值，因此国际社会针对如何落实公约的目标，发达国家如何履行承诺等议题，开展了一系列的后续谈判。

1.2.2 《京都议定书》

《京都议定书》遵循《联合国气候变化框架公约》的最终目标、"共同但有区别的责任"原则及各项规定，制定了28条协议和2个附件，包括针对发达国家和经济转型国家缔约方温室气体排放的共同政策和措施，温室气体削减总量目标、量化限制数量及其承诺期限，所有缔约方义务与承诺，保证发展中国家履行义务的资金机制，以及三项灵活的履约机制——"京都三机制"[6]。

《京都议定书》确定了应当减排的6种温室气体：二氧化碳（CO_2）、甲烷（CH_4）、氧化亚氮（N_2O）、氢氟碳化物（HFCs）、全氟碳（PFCs）、六氟化硫（SF_6）。缔约方应个别地或共同地确保其所列温室气体的人为CO_2当量排放总量不超过其量化的限制、减少排放的承诺以及根据规定所计算的分配数量，以使其在2008—2012年承诺期内的总排放量比1990年水平至少减少5%。

所有缔约方的义务承诺包括制定符合成本效益的温室气体控制的国家方案和区域方案，编制和更新《蒙特利尔议定书》未予管制的温室气体的各种人为"源的排放"和各种"汇的清除"的国家清单，通过合作促进有益于气候变化的环境技术、专有技术的获得、支配和转让，特别是让发展中国家享有更多这方面的机会，在科学技术研究方面进行合作，开展国际合作并进行教育和培训等内容。保证发展中国家履行义务的资金机制要求发达国家缔约方和其他发达缔约方应通过受托经营《联合国气候变化框架公约》资金机制的实体，提供新的和额外的资金，包括技术转让的资金，以支付发展中国家履行《联合国气候变化框架公约》的承诺所需的全部费用。

"京都三机制"包括联合履行机制、排放权贸易机制和清洁发展机制[7]。

① 联合履行机制：发达国家之间通过项目合作所实现的减排量，可以转让给另一发达国家缔约方，但同时在转让方的"分配数量"配额上扣除相应的额度。

② 排放权贸易机制：在发达国家之间，一个发达国家将其超额完成的减排任务指标，以贸易的方式转让给另一个未能完成减排任务的发达国家，同时从转让方的允许排放限额上扣减相应的转让额度。

③ 清洁发展机制：在发达国家和发展中国家之间通过项目合作来实现，发达国家缔约方通过资金和技术支持，在发展中国家实施减排项目，以"经核证的减排量"算在该发达国家缔约方承诺的减排任务里。

1.2.3 《巴黎协定》

《巴黎协定》由序言和29条协议组成，以"共同但有区别的责任"原则和国家自主贡献为核心，规定温室气体减排的目标与方式、减缓与适应、资金与技术支持、透明度与全球盘点机制等相关内容。《巴黎协定》首次明确提出了有关气候升温幅度、适应能力、资金流向的三项长期目标，具体包括：①把全球平均气温升幅控制在工业化前水平 2℃ 以内，并尽一切努力使其不超过 1.5℃，从而避免更灾难性的气候变化后果；②提高适应气候变化不利影响的能力，并以不威胁粮食生产的方式增强气候适应能力和温室气体低排放发展；③使资金流动符合温室气体低排放和气候适应型发展路径。

《巴黎协定》明确了"共同但有区别的责任"和"平等以及各自能力原则"，强调所有缔约方均有全球减排的责任与义务，同时发达国家与发展中国家在具体减排、资金、技术方面负有不同责任[8]。

《巴黎协定》采取所有缔约方"自下而上"的自主贡献的减排合作模式，各国根据国家的发展阶段、国家能力和历史责任，自主确定行动目标，通报国家自主贡献目标，不再强制性分配温室气体减排量，并根据国情逐步增加国家自主贡献，尽最大可能减排。《巴黎协定》设置了五年定期盘点机制，要求各国"每五年通报一次国家自主贡献"，根据不同国情设定国家自主贡献，逐步增加并尽可能达到最大力度。缔约方在 2023 年进行了第一次全球总结，此后每五年一次。

《巴黎协定》在五年间的执行力度亦没有达到联合国的预期，部分国家没有切实践行减排承诺，所制订的减排方案无法满足既定的气温控制目标，未能朝着正确方向前进。为此，2020 年 12 月《巴黎协定》签署五周年之际，联合国与英法等国共同召开气候雄心峰会，联合国秘书长古特雷斯在会上表示，《巴黎协定》是人类在应对气候变化领域的一个重要里程碑，然而各方却未能付出足够的行动将协定加以落实，呼吁全球各国领导人"宣布进入气候紧急状态，直到本国实现碳中和为止"，采取更激进的减排措施并把可持续发展目标写入可落实的具体政策[9]。

1.3　国外"双碳"政策

目前，越来越多的国家在气候变化国际条约的进程中明确了长期的减排目标。碳中和目标正在被越来越多的 UNFCCC 缔约国纳入长期低碳发展策略。然而，尽管碳中和行动的国际影响力不断扩大，但多数国家做出的碳中和承诺还缺少具体落实的政策文件或规划，仅有一部分国家通过国内立法，明确了减碳目标。此外，各个国家落实承诺的能力和执行力也存在差异[10]。目前，各国碳中和目标的时间点主要是三类：2050 年前、2050 年后和 2100 年前。在 2021 年 11 月召开的第 26 届联合国气候变化大会（COP26）期间，阿联酋宣布将在 2050 年实现碳中和，沙特、巴林两国承诺将在

2060 年实现温室气体净零排放，俄罗斯宣布争取到 2060 年实现碳中和，印度提出到 2070 年实现净零排放。截至 2022 年 12 月，全球提出碳中和的主要国家及碳中和年份 如表 1.1 所示[11]。

表 1.1 全球提出碳中和目标的主要国家及碳中和年份

实现碳中和的目标年份	国家和地区
已实现	不丹(2014)、苏里南(2018)
2050 年前	乌拉圭(2030)、芬兰(2035)、奥地利(2040)、冰岛(2040)、瑞典(2045)
2050 年	美国、欧盟、英国、法国、丹麦、新西兰、匈牙利、西班牙、智利、斐济、德国、瑞士、挪威、爱尔兰、葡萄牙、哥斯达黎加、斯洛文尼亚、马绍尔群岛、南非、加拿大、韩国、日本、巴西、安道尔、阿根廷、比利时、柬埔寨、哥伦比亚、冈比亚、立陶宛、卢森堡、拉脱维亚、马耳他、斯洛伐克、泰国、突尼斯、新加坡
2050 年后	中国(2060)

数据来源：Climate Watch。

1.3.1 欧盟"双碳"政策

(1) 欧盟碳中和的主要政策框架与政策目标

欧盟构建的碳中和政策框架部署了重点鲜明的关键行业减排措施，配套布局了科技研发项目，采取了多样化的财政与金融保障措施等[12]。在《欧洲气候法案》、"减碳55%"一揽子计划和《欧洲绿色协议》框架下，欧盟主要从 7 个方面构建并完善其碳中和政策框架：①将 2030 年温室气体减排目标从 50%～55%提高到 60%；②修订气候相关政策法规；③基于《欧洲绿色协议》与行业战略，统筹与协调欧盟委员会的所有政策与新举措；④构建数字化的智能管理体系；⑤完善欧盟碳排放交易体系；⑥构建公正的转型机制；⑦对欧盟的绿色预算进行标准化管理。

(2) 欧盟关键行业减排措施

①《推动气候中性经济：欧盟能源系统一体化战略》概述了能源系统脱碳的关键行动：a. 构建"能效第一"、更加注重循环再利用的能源系统；b. 基于可再生能源，构建电力系统，加速能源电气化；c. 将可再生能源和低碳燃料推广应用到难以脱碳的行业；d. 提高能源市场的兼容性；e. 构建一体化的能源基础设施；f. 构建创新型能源数字化系统。

②《我们对人人共享清洁地球的愿景：工业转型》从 6 个方面描绘工业转型愿景[12]：a. 采取气候变化行动，提高能源效率；b. 到 2050 年大幅降低能源进口依存度；c. 经济转型享受先发优势；d. 持续提高可再生能源占比；e. 强化基础设施建设；f. 将技术创新聚焦于电迁移。

③《可持续交通·欧洲绿色协议》提出了以下主要措施[13]：a. 交通管理系统数字化，提高交通运输业的能源效率；b. 减少或取消航空业和化石燃料的补贴，将环境影

响纳入价格体系；c. 建设 100 万座（目前 14 万座）公共充电站和加油站，完善可持续的燃料供应体系。

④《欧盟 2030 年森林新战略》提出了以下主要措施[14]：a. 保护与恢复原始森林，提出到 2030 年再种植 30 亿棵树的目标；b. 发展基于森林的生态旅游业，延长木制品的使用寿命，提高森林的生态效益、社会效益和经济效益；c. 鼓励人们更好地了解森林；d. 制定协调一致的森林治理框架。

1.3.2　英国"双碳"政策

在应对全球气候变化和低碳转型领域，英国的理论、政策和国际行动一直走在世界前列。签署《巴黎协定》后，英国加快了迈向碳中和的步伐。以 2008 年《气候变化法案》及 2019 年《气候变化法案（2050 目标修订案）》为核心的一系列政策框架，规定了英国 2050 年实现碳中和的社会目标[15]。

（1）《气候变化法案》

2008 年英国通过了《气候变化法案》，这是世界上第一部以长期法制框架形式确立碳减排目标的法律。《气候变化法案》确立的远期目标是，到 2050 年，将温室气体排放量在 1990 年的水平上降低至少 80%。法案核心是依法强制实行碳预算，碳预算对政府政策具有强制性制约，规定了每 5 年的阶段碳排放容量，以保证碳减排目标实现。

（2）《气候变化法案（2050 目标修订案）》

《气候变化法案（2050 目标修订案）》于 2019 年 6 月通过[16]。该法案修订了 2008 年《气候变化法案》确定的"2050 年温室气体排放量比 1990 年减少 80%"的目标，改为减少 100% 排放，这也被称为"净零（Net Zero）"碳排放目标，即碳中和。由此，英国成为全球首个通过碳中和目标排放法案的主要经济体。

《气候变化法案》及《气候变化法案（2050 目标修订案）》作为英国向低碳领域转型的基本法律，全面规定了英国各领域的气候变化策略。之后，英国出台的《英国低碳转型计划》《清洁增长战略》《绿色工业革命十点计划》等一系列政策法规、工业战略和各领域能效指引，指导和推动包括政府和企业在内的英国社会各界做出碳中和战略和变革，使英国在全球应对气候变化领域充当领导者的角色。

（3）英国社会经济各领域碳中和政策

能源、工业、交通、基础设施、建筑等领域减排是英国实现净零排放目标的关键，英国《绿色工业革命十点计划》部署了英国加速实现温室气体净零排放的整体路径，提出了各行业的针对性目标。

① 电力系统。加速淘汰燃煤发电，扩大可再生能源发电规模，进一步提高低碳电力的比例，可再生能源发电量达到 2020 年的 4 倍，其中，风力和太阳能是核心。核能，经碳捕获、利用与封存（CCUS）处理的天然气，以及氢能在英国未来电力燃料来源中

都将占一定比重。电力系统的灵活性、存储功能也将得到加强，供电系统将逐渐由集中式转向分布式，帮助碳中和目标实现。

② 交通领域。2018 年，英国政府宣布英国将在 2040 年停止销售汽、柴油家用车和小型客货车，2050 年实现所有家用车和小型客货车零碳排放。2020 年 11 月发布的《绿色工业革命十点计划》中，又将禁售汽、柴油家用车和小型客货车时间提前至 2030 年，道路全面零碳排放提前至 2035 年。

③ 住宅与建筑。英国政府决定从 2020 年开始，新建住宅以及未连接到天然气管网的现有住宅，逐步淘汰化石燃料取暖方式。供暖领域去碳化的主要举措包括大力推广电气化取暖，尝试氢气供暖，通过法规及相关住房和产品标准，改善住房能效等。

1.3.3　日本"双碳"政策

日本是能源消耗和碳排放大国，从 20 世纪 90 年代开始，日本就进行了较为全面的低碳发展政策部署[17]。2020 年 10 月，日本政府宣布 2050 年前实现碳中和目标，12 月发布初版《2050 年碳中和绿色增长战略》。2021 年 6 月公布调整后的新版《2050 年碳中和绿色增长战略》，强调技术创新对向低碳社会转型的重要性。《2050 年碳中和绿色增长战略》明确能源、运输与制造、家庭与办公 3 大类共 14 个推动碳中和重点产业领域，并设立绿色创新专项预算，改革税制、金融和产业政策，推动国际合作。

（1）能源领域

① 提高海上风电保障能力。首先，开拓国内市场。2040 年国内海上风能发电量将达 3000 万～4500 万千瓦。2019 年 4 月日本开始实施《可再生能源海域利用法》，政府主导海况和风速调查确保项目实施；开展临海地带输送电及港湾设施建设，全电网接入可再生能源发电线路。其次，促进投资和供应链形成。提高国产设备比例、降低发电成本，以稀土等资源保障为重点，促进国内外企业合作。最后，开发东南亚市场，在技术研发、标准制定等方面深化国际合作。

② 推广零碳排放氨燃料，建设氨燃料工厂，提高氢能应用能力。

③ 推行新型热能，将新型热能升格列入 14 个产业领域；重点发展合成天然气、推广利用氢能、碳补偿置换液化天然气及碳捕集、利用与封存（CCUS）等碳循环利用技术。

④ 高质量利用核能，发展安全性能更高的小型模块化反应堆（SMR），融入美英加等国际分工、参与国际标准制定；积极参与国际热核聚变实验堆（ITER）建设、与欧洲开展海水锂回收和锂氢置换合作。

（2）交通运输领域

① 汽车及蓄电池。推广电动汽车（BEV）、氢氧混合燃料电池汽车（FCV）、插电式混合动力汽车（PHEV）、混合动力汽车（HEV）；回收碳与氢合成液态燃料，通过

加工设施与工艺改进提高燃烧率；降低蓄电池价格；减少锂电池碳排放量、推进 2035 年实现氟离子和锌负极等新型电池商用化。

② 船舶工业。推广新型动力系统；开发小巧高效的燃料仓和风力辅助系统；改造船体和动力系统。

③ 物流与基建。到 2050 年实现港口和建设施工零碳排放，建成环境负荷低、碳排放量少的交通运输系统。

④ 航空飞行器。推动飞机装备及动力系统电力化、推广氢能；加快轻型、耐热、低成本碳纤维复合材料研发与商用，促进机体和引擎的高效轻型化；提高生物质及合成燃料利用率。

（3）生产制造业领域

① 信息通信。发展半导体及数字产业；采用可再生能源及脱碳电力；发展绿色节能型数字设备。

② 农林水产。从作物育种到农村区域能源管理全方位推广信息通信技术（ICT）；挖掘林田湖海的碳吸收与固定潜力；加强国际农业合作。

③ 碳循环与材料。推广本国优势技术；提高碳分离回收效率、降低成本，扩大碳分离回收技术使用范围。

（4）家庭与办公领域

① 建筑及新型电能。优化能源供给与管理，推动住宅节能。

② 资源循环。在资源的减量与更新、再利用与循环，用废弃物发电、供热，生物质化及碳固定等方面制订各项措施鼓励创新和应用。

③ 生活方式。推动低碳住宅和交通，数字化共享，充实数据技术和模型等技术的发展。

1.3.4 美国"双碳"政策

美国作为当前世界第一大经济体，同时作为一个碳排放大国，每年碳排放量大约占全球的 15%。但是在其特定政治体制驱动下，美国的碳中和战略取向一直摇摆不定。1998 年美国宣布加入《京都议定书》，2001 年宣布退出《京都议定书》。奥巴马政府同其他主要国家一起推动了《巴黎协定》的达成、签署和提前生效，2017 年特朗普政府宣布退出《巴黎协定》，2021 年拜登政府宣布重返《巴黎协定》。2021 年 2 月拜登政府签署了"应对国内外气候危机的行政命令"，2021 年 11 月发布《迈向 2050 年净零排放的长期战略》，试图通过一系列举措推动美国能源格局的清洁化、低碳化和高效化。能源政策主要包括以下 4 个方面[18]。

（1）大力支持发展清洁能源，创新清洁能源技术

将发展清洁能源作为其能源政策的重点，积极推动"清洁能源革命计划"，承诺将在 2035 年实现电力领域碳排放清零，于 2050 年实现清洁能源全覆盖。2021 年 1 月，建立气候高级研究计划署，部署"尖端清洁能源"技术的开发与创新，加快碳捕集、零碳技术研究步伐。积极推进太阳能、风能技术发展。2021 年 5 月，美国国会通过《美国清洁能源法案》，增加了对清洁能源发展的支持力度。2021 年 10 月，推出了《重建美好未来法案》框架，为清洁能源发展和应对气候变化提供支持。2021 年 11 月，《基础设施投资和就业法案》发布，强调加强清洁能源储能部署，推动清洁能源系统升级与结构优化。2022 年 2 月，美国能源部启动氢能源计划。2022 年 5 月，发布支持清洁能源部署的政策，对用于建设风能和太阳能项目的土地减免一半租金。2022 年 6 月，授权使用《国防生产法》（DPA）加速清洁能源技术的国内生产。依托"气候高级研究计划署"开发核能，加大对核能的资金投入和技术改进，发展小型模块化反应堆技术，将核能纳入美国能源战略体系的总体布局。

（2）加强国内基础设施建设清洁化，提升能源效率

积极推动美国基础设施建设的电气化、清洁化，大力推动电动汽车部署。2021 年 8 月，宣布将电动汽车和其他零排放汽车在新乘用车销量中的份额从 2020 年的 2.4% 提高到 2030 年的 50%。2021 年 11 月，《基础设施投资和就业法案》提出，将投资 10 亿美元建设弹性的电池供应链和全国电动汽车充电站网络。2021 年 10 月，《重建美好未来法案》提出对电动汽车生产企业进行补贴。2022 年 2 月，开展国家电动车基础设施建设计划，预计未来 5 年在各州建立完善的电动车充电网络。积极推动交通部门电气化，更换高耗油、高污染的运输工具，推动公共交通 100% 清洁化。

制定严格的燃料控碳与排放标准，提升汽车燃油经济性。加强对电力系统、建筑设施的全面升级改造，提升能源效率，削减能源成本。2021 年 11 月，美国国会通过《两党基础设施建设法案》，计划 4 年内升级 400 万栋建筑物，对 200 万户家庭、办公室、学校和仓库进行节能改造，并推动家用电器低碳化。2022 年 1 月，发起了"建筑性能标准联盟"，推动节能建筑发展，提升建筑的能源效率，控制建筑行业"碳足迹"。

（3）限制化石燃料，保护生态环境

对化石燃料实施收缩性举措，限制化石燃料的进一步开发。在化石能源发展上，要求在 2022 年之前取消政府对化石燃料的财政支持，并将这部分资金用于奖励生产清洁能源；在化石能源开采上，取消"拱心石"原油管线第四期工程项目建设，同时对现有的联邦石油和天然气许可和租赁进行全面审查，并暂停公共土地或近海水域新的石油和天然气租赁许可。

加大环境治理力度，推进环境保护工作。2021 年 1 月发布《应对国内外气候危机》的行政命令，强调到 2030 年要保护美国 30% 的陆地和海洋。制定更为严格的控碳与排放标准，从而大幅度改善空气质量。注重对海洋和土地的保护，加大对北极海域的保护力度，采取大规模森林恢复行动，切实减少碳排放，保护生态多样性。

（4）推动绿色盟友网络建设，积极主导国际气候议程

强调构建绿色盟友网络体系共同应对气候危机[19]。拜登政府加强国际能源合作，重点是通过自身清洁能源技术优势支持盟国清洁能源基础设施建设。美国通过构建覆盖欧洲、拉丁美洲、亚洲和小岛屿国家的全方位"俱乐部"式清洁能源合作网络来加强同盟关系，并以此为基础实现对盟友的制约及掌握国际能源话语权的双重目标。美国积极参与国际气候事务，引导国际气候议程，突出美国在全球气候议程上的核心领导地位。

1.3.5 其他国家 "碳中和" 政策

（1）加拿大碳中和政策

2020 年 11 月，加拿大环境与气候变化部长向众议院提出了《加拿大净零排放问责法案》，通过立法推动加拿大实现 2050 年净零排放的目标。该法案的诞生意味着加拿大将从法律上制约本届和后续各届政府，要求在 2050 年前实现净零排放，完善加拿大2050 年实现净零排放计划的问责制和增强公众透明度[20]。2020 年 12 月，加拿大发布了政府增强版气候计划——"健康的环境和健康的经济"，旨在通过大力发展低碳转型产业推动经济复苏，同时致力于到 2030 年将排放量降到 2005 年水平的 32%～40%，并在 2050 年实现净零排放。增强版气候计划总共包括 64 项新措施和约 150 亿加元的投资，并明确提出了五个支柱政策：一是推广节能住宅和建筑，提高能源效率；二是扩大清洁电力供应，鼓励使用低排放和零排放汽车、公共交通等清洁交通方式；三是逐年提高碳税，并将收益返还给民众家庭；四是建立清洁产业优势，支持工业脱碳，投资低碳经济；五是种植 20 亿棵树、恢复和改善湿地、支持建立一个新的农业自然气候解决方案，发展可持续性农业。在增强版气候计划框架下，为了实现碳中和、促进经济绿色增长，加拿大联邦政府重点关注能够显著减排的经济领域，并将政策资金向这些关键领域倾斜，以支持绿色技术创新，鼓励清洁能源发展。除此以外，联邦政府还将出台一个新的碳排放交易系统，以调节供需关系，充分利用市场机制控制和减少温室气体排放，实现经济绿色增长。

（2）韩国碳中和政策

2020 年 12 月，韩国发布了《2050 年碳中和战略》，提出经济结构低碳化、构建低碳产业生态圈、建成公平公正的低碳社会以及强化碳中和制度建设的"3＋1"举措，旨在到 2050 年实现碳中和[21]。"绿色新政"支持绿色基础设施、新能源及可再生能源、绿色交通、绿色产业和 CCUS 等绿色技术的发展。同时，《碳中和技术创新推进战略》确定了氢能、太阳能和风能、生物能源、CCUS、钢铁和水泥、石油化工、工业流程改进、运输能效、建筑能效和数字化等 10 项实现碳中和的关键核心绿色技术。2022 年 3月，韩国政府正式施行《碳中和与绿色发展基本法》。该法明确提出 2050 年实现碳中和与 2030 年温室气体减排国家自主贡献（NDC）目标，包含了 2050 年实现碳中和这一国家目标的法律程序和政策手段。碳中和执行体系也得到了确立，该体系旨在确保以国家、地区为单位制定基本计划并予以评估。在法律施行后一年内，政府必须制定为期

20 年的国家碳中和基本计划。地方自治团体必须在国家计划的基础上，以 10 年为期制定基本计划。根据该法，民官协同治理机构"2050 碳中和绿色发展委员会"将设立，地方委员会也将成立，将引入"温室气体减排认知预算"和"气候变化影响评价"体系。此外，为了保护、援助在碳中和履行过程中蒙受损失的地区和群体，政府将制定"正义转型措施"，把在碳中和过程中蒙受损失较大的地区指定为"正义特别地区"并予以援助。

（3）俄罗斯碳中和政策

2021 年 7 月，普京总统签署了俄罗斯首部气候领域的相关法律《2050 年前限制温室气体排放法》，提出 2030 年俄罗斯 GDP 碳强度要较 2017 年下降 9%，2050 年下降 48%；2030 年俄温室气体排放量降至 1990 年水平的 2/3。2021 年 11 月，俄罗斯总理签署了《2050 年前俄联邦温室气体低排放的社会经济发展战略》。俄罗斯将在实现经济增长的同时达到温室气体低排放目标，即到 2050 年前俄温室气体净排放量在 2019 年该排放水平上减少 60%，同时比 1990 年的这一排放水平减少 80%，并在 2060 年前实现碳中和。《2050 年前俄联邦温室气体低排放的社会经济发展战略》把减少能源部门的碳排放、提高能源利用效率、加大低能耗现代经济部门投资和提高能源吸收作为实现经济脱碳和实现净减排的重点领域[22]。第一，采取措施降低能源领域的温室气体排放，提高能源利用效率。第二，加大固定资产投资和设备更新投资，尽快淘汰陈旧的高能耗设备，提高制造加工、建筑住宅、供热等领域的能源使用效率。第三，推动经济结构和产业结构的转型，提高低能耗行业在经济结构中的份额，降低传统行业的份额。同时，通过能源转型，大力发展可再生能源，实现经济的低碳发展。第四，对低碳投资和低碳项目实施金融、财政、税收等国家政策支持。为确保该战略的实施，俄罗斯联邦政府制定了一个配套计划，其中包括实现该战略既定指标所需的宏观经济、行业部门措施和其他措施。除此之外，通过俄罗斯联邦经济发展部与俄罗斯联邦主体国家权力最高执行机构签订协议，在地区层面为实施该战略制定区域计划。

1.4　中国"双碳"目标

1.4.1　我国"双碳"发展历程和目标

中国参与全球碳减排治理行动，最早可以追溯到 1979 年在瑞士日内瓦召开的全球第一次气候大会，中国以发展中国家的身份派代表出席会议并参与讨论[23]。在 1992 年的联合国环境与发展大会上，中国成为十个率先签订《联合国气候变化框架公约》的国家之一。1998 年 5 月中国签署《京都议定书》，并于 2002 年 8 月核准了该议定书。2016 年全国人大常委会批准中国加入《巴黎协定》，成为完成了批准协定的缔约方之一。

2020 年 9 月，中国国家主席习近平在第七十五届联合国大会一般性辩论上提出"3060"目标："中国将提高国家自主贡献力度，采取更加有力的政策和措施，二氧化碳排放力争于 2030 年前达到峰值，努力争取 2060 年前实现碳中和。"[24] 2021 年 10 月 12 日，习近平主席在《生物多样性公约》第十五次缔约方大会领导人峰会上发表主旨讲话，为推动实现碳达峰、碳中和目标，中国将陆续发布重点领域和行业碳达峰实施方案和一系列支撑保障措施，构建起碳达峰、碳中和"1＋N"政策体系[25]。

2021 年称为中国碳中和元年。2021 年，中央层面成立了碳达峰碳中和工作领导小组，同年发布了《中共中央 国务院关于完整准确全面贯彻新发展理念做好碳达峰碳中和工作的意见》，对碳达峰碳中和工作进行了系统谋划和总体部署，覆盖碳达峰、碳中和两个阶段，是管总管长远的顶层设计，在碳达峰碳中和政策体系中发挥统领作用，是"1＋N"中的"1"[26]。"N"则包括国务院、各部委及各省市碳达峰碳中和相关政策文件。其中，国务院于 2021 年 10 月 24 日发布的《2030 年前碳达峰行动方案》是"N"中为首的政策文件。2021 年 12 月发布的《"十四五"节能减排综合工作方案》、2022 年 2 月发布的《国务院关于加快建立健全绿色低碳循环发展经济体系的指导意见》、2022 年 6 月 24 日发布的《科技支撑碳达峰碳中和实施方案（2022—2030 年）》等政策文件，作为"N"系列政策也对相关领域工作有重要的指导作用。在"双碳"顶层设计框架统领下，各有关部门制定了分领域分行业实施方案和支撑保障政策，各省（区、市）也制定了本地区碳达峰实施方案。

1.4.2 碳达峰、碳中和"1＋N"政策体系

（1）碳达峰、碳中和"1"政策——《中共中央 国务院关于完整准确全面贯彻新发展理念做好碳达峰碳中和工作的意见》

《中共中央 国务院关于完整准确全面贯彻新发展理念做好碳达峰碳中和工作的意见》（以下简称《意见》）明确指出，实现碳达峰、碳中和，是以习近平同志为核心的党中央统筹国内国际两个大局作出的重大战略决策，是着力解决资源环境约束突出问题、实现中华民族永续发展的必然选择，是构建人类命运共同体的庄严承诺。《意见》由总体要求、主要目标以及重点任务等内容组成，制定了定量化的阶段目标，为我国的"双碳"行动指明了方向[27]。

① 总体要求。指导思想。以习近平新时代中国特色社会主义思想为指导，全面贯彻党的十九大和十九届二中、三中、四中、五中全会精神，深入贯彻习近平生态文明思

想，立足新发展阶段，贯彻新发展理念，构建新发展格局，坚持系统观念，处理好发展和减排、整体和局部、短期和中长期的关系，把碳达峰、碳中和纳入经济社会发展全局，以经济社会发展全面绿色转型为引领，以能源绿色低碳发展为关键，加快形成节约资源和保护环境的产业结构、生产方式、生活方式、空间格局，坚定不移走生态优先、绿色低碳的高质量发展道路，确保如期实现碳达峰、碳中和。

工作原则。实现碳达峰、碳中和目标，要坚持"全国统筹、节约优先、双轮驱动、内外畅通、防范风险"原则。

② 主要目标。到 2025 年，绿色低碳循环发展的经济体系初步形成，重点行业能源利用效率大幅提升。单位国内生产总值能耗比 2020 年下降 13.5%；单位国内生产总值二氧化碳排放比 2020 年下降 18%；非化石能源消费比重达到 20% 左右；森林覆盖率达到 24.1%，森林蓄积量达到 180 亿立方米，为实现碳达峰、碳中和奠定坚实基础。

到 2030 年，经济社会发展全面绿色转型取得显著成效，重点耗能行业能源利用效率达到国际先进水平。单位国内生产总值能耗大幅下降；单位国内生产总值二氧化碳排放比 2005 年下降 65% 以上；非化石能源消费比重达到 25% 左右，风电、太阳能发电总装机容量达到 12 亿千瓦以上；森林覆盖率达到 25% 左右，森林蓄积量达到 190 亿立方米，二氧化碳排放量达到峰值并实现稳中有降。

到 2060 年，绿色低碳循环发展的经济体系和清洁低碳安全高效的能源体系全面建立，能源利用效率达到国际先进水平，非化石能源消费比重达到 80% 以上，碳中和目标顺利实现，生态文明建设取得丰硕成果，开创人与自然和谐共生新境界。

③ 重点任务。实现碳达峰、碳中和是一项多维、立体、系统的工程，涉及经济社会发展方方面面。《意见》坚持系统观念，提出十方面共三十一项重点任务，明确了碳达峰碳中和工作的路线图、施工图。

a. 推进经济社会发展全面绿色转型。

强化绿色低碳发展规划引领。将碳达峰、碳中和目标要求全面融入经济社会发展中长期规划，强化国家发展规划、国土空间规划、专项规划、区域规划和地方各级规划的支撑保障。加强各级各类规划间衔接协调，确保各地区各领域落实碳达峰、碳中和的主要目标、发展方向、重大政策、重大工程等协调一致。

优化绿色低碳发展区域布局。持续优化重大基础设施、重大生产力和公共资源布局，构建有利于碳达峰、碳中和的国土空间开发保护新格局。在京津冀协同发展、长江经济带发展、粤港澳大湾区建设、长三角一体化发展、黄河流域生态保护和高质量发展等区域重大战略实施中，强化绿色低碳发展导向和任务要求。

加快形成绿色生产生活方式。大力推动节能减排，全面推进清洁生产，加快发展循环经济，加强资源综合利用，不断提升绿色低碳发展水平。扩大绿色低碳产品供给和消费，倡导绿色低碳生活方式。把绿色低碳发展纳入国民教育体系。开展绿色低碳社会行动示范创建。凝聚全社会共识，加快形成全民参与的良好格局。

b. 深度调整产业结构。

推动产业结构优化升级。加快推进农业绿色发展，促进农业固碳增效。制定能源、钢铁、有色金属、石化化工、建材、交通、建筑等行业和领域碳达峰实施方案。以节能降碳为导向，修订产业结构调整指导目录。开展钢铁、煤炭去产能"回头看"，巩固去产能成果。加快推进工业领域低碳工艺革新和数字化转型。开展碳达峰试点园区建设。加快商贸流通、信息服务等绿色转型，提升服务业低碳发展水平。

坚决遏制高耗能高排放项目盲目发展。新建、扩建钢铁、水泥、平板玻璃、电解铝等高耗能高排放项目严格落实产能等量或减量置换，出台煤电、石化、煤化工等产能控制政策。未纳入国家有关领域产业规划的，一律不得新建改扩建炼油和新建乙烯、对二甲苯、煤制烯烃项目。合理控制煤制油气产能规模。提升高耗能高排放项目能耗准入标准。加强产能过剩分析预警和窗口指导。

大力发展绿色低碳产业。加快发展新一代信息技术、生物技术、新能源、新材料、高端装备、新能源汽车、绿色环保以及航空航天、海洋装备等战略性新兴产业。建设绿色制造体系。推动互联网、大数据、人工智能、第五代移动通信（5G）等新兴技术与绿色低碳产业深度融合。

c. 加快构建清洁低碳安全高效能源体系。

强化能源消费强度和总量双控。坚持节能优先的能源发展战略，严格控制能耗和二氧化碳排放强度，合理控制能源消费总量，统筹建立二氧化碳排放总量控制制度。做好产业布局、结构调整、节能审查与能耗双控的衔接，对能耗强度下降目标完成形势严峻的地区实行项目缓批限批、能耗等量或减量替代。强化节能监察和执法，加强能耗及二氧化碳排放控制目标分析预警，严格责任落实和评价考核。加强甲烷等非二氧化碳温室气体管控。

大幅提升能源利用效率。把节能贯穿于经济社会发展全过程和各领域，持续深化工业、建筑、交通运输、公共机构等重点领域节能，提升数据中心、新型通信等信息化基础设施能效水平。健全能源管理体系，强化重点用能单位节能管理和目标责任。瞄准国际先进水平，加快实施节能降碳改造升级，打造能效"领跑者"。

严格控制化石能源消费。加快煤炭减量步伐，"十四五"时期严控煤炭消费增长，"十五五"时期逐步减少。石油消费"十五五"时期进入峰值平台期。统筹煤电发展和保供调峰，严控煤电装机规模，加快现役煤电机组节能升级和灵活性改造。逐步减少直至禁止煤炭散烧。加快推进页岩气、煤层气、致密油气等非常规油气资源规模化开发。强化风险管控，确保能源安全稳定供应和平稳过渡。

积极发展非化石能源。实施可再生能源替代行动，大力发展风能、太阳能、生物质能、海洋能、地热能等，不断提高非化石能源消费比重。坚持集中式与分布式并举，优先推动风能、太阳能就地就近开发利用。因地制宜开发水能。积极安全有序发展核电。合理利用生物质能。加快推进抽水蓄能和新型储能规模化应用。统筹推进氢能"制储输用"全链条发展。构建以新能源为主体的新型电力系统，提高电网对高比例可再生能源的消纳和调控能力。

深化能源体制机制改革。全面推进电力市场化改革，加快培育发展配售电环节独立市场主体，完善中长期市场、现货市场和辅助服务市场衔接机制，扩大市场化交易规模。推进电网体制改革，明确以消纳可再生能源为主的增量配电网、微电网和分布式电源的市场主体地位。加快形成以储能和调峰能力为基础支撑的新增电力装机发展机制。完善电力等能源品种价格市场化形成机制。从有利于节能的角度深化电价改革，理顺输配电价结构，全面放开竞争性环节电价。推进煤炭、油气等市场化改革，加快完善能源统一市场。

d. 加快推进低碳交通运输体系建设。

优化交通运输结构。加快建设综合立体交通网，大力发展多式联运，提高铁路、水路在综合运输中的承运比重，持续降低运输能耗和二氧化碳排放强度。优化客运组织，引导客运企业规模化、集约化经营。加快发展绿色物流，整合运输资源，提高利用效率。

推广节能低碳型交通工具。加快发展新能源和清洁能源车船，推广智能交通，推进铁路电气化改造，推动加氢站建设，促进船舶靠港使用岸电常态化。加快构建便利高效、适度超前的充换电网络体系。提高燃油车船能效标准，健全交通运输装备能效标识制度，加快淘汰高耗能高排放老旧车船。

积极引导低碳出行。加快城市轨道交通、公交专用道、快速公交系统等大容量公共交通基础设施建设，加强自行车专用道和行人步道等城市慢行系统建设。综合运用法律、经济、技术、行政等多种手段，加大城市交通拥堵治理力度。

e. 提升城乡建设绿色低碳发展质量。

推进城乡建设和管理模式低碳转型。在城乡规划建设管理各环节全面落实绿色低碳要求。推动城市组团式发展，建设城市生态和通风廊道，提升城市绿化水平。合理规划城镇建筑面积发展目标，严格管控高能耗公共建筑建设。实施工程建设全过程绿色建造，健全建筑拆除管理制度，杜绝大拆大建。加快推进绿色社区建设。结合实施乡村建设行动，推进县城和农村绿色低碳发展。

大力发展节能低碳建筑。持续提高新建建筑节能标准，加快推进超低能耗、近零能耗、低碳建筑规模化发展。大力推进城镇既有建筑和市政基础设施节能改造，提升建筑节能低碳水平。逐步开展建筑能耗限额管理，推行建筑能效测评标识，开展建筑领域低碳发展绩效评估。全面推广绿色低碳建材，推动建筑材料循环利用。发展绿色农房。

加快优化建筑用能结构。深化可再生能源建筑应用，加快推动建筑用能电气化和低碳化。开展建筑屋顶光伏行动，大幅提高建筑采暖、生活热水、炊事等电气化普及率。在北方城镇加快推进热电联产集中供暖，加快工业余热供暖规模化发展，积极稳妥推进核电余热供暖，因地制宜推进热泵、燃气、生物质能、地热能等清洁低碳供暖。

f. 加强绿色低碳重大科技攻关和推广应用。

强化基础研究和前沿技术布局。制定科技支撑碳达峰、碳中和行动方案，编制碳中和技术发展路线图。采用"揭榜挂帅"机制，开展低碳零碳负碳和储能新材料、新技术、新装备攻关。加强气候变化成因及影响、生态系统碳汇等基础理论和方法研究。推进高效率太阳能电池、可再生能源制氢、可控核聚变、零碳工业流程再造等低碳前沿技术攻关。培育一批节能降碳和新能源技术产品研发国家重点实验室、国家技术创新中心、重大科技创新平台。建设碳达峰、碳中和人才体系,鼓励高等学校增设碳达峰、碳中和相关学科专业。

加快先进适用技术研发和推广。深入研究支撑风电、太阳能发电大规模友好并网的智能电网技术。加强电化学、压缩空气等新型储能技术攻关、示范和产业化应用。加强氢能生产、储存、应用关键技术研发、示范和规模化应用。推广园区能源梯级利用等节能低碳技术。推动气凝胶等新型材料研发应用。推进规模化碳捕集利用与封存技术研发、示范和产业化应用。建立完善绿色低碳技术评估、交易体系和科技创新服务平台。

g. 持续巩固提升碳汇能力。

巩固生态系统碳汇能力。强化国土空间规划和用途管控,严守生态保护红线,严控生态空间占用,稳定现有森林、草原、湿地、海洋、土壤、冻土、岩溶等固碳作用。严格控制新增建设用地规模,推动城乡存量建设用地盘活利用。严格执行土地使用标准,加强节约集约用地评价,推广节地技术和节地模式。

提升生态系统碳汇增量。实施生态保护修复重大工程,开展山水林田湖草沙一体化保护和修复。深入推进大规模国土绿化行动,巩固退耕还林还草成果,实施森林质量精准提升工程,持续增加森林面积和蓄积量。加强草原生态保护修复。强化湿地保护。整体推进海洋生态系统保护和修复,提升红树林、海草床、盐沼等固碳能力。开展耕地质量提升行动,实施国家黑土地保护工程,提升生态农业碳汇。积极推动岩溶碳汇开发利用。

h. 提高对外开放绿色低碳发展水平。

加快建立绿色贸易体系。持续优化贸易结构,大力发展高质量、高技术、高附加值绿色产品贸易。完善出口政策,严格管理高耗能高排放产品出口。积极扩大绿色低碳产品、节能环保服务、环境服务等进口。

推进绿色"一带一路"建设。加快"一带一路"投资合作绿色转型。支持共建"一带一路"国家开展清洁能源开发利用。大力推动南南合作,帮助发展中国家提高应对气候变化能力。深化与各国在绿色技术、绿色装备、绿色服务、绿色基础设施建设等方面的交流与合作,积极推动我国新能源等绿色低碳技术和产品走出去,让绿色成为共建"一带一路"的底色。

加强国际交流与合作。积极参与应对气候变化国际谈判,坚持我国发展中国家定位,坚持共同但有区别的责任原则、公平原则和各自能力原则,维护我国发展权益。履行《联合国气候变化框架公约》及其《巴黎协定》,发布我国长期温室气体低排放发展战略,积极参与国际规则和标准制定,推动建立公平合理、合作共赢的全球气候治理体系。加强应对气候变化国际交流合作,统筹国内外工作,主动参与全球气候和环境治理。

i. 健全法律法规标准和统计监测体系。

健全法律法规。全面清理现行法律法规中与碳达峰、碳中和工作不相适应的内容,加强法律法规间的衔接协调。研究制定碳中和专项法律，抓紧修订节约能源法、电力法、煤炭法、可再生能源法、循环经济促进法等，增强相关法律法规的针对性和有效性。

完善标准计量体系。建立健全碳达峰、碳中和标准计量体系。加快节能标准更新升级，抓紧修订一批能耗限额、产品设备能效强制性国家标准和工程建设标准，提升重点产品能耗限额要求，扩大能耗限额标准覆盖范围，完善能源核算、检测认证、评估、审计等配套标准。加快完善地区、行业、企业、产品等碳排放核查核算报告标准，建立统一规范的碳核算体系。制定重点行业和产品温室气体排放标准，完善低碳产品标准标识制度。积极参与相关国际标准制定，加强标准国际衔接。

提升统计监测能力。健全电力、钢铁、建筑等行业领域能耗统计监测和计量体系，加强重点用能单位能耗在线监测系统建设。加强二氧化碳排放统计核算能力建设，提升信息化实测水平。依托和拓展自然资源调查监测体系，建立生态系统碳汇监测核算体系，开展森林、草原、湿地、海洋、土壤、冻土、岩溶等碳汇本底调查和碳储量评估，实施生态保护修复碳汇成效监测评估。

j. 完善政策机制。

完善投资政策。充分发挥政府投资引导作用，构建与碳达峰、碳中和相适应的投融资体系，严控煤电、钢铁、电解铝、水泥、石化等高碳项目投资，加大对节能环保、新能源、低碳交通运输装备和组织方式、碳捕集利用与封存等项目的支持力度。完善支持社会资本参与政策，激发市场主体绿色低碳投资活力。国有企业要加大绿色低碳投资，积极开展低碳零碳负碳技术研发应用。

积极发展绿色金融。有序推进绿色低碳金融产品和服务开发，设立碳减排货币政策工具，将绿色信贷纳入宏观审慎评估框架，引导银行等金融机构为绿色低碳项目提供长期限、低成本资金。鼓励开发性政策性金融机构按照市场化法治化原则为实现碳达峰、碳中和提供长期稳定融资支持。支持符合条件的企业上市融资和再融资用于绿色低碳项目建设运营，扩大绿色债券规模。研究设立国家低碳转型基金。鼓励社会资本设立绿色低碳产业投资基金。建立健全绿色金融标准体系。

完善财税价格政策。各级财政要加大对绿色低碳产业发展、技术研发等的支持力度。完善政府绿色采购标准，加大绿色低碳产品采购力度。落实环境保护、节能节水、新能源和清洁能源车船税收优惠。研究碳减排相关税收政策。建立健全促进可再生能源规模化发展的价格机制。完善差别化电价、分时电价和居民阶梯电价政策。严禁对高耗能、高排放、资源型行业实施电价优惠。加快推进供热计量改革和按供热量收费。加快形成具有合理约束力的碳价机制。

推进市场化机制建设。依托公共资源交易平台，加快建设完善全国碳排放权交易市场，逐步扩大市场覆盖范围，丰富交易品种和交易方式，完善配额分配管理。将碳汇交易纳入全国碳排放权交易市场，建立健全能够体现碳汇价值的生态保护补偿机制。健全企业、金融机构等碳排放报告和信息披露制度。完善用能权有偿使用和交易制度，加快建设全国用能权交易市场。加强电力交易、用能权交易和碳排放权交易的统筹衔接。发展市场化节能方式，推行合同能源管理，推广节能综合服务。

（2）碳达峰、碳中和"N"政策——《2030 年前碳达峰行动方案》

① 总体要求。以习近平新时代中国特色社会主义思想为指导，全面贯彻党的十九大和十九届二中、三中、四中、五中全会精神，深入贯彻习近平生态文明思想，立足新发展阶段，完整、准确、全面贯彻新发展理念，构建新发展格局，坚持系统观念，处理好发展和减排、整体和局部、短期和中长期的关系，统筹稳增长和调结构，把碳达峰、碳中和纳入经济社会发展全局，坚持"全国统筹、节约优先、双轮驱动、内外畅通、防范风险"的总方针，有力有序有效做好碳达峰工作，明确各地区、各领域、各行业目标任务，加快实现生产生活方式绿色变革，推动经济社会发展建立在资源高效利用和绿色低碳发展的基础之上，确保如期实现 2030 年前碳达峰目标。

② 主要目标。"十四五"期间，产业结构和能源结构调整优化取得明显进展，重点行业能源利用效率大幅提升，煤炭消费增长得到严格控制，新型电力系统加快构建，绿色低碳技术研发和推广应用取得新进展，绿色生产生活方式得到普遍推行，有利于绿色低碳循环发展的政策体系进一步完善。到 2025 年，非化石能源消费比重达到 20% 左右，单位国内生产总值能源消耗比 2020 年下降 13.5%，单位国内生产总值二氧化碳排放比 2020 年下降 18%，为实现碳达峰奠定坚实基础。

"十五五"期间，产业结构调整取得重大进展，清洁低碳安全高效的能源体系初步建立，重点领域低碳发展模式基本形成，重点耗能行业能源利用效率达到国际先进水平，非化石能源消费比重进一步提高，煤炭消费逐步减少，绿色低碳技术取得关键突破，绿色生活方式成为公众自觉选择，绿色低碳循环发展政策体系基本健全。到 2030 年，非化石能源消费比重达到 25% 左右，单位国内生产总值二氧化碳排放比 2005 年下降 65% 以上，顺利实现 2030 年前碳达峰目标。

③ 重点任务。将碳达峰贯穿于经济社会发展全过程和各方面，重点实施能源绿色低碳转型行动、节能降碳增效行动、工业领域碳达峰行动、城乡建设碳达峰行动、交通运输绿色低碳行动、循环经济助力降碳行动、绿色低碳科技创新行动、碳汇能力巩固提升行动、绿色低碳全民行动、各地区梯次有序碳达峰行动等"碳达峰十大行动"。

a. 能源绿色低碳转型行动。能源是经济社会发展的重要物质基础，也是碳排放的最主要来源。要坚持安全降碳，在保障能源安全的前提下，大力实施可再生能源替代，加快构建清洁低碳安全高效的能源体系。推进煤炭消费替代和转型升级；大力发展新能源；因地制宜开发水电；积极安全有序发展核电；合理调控油气消费；加快建设新型电力系统。

b. 节能降碳增效行动。落实节约优先方针，完善能源消费强度和总量双控制度，严格控制能耗强度，合理控制能源消费总量，推动能源消费革命，建设能源节约型社会。全面提升节能管理能力；实施节能降碳重点工程；推进重点用能设备节能增效；加强新型基础设施节能降碳。

c. 工业领域碳达峰行动。工业是产生碳排放的主要领域之一，对全国整体实现碳达峰具有重要影响。工业领域要加快绿色低碳转型和高质量发展，力争率先实现碳达峰。推动工业领域绿色低碳发展；推动钢铁行业碳达峰；推动有色金属行业碳达峰；推动建材行业碳达峰；推动石化化工行业碳达峰；坚决遏制"两高"项目盲目发展。

d. 城乡建设碳达峰行动。加快推进城乡建设绿色低碳发展，城市更新和乡村振兴都要落实绿色低碳要求。推进城乡建设绿色低碳转型；加快提升建筑能效水平；加快优化建筑用能结构；推进农村建设和用能低碳转型。

e. 交通运输绿色低碳行动。加快形成绿色低碳运输方式，确保交通运输领域碳排放增长保持在合理区间。推动运输工具装备低碳转型；构建绿色高效交通运输体系；加快绿色交通基础设施建设。

f. 循环经济助力降碳行动。抓住资源利用这个源头，大力发展循环经济，全面提高资源利用效率，充分发挥减少资源消耗和降碳的协同作用。推进产业园区循环化发展；加强大宗固废综合利用；健全资源循环利用体系；大力推进生活垃圾减量化资源化。

g. 绿色低碳科技创新行动。发挥科技创新的支撑引领作用，完善科技创新体制机制，强化创新能力，加快绿色低碳科技革命。完善创新体制机制；加强创新能力建设和人才培养；强化应用基础研究；加快先进适用技术研发和推广应用。

h. 碳汇能力巩固提升行动。坚持系统观念，推进山水林田湖草沙一体化保护和修复，提高生态系统质量和稳定性，提升生态系统碳汇增量。巩固生态系统固碳作用；提升生态系统碳汇能力；加强生态系统碳汇基础支撑；推进农业农村减排固碳。

i. 绿色低碳全民行动。增强全民节约意识、环保意识、生态意识，倡导简约适度、绿色低碳、文明健康的生活方式，把绿色理念转化为全体人民的自觉行动。加强生态文明宣传教育；推广绿色低碳生活方式；引导企业履行社会责任；强化领导干部培训。

j. 各地区梯次有序碳达峰行动。各地区要准确把握自身发展定位，结合本地区经济社会发展实际和资源环境禀赋，坚持分类施策、因地制宜、上下联动，梯次有序推进碳达峰。科学合理确定有序达峰目标；因地制宜推进绿色低碳发展；上下联动制定地方达峰方案；组织开展碳达峰试点建设。

(3) 碳达峰、碳中和"N"政策——国务院及各部委碳达峰碳中和政策

党中央、国务院及各部委先后出台了一系列以碳中和为导向的重点政策，推动能源领域、工业和信息化领域、生态领域、城乡建设和交通领域、农林领域、综合经济领域等不同领域的减排工作有序开展（表1.2）。

表 1.2　我国近期碳达峰碳中和重点政策

部委	政策文件
国务院	《国务院关于加快建立健全绿色低碳循环发展经济体系的指导意见》 《"十四五"节能减排综合工作方案》 《国务院关于支持山东深化新旧动能转换推动绿色低碳高质量发展的意见》 《关于促进新时代新能源高质量发展实施方案》

续表

部委	政策文件
国家发展和改革委员会	《关于引导加大金融支持力度 促进风电和光伏发电等行业健康有序发展的通知》 《污染治理和节能减碳中央预算内投资专项管理办法》 《"十四五"循环经济发展规划》 《国家发展改革委 国家能源局关于加快推动新型储能发展的指导意见》 《国家发展改革委 国家能源局关于鼓励可再生能源发电企业自建或购买调峰能力增加并网规模的通知》 《关于严格能效约束推动重点领域节能降碳的若干意见》 《国家发展改革委 国家能源局关于开展全国煤电机组改造升级的通知》 《"十四五"全国清洁生产推行方案》 《高耗能行业重点领域能效标杆水平和基准水平(2021 年版)》 《贯彻落实碳达峰碳中和目标要求 推动数据中心和 5G 等新型基础设施绿色高质量发展实施方案》 《关于做好"十四五"园区循环化改造工作有关事项的通知》 《促进绿色消费实施方案》 《关于加快建设全国统一电力市场体系的指导意见》 《高耗能行业重点领域节能降碳改造升级实施指南(2022 年版)》 《关于推进共建"一带一路"绿色发展的意见》 《煤炭清洁高效利用重点领域标杆水平和基准水平(2022 年版)》 《关于进一步推动新型储能参与电力市场和调度运用的通知》 《关于加快废旧物资循环利用体系建设的指导意见》
国家能源局	《加快农村能源转型发展助力乡村振兴的实施意见》 《2022 年能源工作指导意见》 《关于完善能源绿色低碳转型体制机制和政策措施的意见》 《"十四五"新型储能发展实施方案》 《"十四五"现代能源体系规划》 《"十四五"可再生能源发展规划》 《能源碳达峰碳中和标准化提升行动计划》
生态环境部	《碳排放权交易管理办法(试行)》 《关于统筹和加强应对气候变化与生态环境保护相关工作的指导意见》 《关于推进国家生态工业示范园区碳达峰碳中和相关工作的通知》 《减污降碳协同增效实施方案》 《国家适应气候变化战略 2035》
工业和信息化部	《关于加强产融合作推动工业绿色发展的指导意见》 《工业领域碳达峰实施方案》 《信息通信行业绿色低碳发展行动计划(2022—2025 年)》 《加快电力装备绿色低碳创新发展行动计划》 《关于印发建材行业碳达峰实施方案的通知》 《关于印发有色金属行业碳达峰实施方案的通知》 《关于深入推进黄河流域工业绿色发展的指导意见》
科学技术部	《国家高新区绿色发展专项行动实施方案》
住房和城乡建设部	《绿色建造技术导则(试行)》 《关于加强县城绿色低碳建设的意见》
交通运输部	《交通强国建设评价指标体系》 《关于扎实推动"十四五"规划交通运输重大工程项目实施的工作方案》 贯彻落实《中共中央 国务院关于完整准确全面贯彻新发展理念做好碳达峰碳中和工作的意见》的实施意见 《绿色交通标准体系(2022 年)》
国务院国有资产监督管理委员会	《关于推进中央企业高质量发展做好碳达峰碳中和工作的指导意见》
财政部	《财政支持做好碳达峰碳中和工作的意见》 《关于扩大政府采购支持绿色建材促进建筑品质提升政策实施范围的通知》

续表

部委	政策文件
教育部	《高等学校碳中和科技创新行动计划》
碳金融相关政策	《中国银监会关于印发绿色信贷指引的通知》 《关于促进应对气候变化投融资的指导意见》 《绿色债券支持项目目录(2021年版)》 2021年11月8日,人民银行推出碳减排支持工具

1.4.3 "双碳"目标带来的挑战和机遇

(1) 我国"双碳"目标挑战

实现碳中和,可以理解为经济社会发展方式的一场大变革,对当今世界的任何一个国家来说,都是一场巨大的挑战。对我国来说,主要的挑战有以下几个方面。

① 我国实现碳中和时间紧迫。作为世界上最大的发展中国家,我国目前正处于快速发展阶段。欧盟和日本等地区和国家的碳达峰历程较为自然,在达峰后有较长的缓冲期来实现碳中和。以欧盟为例,欧盟早已于1990年实现碳达峰,这距离欧盟承诺的碳中和时间(2050年左右)有将近60年。但是,我国要用不到10年的时间改变能源结构和产业模式,实现碳达峰,然后再用30年左右的时间实现碳中和,意味着我国碳达峰之后几乎没有缓冲期就要快速下降,时间可谓极为紧迫。

② 我国碳排放强度高,化石能源占排放比重大。我国经济体量大、发展速度快、用能需求高,能源结构中煤炭占比较高,这使得我国碳排放总量和强度处于"双高"状态。

在过去的30年间,我国煤炭消费占比虽然有所下降,但在能源消费占比中依然很高(图1.2),可见煤炭在我国能源产业中的主导地位在短时间内无法撼动,这使得我国实现碳达峰、碳中和目标的难度加大。因此,我国实现碳排放下降甚至净零排放,必定面临基数大、技术难度较高的困难。

③ 我国实现碳中和制约因素较多。碳中和既是气候环境问题,也是发展问题。在实现碳中和的过程中,需要统筹考虑能源安全、经济增长、成本投入和社会民生等诸多因素,这些因素对我国能源转型和经济发展提出了更高的要求。

(2) 我国"双碳"机遇

除了上述挑战外,"双碳"也给我国带来了机遇。

① 我国人均 CO_2 排放量较低。2019年,我国虽然是全球 CO_2 排放量最大的国家,但人均 CO_2 排放量较低。我国人均 CO_2 排放量为7.14t;而美国、澳大利亚、日本等发达国家的人均 CO_2 排放量分别为13.97t、15.32t、8.29t,均高于我国的人均排放水平。如果我国实现在较低峰值水平上达峰,那么这种后发优势将会更加明显。

② 我国可再生能源丰富。目前,全球经济发展主要依靠化石能源,但在碳中和背

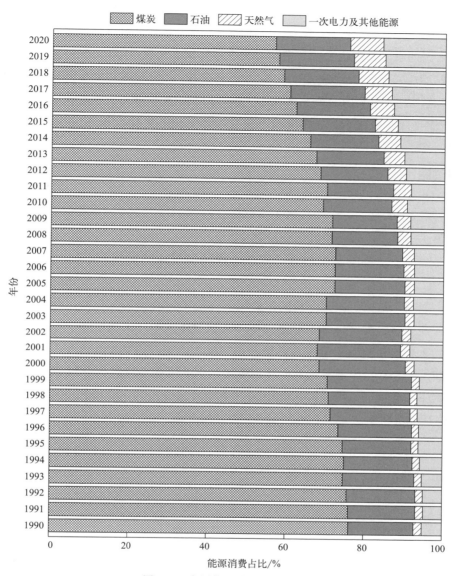

图 1.2 中国能源消费占比变化

景下要求各国开发利用可再生能源。可再生能源主要包括太阳能、风能、生物质能、水能等。我国西部储备大量的风、光资源，尤其是西部的荒漠、戈壁地区，是建设光伏电站的理想场所，光伏电站建设还可带来生态效益；在我国东部有大面积平缓的大陆架，可以为海上风电建设提供大量场所。

③ 我国生态系统固碳潜力较大。陆地和海洋等生态系统可以吸收大气中的 CO_2 并固定下来形成稳定的含碳物质，进而降低大气中 CO_2 的浓度。自 20 世纪 70 年代末，我国开始实施大规模的植树造林工程，这显著增加了我国的陆地碳汇。此外，我国大多数森林处于幼年成长期，存在较大的可造林面积，加之大多草地、湿地、农田土壤的碳处于不饱和状态，因此我国生态系统的固碳潜力非常大。

④ 改善环境污染问题，实现能源独立。在我国实现碳中和目标的过程中，环境污染物的排放也会大大减少，意味着大气污染可以在一定程度上得到缓解。

⑤ 我国的举国体制优势在碳中和历程中发挥重大作用。"双碳"目标的实现涉及能源、经济、社会和环境等多个方面，需要国家规划、产业政策以及金融税收政策等内容的辅助，这便要求在全国实现发展观念、体制机制的深刻变革。而我国的举国体制将有利于实现制度政策的变革，在实现碳中和的过程中发挥重大作用。

思考题

在线题库
参考答案

1. "双碳"的基本概念和相互关系是什么？

2. 简述国际"双碳"发展历程及意义。

3. 简述几个主要国家和地区"双碳"政策侧重点的相同和不同之处。

4. 中国的"双碳"政策出台的背景和意义是什么？

5. 谈谈你对中国"1+N"碳达峰碳中和政策体系的认识和思考。

6.《意见》和《2030 年前碳达峰行动方案》的关注重点是什么？

7. 我国的"双碳"政策给我国环境领域带来的机遇与挑战有哪些？

8. 碳中和与我们每个人都息息相关，请结合自身实际，谈谈你的哪些行为能够为碳中和贡献一份力量。

参考文献

[1] 江霞，汪华林. 碳中和技术概论 [M]. 北京：高等教育出版社，2022.

[2] 陈敏鹏.《联合国气候变化框架公约》适应谈判历程回顾与展望 [J]. 气候变化研究进展，2020，16（1）：105-116.

[3] 高云，高翔，张晓华. 全球 2℃温升目标与应对气候变化长期目标的演进——从《联合国气候变化框架公约》到《巴黎协定》[J]. Engineering，2017，3（2017）：272-278.

[4] 林灿玲. 国际环境法 [M]. 北京：人民出版社，2004.

[5] 谭众恒. 从共同但有区别责任原则看《京都议定书》[J]. 湖南经济管理干部学院学报，2006，17（5）：124-126.

[6] 王景良. 解读京都议定书 [J]. 资源节约与环保，2005，2：36-38.

[7] 李明勋. 解析京都议定书的作用与局限性 [D]. 北京：中国政法大学，2009.

[8] 刘晶. 全球气候治理新秩序下共同但有区别责任原则的实现路径 [J]. 新疆社会科学，2021，2：90-98.

[9] 王文，刘锦涛. 碳中和元年的中国政策与推进状况——全球碳中和背景下的中国发展（上）[J]. 金融市场研究，2021，05（108）：1-14.

[10] 张雅欣，罗荟霖，王灿. 碳中和行动的国际趋势分析 [J]. 气候变化研究进展，2021，17

　　（1）：88-97.

[11]　汪军. 碳中和时代：未来 40 年财富大转移［M］. 北京：电子工业出版社，2021.

[12]　European Commission. Our Vision for A Clean Planet for All：Industrial Transition［DB/OL］. https：//ec. europa. eu/clima/sites/default/files/docs/pages/vision_2_industrial_en. pdf.

[13]　European Commission. Sustainable mobility·The European Green Deal.［DB/OL］https：// ec. europa. eu/commission/presscorner/api/files/attachment/860070/Sustainable_mobility_en. pdf.

[14]　European Commission. New EU Forest Strategy for 2030.［DB/OL］https：//eur-lex. europa. eu/legal-content/EN/TXT/? uri＝CELEX％3A52021SC0652.

[15]　刘丛丛，吴建中. 走向碳中和的英国政府及企业低碳政策发展［J］. 政策研究，2021，29（4）：83-91.

[16]　UK Legislation. The Climate Change Act 2008（2050 Target Amendment）Order 201［DB/OL］. http：//www. legislation. gov. uk/uksi/2019/1056/contents/made.

[17]　李东坡，周慧，霍增辉. 日本实现"碳中和"目标的战略选择与政策启示［J］. 经济学家，2022，05：117-128.

[18]　徐金金，黄云游. 拜登政府的能源政策及其影响［J］. 国际石油经济，2022，30（09）：21-32.

[19]　朱玲玲. 拜登政府的"清洁能源革命"：内容、特点与前景［J］. 中国石油大学学报（社会科学版），2022，38（04）：45-55.

[20]　孙莉. 加拿大实现碳中和的政策部署与路径［J］. 全球科技经济瞭望，2022，37（1）：8-11.

[21]　曲建升，陈伟，曾静静，等. 国际碳中和战略行动与科技布局分析及对我国的启示建议［J］. 中国科学院院刊，2022，37（4）：444-458.

[22]　徐坡岭. 全球气候议程中的俄罗斯低碳发展战略：路径、特征及内在逻辑［J］. 俄罗斯东欧中亚研究，2022，03：84-102.

[23]　陶冶. 全球碳治理背景下中国碳减排政策调整研究［D］. 武汉：华中师范大学，2022.

[24]　王凤，安芮坤，赵璟祎. 碳中和目标下的政府制度创新［J］. 南京工业大学学报（社会科学版），2021，20（6）：85-93.

[25]　张晓娣. 正确认识把握我国碳达峰碳中和的系统谋划和总体部署——新发展阶段党中央双碳相关精神及思路的阐释［J］. 上海经济研究，2022，2：14-33.

[26]　柳华文. "双碳"目标及其实施的国际法解读［J］. 北京大学学报（哲学社会科学版），2022，59（2）：13-22.

[27]　于贵瑞，郝天象，朱剑兴. 中国碳达峰、碳中和行动方略之探讨［J］. 中国科学院院刊，2022，37（4）：423-434.

第2章

大气碳排放与低碳技术

学习目标

1. 全面了解温室效应与气候变化对环境的影响。
2. 了解碳排放的概念、来源及其现状。
3. 掌握碳捕集、利用及封存技术原理以及典型的大气低碳控制技术。

2.1 温室效应与气候变化

2.1.1 温室效应及对气候变化的影响

(1) 温室效应

自19世纪以来，伴随人类活动加剧，温室气体被不断释放到大气中，导致地球温度升高，这种现象称为温室效应（greenhouse effect）。生活中的玻璃育花房和蔬菜大棚就是典型的温室——使用玻璃或透明塑料薄膜，让太阳光能够直接照进室内，加热室内空气，同时玻璃或透明塑料薄膜又能阻止室内的热空气向外扩散，使室内的温度始终保持高于外界温度的状态，以提供有利于植物快速生长的条件。大气层就像一层厚厚的玻璃，允许太阳辐射透过，并阻止地面热量散发，使地面温度上升，这样地球变成了一个"大暖房"，这一现象类似于上述的"温室"，故名温室效应。

温室效应的原理是：太阳所产生的短波辐射通过大气层进入地球表面，但地面反射的长波热辐射会被温室气体吸收而导致大气层内温度升高。随着人为活动排放的温室气体不断增多，大量的热辐射难以扩散，使得地表温度不断升高[1]。地球大气层中的长波辐射是指波长超过 $4\mu m$ 的电磁辐射，通常来自陆地。短波辐射的波长则小于 $4\mu m$，通常来自太阳源。长波辐射和短波辐射会在大气中传播，经历吸收、发射、散射和反射，而地面和海洋是对流层的主要热源。一般来说，地面 $75\%\sim95\%$ 的长波辐射被对流层中的水蒸气、CO_2、O_3 和其他温室气体吸收，并向各个方向重新辐射后部分返回到地面，形成了温室效应[2]。

在过去的五十多年里，地球的气候变化加速。2021 年全球平均温度比工业化前上升了 $1.11℃$，1980—2021 年我国沿海海平面上升速率为 $3.4mm/a$。这种和全球变暖相关的气候变化是由大气中吸收和发射红外辐射的气体浓度增加引起的，这类气体主要是 CO_2 和 CH_4。按照目前的速度，温室气体的排放将导致全球温度持续变暖，并且在排放停止后，这种升温也将持续下去，直到达到热力学平衡[3]。图 2.1 描绘了温室效应的能量流动，从图中可以看出，来自大气层外的太阳辐射以及地表辐射出的能量远大于散射出大气层的能量，而且大部分能量被温室气体吸收，由此产生了温室效应。

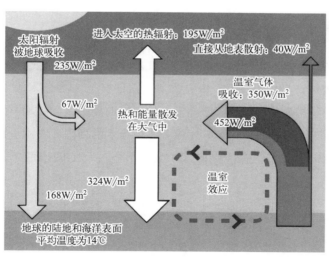

图 2.1　空间、大气和地球表面之间能量流动的简化示意图

温室效应一直以来都存在，如果没有温室效应，地球表面就会寒冷无比，海洋会结冰，地球上也不会有生命出现。因此，我们面临的不是有没有温室效应的问题，而是人类通过化石燃料燃烧产生了大量温室气体，致使温室效应与地球气候发生急剧变化的问题。那么地球是如何摆脱多余的能量的？我们从普朗克黑体辐射定律中知道，较热的物体会发出更多的辐射。因此，地球会通过升温来摆脱这些多余的能量，发出更多的红外辐射，直到捕获的多余能量被释放到大气层外，使地球表面大气系统达到平衡，这就是温室效应和全球变暖的原理。

（2）温室气体

温室效应的产生离不开温室气体。人类工业活动，尤其是化石能源燃烧产生的碳排放，是温室气体排放的主要形式。以碳基能源（煤炭、石油、天然气等）为主的化石燃料在燃烧过程中能够释放占其成分 90%～98% 的碳，这些碳在大气中被完全氧化形成 CO_2，构成了最主要的温室气体源。

CO_2 的大气浓度以百万分之一（ppm）为单位。CO_2 的排放通常由植物在黑暗中自然发生，或是通过人类呼吸和自然碳循环系统产生。但人为活动加剧，大量的 CO_2 被释放到大气中，使大气中 CO_2 浓度高于正常阈值，导致全球变暖。全球变暖反过来又破坏了自然碳循环，向环境中释放出更多的 CO_2。因此，这种循环不断运行，对地球的自然环境产生影响。自然碳循环通常是通过各种微生物和其他化学反应降解土壤有机碳，向大气释放 CO_2。但是，大量的 CO_2 被释放到环境中，使得土壤中有机碳减少。这个过程不仅对人类有害，对植物和其他野生动物都有灾难性的影响[4]。当大气中 CO_2 等温室气体的浓度增加时，不仅地球表面的温度会升高，对流层的温度也会升高，而平流层的温度则会降低[5]。

除了 CO_2 之外，还有非 CO_2 的温室气体，主要的非 CO_2 温室气体有 CH_4 和 N_2O 等，但这些气体不会像 CO_2 那样长期持续存在。CH_4 和 N_2O 对全球气候也非常重要，它们的浓度以十亿分之一（ppb）来衡量。根据《中国气候变化蓝皮书》可知目前 CH_4 的含量是工业化前水平的 262%，N_2O 的含量是工业化前水平的 124%。从 2020 年到 2021 年，CH_4 的年增长率为 18ppb，这是有记录以来的最大增幅。其中，N_2O 排放也主要来源于化石燃料燃烧，其次是农业和畜牧业等相关活动。CH_4 排放一部分来源于自然界的生物厌氧分解作用，如动物排泄物的分解、水体流动性不高的湖泊或者湿地中的生物厌氧分解作用；另一部分来源于化石能源的燃烧、生活和工业废水的处理、农业畜牧活动及工业生产制造活动等人类活动。图 2.2 描述了 1983—2021 年全球大气 CH_4 的年内平均增加量，可

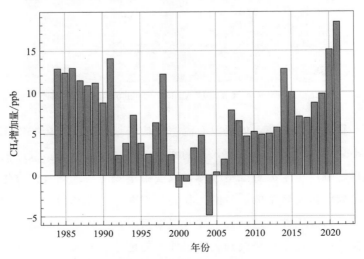

图 2.2   1983—2021 年全球大气 CH_4 年内平均增加量[6]

以看出近几年的增加量越来越多。值得注意的是，能源消费相关的碳排放是温室气体产生的主要来源，是近年来以全球变暖为主要特征的气候变化的主要驱动因素。

（3）对气候变化的影响

1992 年缔约的《联合国气候变化框架公约》中将气候变化定义为"经过相当长一段时间观察到的气候，除自然变化之外，由直接或间接的人类活动改变了地球大气组成而造成的气候变化"[7]。该定义强调了人为活动这一外部因素的重要作用，并将气候变化与自然气候变动这一内部进程区分开来。

气候变化最明显的指标之一便是地表温度变化。全球平均表面温度相对于 1850—1900 年基线（工业化前水平近似值）升高了 $1.11℃ \pm 0.13℃$。如果继续以当前的速度上升，全球表面温度上升值有可能于 2030—2052 年达到 1.5℃。对上一个冰河时代末期以来发生的气候变化的观察结果显示，气候变化极其迅速，大约是自然气候变化的十倍。

在 20 世纪，由于人类活动，大气中温室气体的浓度不断增加。即使碳排放完全停止，CO_2 浓度上升引起的大气温度升高预计也不会显著降低。CO_2 排放所导致的短期和长期的不利气候将在不同区域造成一系列破坏性影响，其中一些影响与全球变暖有关，而另一些影响则在持续变暖的情况下形成并不断累积。其他气候影响包括北极冰川退缩、强降雨和洪水的频繁发生、永久冻土融化、冰川和积雪消失以及随之而来的供水变化、飓风强度增加等。

温室效应是一把"双刃剑"，除了上述负面影响外，还有以下正面影响：

① 耕作带向寒冷地区延展。20 世纪 90 年代之后，我国冬小麦的种植带向高海拔和高纬度地区移动[8]；

② 随着 CO_2 的增加，植物光合作用更高效，使得所处的环境更适合植物生长；

③ 随着温度的升高，北部永久冻土地区的变暖速度是地球其他地区的两倍[9]，随着冻土带的融化，深藏其中的化石燃料和矿物的开采成为可能；

④ 新航线的开辟成为可能，缩短航程，如我国"天恩"号于 2018 年 8 月 4 日开辟北极航道，缩短了三分之一航程；

⑤ 新物种的出现，由于环境的变化，原本不适宜生存的极地地区出现新物种。

2.1.2　气候变化的危害

气候变化深刻影响着人类的生存和发展，是当今国际社会面临的最重要、最紧迫的全球性挑战之一。全球气候变化主要的危害有：

（1）极端天气频发

全球气候变暖导致持续高温，图 2.3 为全球 1880—2021 年的平均温差，明显观察到工业化之后的气温不断升高。由于全球气候变暖，大气环流也随之发生改变，伴随而来的是洪水、厄尔尼诺现象等极端气候事件频发。例如，2019 年到 2020 年，澳大利亚发生了全国性的大规模丛林火灾，使得生态环境遭受严重破坏，并造成严重的经济损失。2022 年夏季，我国多地出现高温天气，其综合强度已经达到了 1961 年以来最强。可见，气候变化引起的极端气候事件频发，严重影响生态环境的稳定性，威胁着人类社会安全和社会生产生活秩序。

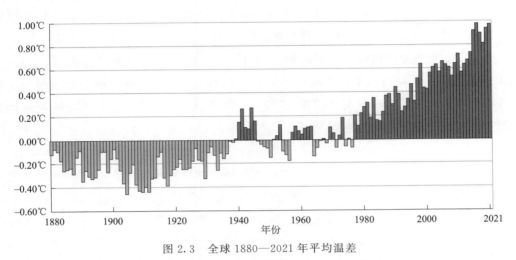

图 2.3　全球 1880—2021 年平均温差

数据来源：美国国家海洋和大气管理局（NOAA）国家环境信息中心，《气候概览：全球时间序列》2022 年

除了更高的温度及其直接后果外，气候变暖预计在风暴和降水的模式上也会与工业化前的气候有所不同：降水的分布正在从频繁的轻度事件转向较少的重度事件；寒冷的高纬度地区降水增加，赤道附近降水增加，而热带边缘地区、亚热带地区的降水减少；飓风和台风的分布和强度也会有变化，这些风暴的能量来自温暖的海洋表面和寒冷的高层大气之间的温度差异，地球上的一些地区，特别是太平洋地区在未来将会出现更密集的飓风[3]。

（2）海平面上升

海洋吸收了全球变暖带来的大部分热量。在过去的二十年里，海洋变暖的速度大幅增加。因为水会随着变暖而膨胀，随着温度的升高，海洋的体积会不断增加。冰盖融化也导致海平面上升，威胁沿海和岛屿地区。此外，海洋会吸收 CO_2，使海洋的酸性增加，从而危及海洋生物和珊瑚礁等。全球气温上升导致两极周围冰川融化，预计在 21 世纪全球海平面将上升 20cm。特别是在过去十年中，气候变化导致冰川融化造成的水位上升对沿海地区可持续性的影响正在增加[10]。根据联合国政府间气候变化专门委员会发布的《气候变化中的海洋和冰冻圈特别报告》可知，20 世纪全球海平面平均上升了 15cm。随着海平面的上升，一些低海拔地区将被海水淹没，饮用水也会受到污染，严重威胁人类的生存环境。太平洋岛国图瓦卢是全球第一个因受到海平面上升的影响而被迫迁移的国家。除此之外，其他太平洋岛屿国家，如印度、孟加拉国等也面临严重威胁。我国 70% 的大城市、一半人口和 60% 的国民经济生产位于海岸带低洼区，若海平面上升会对我国社会经济产生严重影响[11]。

由于温室气体浓度的增加，地球的大气系统中积累的约有 90% 的多余能量会进入海洋。而且，随着全球平均温度的上升以及海洋热浪发生频率的增加，海洋表面变暖的速度比内部更快。随着大气中 CO_2 浓度的上升，海洋中 CO_2 的浓度也在上升。这些现象严重影响了海洋中的化学平衡，降低了海水的平均 pH 值，这一过程被称为海洋酸化，而这些变化严重影响了海洋和沿海地区。

（3）农业生产发生改变

农业生产可能受全球变暖影响最大。当气温升高之后，存在于农田中的某些病虫分布区域会扩大，导致病虫害的时期提前并延长，进而影响农业生产。农业生产不仅受到病虫害的影响，还会受到气候变化的影响。其中低纬度地区会出现热带风暴增强的现象，严重影响当地的农业；气候变暖会直接影响全球气温，使得热带和亚热带地区热浪频繁，从而改变农作物的生长周期和分布情况；由于气温的升高，大气层中的气流交换作用不断增强，大风、风暴天气不断增多，使得土壤受到风蚀作用并加剧水土流失。另外，温度的升高也会导致土壤中水分的流失加快，使本就干旱的地区雪上加霜，土壤更加贫瘠，农作物的生长受到影响，并造成经济损失。因此，我们也需要及时采取应对的措施，根据气候变化的发展对种植结构进行调整。例如，将北半球农作物的春季播种时间可以适当提前[12]。

（4）破坏生态系统

气候的变化会影响物种之间的相互作用，进而破坏生态系统的稳定性。气候变化不仅会造成不能适应新环境的物种濒临灭绝，还会产生新的物种，影响生态系统平衡。

气温升高导致动物和植物物种的分布范围发生变化，并对一些种群造成了一定程度的生存压力。例如，北美西部冬季气温变暖导致山地松树甲虫的活动范围扩大，使得加拿大落基山脉的枯萎病和树木死亡率增加。同样，冬季气温升高导致昆虫捕食者增多，使得新泽西州松林和阿拉斯加云杉林的森林被破坏[13]。

（5）威胁人类生活和健康

随着气候变化问题的日益加剧、极端天气发生概率的增加，人类社会生活的各个方面将面临更大的威胁和挑战，甚至会发生不可恢复的、毁灭性的灾难。气候变化不仅影响着人类的生活，还会对人类的生命健康造成威胁：

① 极端天气导致的直接死亡。如 2003 年夏天的欧洲，热浪和臭氧的暴露造成人死亡率增加了 50%[14]。世界卫生组织预计在 2030—2050 年期间，温室效应将使得每年约 25 万人死于高温暴露及传染病感染。

② 温暖的气候下病毒更容易传播。许多传染物、病媒生物、非人类储存物种和病原体的复制率对气候条件十分敏感[15]。研究发现温室效应可能会导致芽孢细菌被解封，科学家对这些病毒细菌尚无防御对策，新的疾病可能肆虐全球。

2.2 大气碳排放现状

2.2.1 碳排放概念、来源

(1) 碳排放概念

生态环境部在《碳排放权交易管理办法（试行）》中对碳排放进行了定义，碳排放是指煤炭、石油、天然气等化石能源燃烧活动和工业生产过程以及土地利用变化与林业等活动产生的温室气体（CO_2、CH_4、N_2O、HFCs、PFCs、SF_6）排放，也包括因使用外购的电力和热力等所导致的温室气体排放。

碳循环是指碳元素在地球的生物圈、岩石圈、水圈及大气圈一共四个生态圈中，相互交换和迁移的过程。全球碳循环过程由陆地碳循环和海洋碳循环分别通过陆-气 CO_2 通量和海-气 CO_2 通量与大气 CO_2 联系所构成[16]。

陆地碳循环由植物光合器官碳库、植物支持器官碳库、凋落物碳库和土壤有机物碳库组成[17]。陆地上的植物通过光合作用将大气中的 CO_2 转化为有机碳并存储在植物体内，然后通过自身呼吸作用、分配光合作用的产物和自身的死亡凋落过程分别将有机碳输送至大气、植物支持器官碳库和凋落物碳库；凋落物碳库通过呼吸作用和分解作用分别把碳输送至大气和土壤有机物碳库；最后土壤有机物碳库将碳转化为 CO_2 释放到大气中（图 2.4）。

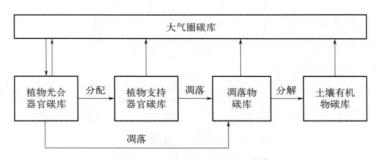

图 2.4 陆地碳循环示意图[17]

植物中的碳通过食物链转移到以它们为食的动物中。动物通过呼吸作用来排出 CO_2 气体，当动物死亡后，残体腐烂，将碳带入地下，在数百万年之后会变成化石燃料。燃料燃烧时，碳从化石燃料转移到大气中。当人类燃烧化石燃料时，大部分碳迅速以 CO_2 的形式进入大气，其中一部分停留在大气中，另一部分则溶解在海水中。在海洋上层的透光带内，浮游植物进行光合作用，吸收溶解在海水中的 CO_2，转化为浮游植物内的有机碳，并通过食物链转移到浮游动物中（图 2.5）。微生物分解浮游动物产生的排泄物以及动植物尸体，产生碎屑并以颗粒有机碳的形式运输到下层海洋，从而使得碳从大气中转移到海洋表面，再从海洋表面转移到深海中。沉降到下层海洋的颗粒有机碳一部分被真菌或细菌分解转化为 CO_2 气体进入再循环过程，另一部分则沉积在深海中。在透光带以下，由于阳光透射不到，有机碳下沉到此深度后，就会发生矿化作用，该过程与光合作用相反，将有机碳转化为溶解无机碳，并被海洋环流输运转移[18,19]。

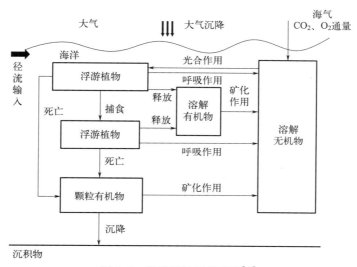

图 2.5　海洋碳循环示意图[18]

（2）碳排放来源

碳排放的来源众多，既有自然来源，也有人为来源。自然来源包括动植物的分解、海洋释放、呼吸作用、火山喷发和森林大火等。释放到大气中的 CO_2 大部分来自天然的 CO_2 源，且海洋提供的 CO_2 量最大。人为来源主要包括发电、工业、住宅和运输部门化石燃料（煤、石油、天然气）的燃烧活动，在这些来源中能源生产和工业部门的贡献最大。虽然人为排放的 CO_2 远远少于自然排放的 CO_2，但是它们却破坏了存在于人类活动前的自然平衡。这是因为大自然从大气中除去的 CO_2 量与其所产生的 CO_2 量可以相互抵消，使得 CO_2 总量保持水平，而人类排放的 CO_2 并未被消除，从而破坏了自然的平衡。

2.2.2　碳排放现状

（1）全球总量

数据显示，1950 年左右，碳排放量已达到 60 亿吨，且排放量处于快速增长期，年均增长率约为 14.4%；如图 2.6 所示，到 1990 年前后，年均增长率突然减慢，降低至 1.5%；然而，随着全球工业化进程加快，20 世纪之后，年均增长率大幅度上升。截至 2019 年，全球碳排放量约为 370 亿吨。

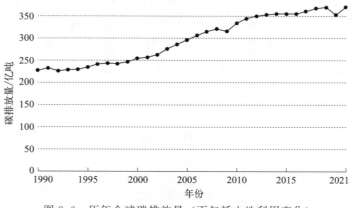

图 2.6　历年全球碳排放量（不包括土地利用变化）

（2）区域总量分布

从区域碳排放总量来看，全球碳排放主要集中在亚洲、北美洲和欧洲地区，三者的碳排放总量对全球的贡献达 89%。目前，亚洲是全球第一大碳排放地区，2021 年亚洲碳排放为 216 亿吨，排放量远超其他区域，对全球总碳排放的贡献达到了 58.4%，主要原因是 1945 年后很多亚洲的国家开始进行大规模的经济建设。随着中国、印度、日本等国家经济的快速发展，对能源的需求迅速增加，从而带动了碳排放量的快速增加。亚洲的碳排放量在 1986 年超越北美洲，在 1992 年超越欧洲，成为了世界第一大碳排放区域。

欧洲在 19 世纪中叶前主导着全球的碳排放，那时欧洲的碳排放占全球的 4/5 以上，且欧洲的大部分碳排放量都来自英国；由于工业化进程，北美洲的碳排放量迅速增长，1916 年北美洲的碳排放量超过了欧洲，成为了全球第一大碳排放地区。目前北美洲、欧洲分别是全球第二大、第三大碳排放区域，2021 年碳排放量分别为 61 亿吨、53 亿吨，对全球总碳排放的贡献分别达到了 16.5%、14.3%。

从国家来看，2021 年全球碳排放量最高的国家为中国、美国、印度，分别达到了 114 亿吨、50 亿吨、27 亿吨，三个国家的 CO_2 排放量之和对 2021 年全球总碳排放量的贡献达 50% 以上。

近几十年来，全球主要碳排放区域由欧美地区逐渐转移为东亚和南亚等地区。值得注意的是，我国碳排放量逐年增加，且在 2006 年超过美国，成为全球碳排放量最大的国家；2010 年，我国的碳排放量开始超过美国与欧盟排放量的总和。我国的碳排放量从 1990 年的 18.24 亿吨增加到 2019 年的 100.57 亿吨，其占比由 7.95% 增加至 27.27%。从碳排放的变化趋势来看，受到经济快速增长的促进作用，我国碳排放在 2000—2007 年间增速最为显著，年平均增长速率约为 11.50%；2008 年，金融危机使得碳排放量年增长速率降为 3.1% 左右；2011 年以后增速保持在 6% 以下，且在 2014—2015 年间出现了负增长现象，2016 年之后再次较快增长。不论是碳排放量还是增长趋势，我国的碳排放都将对全球碳排放产生深远影响，是全球开展碳减排和低碳发展的重点区域。

美国 2021 年的碳排放量为 379 亿吨，对全球总碳排放的贡献为 13.4%，位居世界第二。然而，从累计碳排放量来看，美国在 1750—2019 年的累计排放量约为 4102.4 亿吨，约为同一时期我国累计排放量的 2 倍、俄罗斯的 4 倍，是全球累计碳排放量最大的国家。21 世纪后，美国碳排放量较为稳定甚至呈微弱的下降趋势。

（3）人均碳排放现状

人均碳排放与各个国家的总碳排放呈现出不同的分布趋势。人均碳排放是指在单位时间——通常是一年或一个核算期，用一个国家的总碳排放量除以其人口来计算得到的数值。世界各地的人均碳排放有很大的差异，人均碳排放较高的国家大多位于北美洲、大洋洲以及亚洲的部分地区。

世界上人均碳排放量最高的是生产石油的国家，尤其是人口规模相对较小的国家，大多数位于中东地区。2021 年人均碳排放量最高的国家是卡塔尔（35.59t），其次是巴林（26.66t）、科威特（24.97t）、特立尼达和多巴哥（23.68t）。然而，许多主要的石油生产国人口相对较少，这意味着他们的年排放总量很低。

美国、澳大利亚和加拿大是人口较多、人均排放量也较高的国家，因此总排放量也较高。2021 年澳大利亚人均碳排放为 15.1t，其次是美国（14.9t）和加拿大（14.3t）（图 2.7）。虽然发达国家的碳排放目前已逐渐稳定，但人均碳排放量一直处于较高水平。例如，在 1990—2019 年，美国和澳大利亚的人均碳排放量一直远高于其他国家；2021 年，它们的人均碳排放量约为同一时期我国的 2 倍、印度的 8 倍，远高于 2021 年全球人均碳排放水平（4.69t）。21 世纪后，全球及一些主要发达国家的人均碳排放已呈现不同程度的降低，但以我国和印度为主的发展中国家的人均碳排放量还在持续增加。

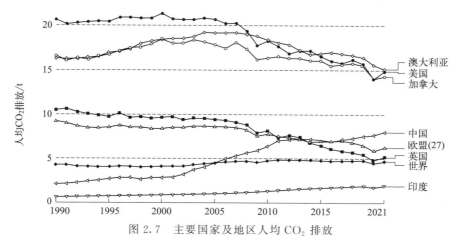

图 2.7　主要国家及地区人均 CO_2 排放

2.2.3 行业碳排放现状

（1）全球

能源消耗是迄今为止人为温室气体排放的最大来源。能源部门包括运输、电力和热力、建筑物、制造业和建筑业、逸散性排放和其他排放。其他排放较多的部门是农业，如畜牧业和农作物种植；化学品、水泥等工业过程；废物，包括垃圾填埋场和废水；土地利用、土地利用变化和林业。

图2.8和图2.9显示了全球不同行业碳排放历史变化以及2019年全球不同行业的碳排放占比。可以看到由于电力和热力生产导致的碳排放一直占主导地位，且排放量逐年增加，从1990年的85.9亿吨增加到2019年的157.6亿吨，2019年由于电力和热力生产导致的碳排放占全球总碳排放的42.76%。全球第二大碳排放行业是交通运输行业，这包括少量由电力产生的间接碳排放以及燃烧化石燃料为运输活动提供动力的直接碳排放，2019年交通运输行业产生的碳排放达82.2亿吨，占全球总碳排放的22.31%。这部分的碳排放主要来自公路运输（包括汽车、卡车、摩托车等）。全球第三大碳排放行业是制造业和建筑业，2019年制造业和建筑业产生的碳排放占全球总碳排放的16.96%，主要包括与照明、电器、烹饪等发电和家庭供暖产生的与能源相关的住宅建筑碳排放和用于照明、电器等发电以及办公室、餐馆和商店等商业建筑碳排放。

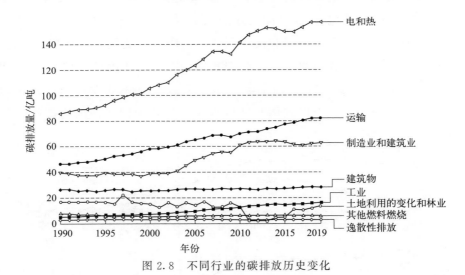

图2.8　不同行业的碳排放历史变化

（2）美国

2020年，美国温室气体排放量近60亿吨。CO_2占比最大（79%），其次是甲烷（11%）、一氧化二氮（7%）和其他温室气体（3%）[10]。美国排放温室气体的主要行业有：

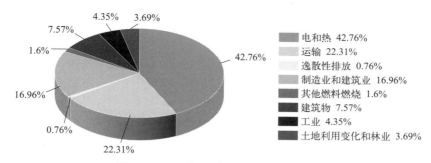

图 2.9　2019 年不同行业的碳排放占比

① 交通运输行业。2020 年美国交通运输产生的温室气体排放占美国温室气体排放总量的 27%，来自汽车、卡车、轮船、火车和飞机燃烧化石燃料。其中超过 90% 的运输燃料是石油基燃料，主要包括汽油和柴油。

② 电力生产行业。电力生产行业是美国温室气体排放的第二大贡献者，2020 年美国由于电力生产导致的温室气体排放量占美国温室气体排放总量的 25%。其中大约 60% 的电力来自燃烧化石燃料，主要是煤炭和天然气。

③ 工业。2020 年美国工业产生的温室气体排放量占美国温室气体排放总量的 24%。工业温室气体排放主要来自化石燃料的燃烧，以及利用原材料生产商品所需的某些化学反应产生的温室气体排放。

④ 商业和住宅。2020 年美国商业和住宅行业产生的温室气体排放量占美国温室气体排放总量的 13%。企业和家庭的温室气体排放主要来自取暖引起的化石燃料燃烧和使用某些含有温室气体的产品以及处理废物。

⑤ 农业。2020 年美国农业产生的温室气体排放量占美国温室气体排放总量的 11%。农业温室气体排放来自奶牛等牲畜、农业土壤和水稻生产。

（3）我国行业碳排放现状

我国的碳排放主要来源于电力、工业生产、建筑、交通和农业等领域，其中电力领域占比最大。

① 电力行业。电力行业是全球最大的碳排放源[20]。现阶段，我国是碳排放量最高的国家，同样也是发电量最高的国家。在我国总碳排放中，电力行业的贡献最大，占碳排放总量的 40% 以上[21]，在 2019 年甚至达到 53%[22]。

从排放量来看，目前我国的电力行业碳排放量总体呈现出增加态势，但整体的发展势头却在逐步减缓，甚至在个别年份出现了负增长现象。电力行业碳排放从 2001 年的 16.61 亿吨增长到 2019 年的 55.88 亿吨，这十九年间总量增长高达 39.27 亿吨。从电力行业碳排放的整体变化趋势来看，可以简单分为四阶段：2001—2007 年为第一阶段，该阶段我国电力行业的碳排放量每年都在快速增加，2007 年的电力行业碳排放量大概是 2001 年的 1.9 倍；2008—2010 年为第二阶段，该阶段电力行业碳排放量趋于稳定，每年在 35 亿吨左右，因为当时经济增速放缓，发电量下降，碳排放得以有效控制；

2011—2015 年为第三阶段，这段时间里，碳排放增长显著放缓，在 2014 年和 2015 年甚至出现了负增长现象，总体保持在 43 亿～47 亿吨，这与"十二五"时期国家实施的经济结构调整、节能减排、能源结构优化等一系列措施有关；2016—2019 年为第四阶段，该阶段我国的电力行业碳排放量有所上升。

从电力行业碳排放增长率曲线来看，我国电力企业的碳排放整体呈上升的态势，但其阶段波动也比较显著。2001—2013 年电力行业碳排放增长率均为正数，说明该行业碳排放逐年在持续增长，其中 2003 年的增长率达到顶峰的 18.38%。电力行业的碳排放增长率在 2014 年和 2015 年变成了负值。随后几年增长率开始出现了回升，并在 2017 年达到了小高峰，达到了 7.18%（图 2.10）。

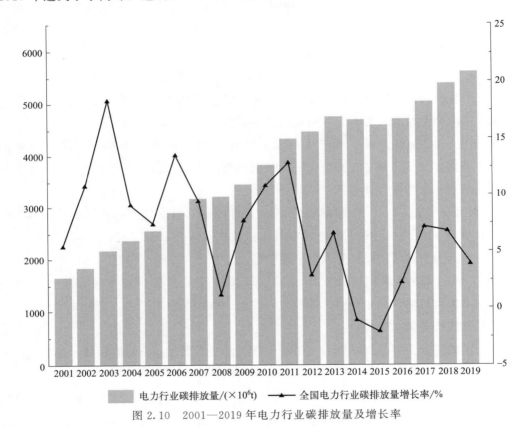

图 2.10　2001—2019 年电力行业碳排放量及增长率

从区域电力行业碳排放总量以及碳排放增长率来看，东部、中部、西部地区的碳排放量逐年增加。东部地区的电力碳排放量占据了将近一半的全国电力碳排放量，2000—2007 年东部地区的电力碳排放量一直保持增长趋势，并且在 2007 年达到了 15.19 亿吨的峰值，此后东部地区的电力碳排放增速有所放缓，甚至在个别年份出现了负增长（图 2.11）。中部地区的电力碳排放量约为同一时期东部地区碳排放量的 1/2，在 2007 年之前，中部地区碳排放量增长较快，之后增长速率便有所放缓。西部地区电力行业碳排放与中部地区相差不大，在 2009 年前一直保持着较高的增长速率，之后增速有所放缓。2013 年西部地区电力行业的碳排放量为 11.07 亿吨，第一次超过了东部地区[23]。

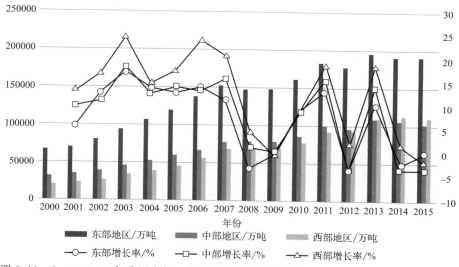

图 2.11 2000—2015 年我国东部、中部和西部地区电力行业 CO_2 排放量和年增长率[23]

② 工业。表 2.1 显示了我国 2005 年至 2019 年的工业碳排放量及其占比。可以看出，近年来我国工业 CO_2 排放总量增长较快，从 2005 年的约 41.4 亿吨增加到 2019 年的约 74.7 亿吨，增长率达到了 80%[24]。按我国工业碳排放的发展情况，可以简单地将其分为两个阶段，第一阶段为 2000 年至 2013 年，这一时期我国的工业碳排放量增速较大，CO_2 排放逐年创新高，这是因为 2000 年以后，国家重点产业的发展，基础设施建设的速度越来越快，对工业的投资也越来越大，对各种工业产品的需求量也越来越大，从而带动了能源的消耗。此外，这一时期我国电力设施的发展使得耗电量逐年增加，从而导致碳排放量的快速增加。第二阶段是 2013 年至 2022 年，随着我国可持续发展的发展道路提出，社会各界开始关心碳排放对全球和社会的影响，在这一时期我国的碳排放量增速放缓，在个别年份还出现了负增长现象[25]。而我国工业碳排放量占全国碳排放总量的比重变化则较为复杂，整体呈现"M+V"的特征，且占比一直保持在 70% 以上[24]。

表 2.1 2005—2019 年我国工业碳排放量及其占比[24]

年份	工业碳排放量/万吨	碳排放总量/万吨	占比/%
2005	413805	539800	77
2006	463673	600900	77
2007	511505	654600	78
2008	538701	676100	80
2009	563934	733400	77
2010	624012	790500	79
2011	701437	874200	80
2012	711274	908100	78
2013	687277	953400	72
2014	690674	945100	73

续表

年份	工业碳排放量/万吨	碳排放总量/万吨	占比/%
2015	678228	925400	73
2016	676779	925600	73
2017	695048	940800	74
2018	725192	962100	75
2019	746806	979500	76

从工业碳排放量来看，东部地区的工业碳排放量最高，表现出波动性的增长特征，从 2005 年的 205452.68 万吨增长到了 2019 年的 325750.78 万吨，增长率达到了 58.55%；中部地区的工业碳排放量在 2005 年到 2011 年逐渐增加，并且 2011 年达到了 200144.79 万吨的峰值，2011 年后，工业碳排放量波动较小，保持在 1876 百万吨左右；西部的工业碳排放在 2005—2019 年呈现波动中增长的特点，并且与中部地区的差距逐年缩小，2013 年第一次超越了中部（图 2.12）。从占比来看，东部地区依旧占据最大比重，工业碳排放占比逐年减少，中部地区的占比总体呈现出下降的趋势，而西部地区整体呈现出上升的趋势（表 2.2）。这是因为东部地区经济发展迅速，产业结构逐步优化和升级，节能减排技术日趋成熟，因此其工业碳排放量在逐步下降。而另外两个地区还处在开发和利用资源阶级，工业碳排放量仍在上升[24]。

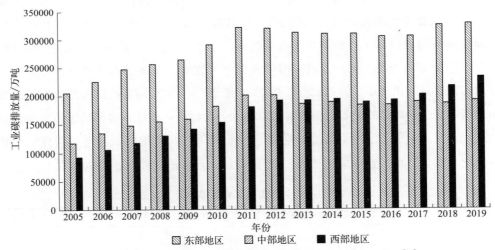

图 2.12   2005—2019 年东部、中部、西部地区工业碳排放量[24]

表 2.2   2005—2019 年东部、中部、西部地区工业碳排放量占比[24]

年份	东部地区占比	中部地区占比	西部地区占比
2005	0.50	0.28	0.22
2006	0.48	0.29	0.23
2007	0.48	0.29	0.23
2008	0.48	0.29	0.24

年份	东部地区占比	中部地区占比	西部地区占比
2009	0.47	0.28	0.25
2010	0.47	0.29	0.25
2011	0.46	0.29	0.26
2012	0.45	0.28	0.27
2013	0.45	0.27	0.28
2014	0.45	0.27	0.28
2015	0.45	0.27	0.28
2016	0.45	0.27	0.28
2017	0.44	0.27	0.29
2018	0.45	0.26	0.30
2019	0.44	0.25	0.31

③ 建筑行业。建筑行业的碳排放可以分为直接、间接和隐含碳排放。直接碳排放是指在建筑运行过程中消耗化石能源带来的碳排放，如燃煤、燃油和燃气等。间接碳排放主要是指建筑运行过程中使用电力、热力产生的碳排放。隐含碳排放是指建材生产、建造与拆除过程中产生的碳排放[26]。随着我国城镇化速度加快，建筑行业的碳排放量整体呈现持续增长的趋势，预计在 2030 年达到峰值。

建筑行业碳排放现状将在第 6 章进行具体介绍。

④ 交通运输行业。国际能源机构（IEA）估计，交通运输行业的碳排放约占全球 CO_2 排放的 27%。该行业的 CO_2 排放，以及它们相对于其他部门的贡献，预计都将在 21 世纪大幅增长。预计到 2030 年，全球交通运输能源使用和 CO_2 排放将增加约 50%，到 2050 年将增加 80% 以上[27]。

交通运输行业碳排放现状将在第 7 章进行具体介绍。

2.3　大气碳排放监测及典型低碳控制技术

2.3.1　碳排放监测

（1）碳排放监测的必要性

由于工业化发展与城市化建设进程加快，由化石燃料排放的 CO_2 和大量的人为源 CH_4 排放至大气中，带来了恶劣的环境影响。预计在未来 20 年，随着发展中国家的经济增长和发达国家的能源结构稳定，城市的碳排放量仍将迅速变化。尽管最近的现场试验证明了随着测量技术的迅速改进，评估碳排放的科学可靠性增强，但当前的系统仍无法准确监测出全球范围内大气碳排放的趋势。因此，仍需要努力将新兴的科学方法和技术转化为可操作的监测系统，以支持城市碳管理的决策[28]。以我国为例，需掌握碳排放的基本情况和重点排放源，为科学合理制定低碳发展转型策略奠定基础。

党的二十大报告强调，积极稳妥推进碳达峰碳中和。"力争 2030 年前实现碳达峰、2060 年前实现碳中和"。因此，精准地监测评估碳排放水平，科学提出治理碳减排路径与碳中和模式，是城市大气污染控制协同实现"双碳"目标的关键突破口，也是当前环境领域的科技前沿和重点[29]。碳核查是非常专业的工作，涉及能源类型、工业流程、废弃物处理等诸多环节，因此部分企业可能在短时期内无法掌握所有细节。通过监督帮扶活动，既可以帮助企业算清楚自己的碳排放，也帮助企业算清碳资产，同时提高碳市场的数据质量，更有利于碳市场功能的发挥。数据质量是碳市场的生命线，是全国碳市场平稳有效运行和健康持续发展的基石。同时，企业碳排放数据质量也是维护市场信用信心和国家政策公信力的底线和生命线。

想要保障碳排放数据的质量，采用 MRV 体系至关重要。MRV 体系主要由监测（measurement）、报告（reporting）和核查（verification）三部分组成。依据"可测量、可报告、可核查"的原则和技术体系，可保证配额许可量和实际排放量的真实、准确、完整。该体系既是国际通行做法的良好实践，也是我国碳市场建设取得成效的制度保障。MRV 制度是碳交易体系的实施基础，科学完善的 MRV 监管体系，可以实现利益相关方对数据的认可，从而增强碳交易体系的可信度，是碳市场平稳运行的保证，也是企业低碳转型、区域低碳宏观决策的重要依据。

（2）主要碳排放监测技术

国际上主流的碳排放监测方法大致可分为两大类：基于核算的方法和在线监测法。基于核算的方法并不直接测量 CO_2 排放，而是通过排放因子法或物料平衡法核算企业或设施的活动来推算活动导致的 CO_2 排放；后者又称直接测量法，顾名思义，该方法借助连续排放监测系统（CEMS）对排放主体所排气体中的 CO_2 浓度和烟气流量进行实时的测量，进而得到实时、连续的 CO_2 排放量[30]。

① 生产测碳核算。国家 CO_2 排放核算是实施减排措施、制定国家减排战略、进行国际核查评价的依据[30]。为此，联合国政府间气候变化专门委员会（IPCC）等国际组织制定了根据含碳化石燃料的能源消耗和相应化石燃料本身的碳含量，来估算国家 CO_2 排放量的方法，即通过活动数据和相应的排放系数来编制碳排放量。这种方法在世界范围内广泛使用。具体而言，IPCC 推荐的碳排放核算方法分为两种：参考方法和部门方法。参考方法是根据国家的总能源消耗量估计 CO_2 排放计算，而总能源消耗量是能源生产、进出口和库存之间的差额。部门方法计算 CO_2 是根据子行业的能源消耗量计算子行业的排放量，然后得到全国的总碳排放量[30]。由于 IPCC 推荐的计算方法采用一次能源数据碳核算（考虑一次能源转换、燃料洗涤过程中的能量损失、燃料非能源使

用等因素），而一次能源处于能源供应链的生产端，所以这种计算方法也称为生产侧碳核算。目前生产方碳核算机构包括 CO_2 信息分析中心、欧盟委员会联合研究中心（JRC）/荷兰环境评估局（PBL）、全球大气研究排放数据库（EDGAR）、国际能源署、美国能源信息署（EIA）、世界银行、联合国气候变化框架公约（气候公约）、世界资源研究所。

碳排放可分为化石能源碳排放和工业过程碳排放：

$$E_t = E_{ff} + E_{in} \tag{2.1}$$

式中，E_t、E_{ff} 和 E_{in} 分别代表总排放量、化石燃料排放、工业过程排放。

化石燃料排放量可以使用式（2.2）计算：

$$E_{ff} = AF \tag{2.2}$$

式中，A 为能源消耗量或工业生产量，对化石燃料排放和工业过程排放适用。

鉴于排放因子、燃料的质量、性质和燃烧效率之间的关系，排放因子 F 可以进一步分解：

$$F = HC_hO \tag{2.3}$$

式中，H、C_h、O 分别表示热值、单位热量含碳量和氧化速率。

因此，化石燃料排放量可以使用式（2.4）估算：

$$E_{ff} = AHC_hO \tag{2.4}$$

工业过程主要包括水泥生产，排放量计算类似于化石燃料，公式为：

$$E_{in} = AF \tag{2.5}$$

从计算方程中，我们知道 CO_2 排放估算主要来自两个方面：活动数据（能源消耗或工业生产）和排放因子。

② 消费侧碳核算。研究人员提出了一种基于消费的 CO_2 核算方法（考虑潜在的"碳泄漏"），以考虑消费活动造成的排放并公平地代表实际的不同国家 CO_2 的排放。目前，基于消费的碳核算方法（也称为碳足迹）已成为计算 CO_2 碳排放的有效方法。具体而言，基于消费的碳核算主要包括过程分析（即生命周期评估 LCA）和投入产出（IO）分析。

生命周期评估（LCA）方法是一种"自下而上"的方法，旨在跟踪产品对环境的直接和间接影响（"从摇篮到坟墓"）。生命周期评估是一种工具，用于评估产品整个生命周期，即从自然资源获取、生产和使用阶段到废物管理的潜在环境影响。废物管理阶段包括处理和回收。术语"产品"可能包括货物、技术和服务。LCA 是一项综合评估，考虑了自然环境、人类健康和资源的所有方面，从生命周期的角度关注产品，并涵盖广泛的环境影响。LCA 的范围界定有助于避免问题转移，例如从生命周期的一个阶段转移到另一个阶段，或从一个环境影响转移到另一个环境影响[31]。

IO 方法是一种"自上而下"的方法，旨在测量 CO_2，IO 表中反映的各经济部门投入和产出之间的依赖关系，以及在国家/区域或部门一级的排放量。一般来说，消费端的总碳排放量等于该地区的直接碳排放量减去从当地出口到其他地区的产品的排放量，以及其他地区因生产进口当地产品而造成的排放量[32]。

③ 在线监测法。我国当前主要的碳排放数据由 IPCC 提供的排放因子及核算方法估

算而来，而这些排放因子及计算结果是否与我国实际的排放情况一致还需要验证，因此碳排放的直接监测就是重要的评估与验证手段之一，在线监测方法和相关技术近年来受到越来越多的关注。发展可靠的碳排放监测技术，准确而全面获取碳排放数据，可以为碳减排措施的制定及其减排效果评估提供有力的技术支撑。多项研究利用地面监测数据［如连续排放监测系统（CEMS）和傅里叶变换光谱仪（FTS）］和遥感卫星数据［如温室气体观测卫星（GOSAT）和对流层监测仪器（TROPOMI）］来分析自然灾害和CO-VID-19等流行病对全球经济和温室气体排放的影响。

　　a. 连续排放监测系统（CEMS）。CEMS是一个由采样、调节和分析组件和软件组成的系统，旨在通过分析烟气的代表性样品来进行污染物浓度的直接、实时、连续测量。美国的经验表明，CEMS可以提供评估排放控制要求合规性所需的最准确和一致的数据，但必须对其进行适当的设计、安装、操作、维护、质量保证和检查以确保合规性[33]。

　　自广东安装第一台CEMS以来，我国发电厂的CEMS状况发生了显著变化。2004年，我国制定了一项对于大多数燃煤电厂安装CEMS的二氧化硫排放政策[34]。2007年，政府扩大了该政策的范围，要求所有国家控制的主要污染设施在2008年底前安装CEMS。将关键排放源定义为总排放量至少占全国工业排放量85%的排放源。截至2009年3月，约85.5%的设施安装了CEMS，共安装了5472个空气排放监测仪。2010年我国全国各地的发电厂（包括国家控制的重点发电厂）共安装了超过10000台CEMS，用于测量各种气体污染物排放和运行参数[35]。

　　b. 碳排放遥感监测方法。遥感是指利用特定仪器（传感器）远程获取信息的技术。传统上，遥感与卫星或带有一组机载传感器的载人飞机有关。近十年来，无人平台的不断发展和完善，以及无人平台上安装的传感技术的发展，为遥感应用提供了良好的机遇[36]。遥感作为最典型的近地表监测方法，因其独特的CO_2监测优势而受到青睐。

　　遥感监测的分类方法多种多样。根据观测平台的不同，遥感可分为地面监测、空中监测和卫星监测[37]。地面监测具有极高的分辨率和精度，但由于现场障碍物的阻塞，只能在小范围内进行。虽然增加平台高度可以获得更大的监测面积，但分辨率会相应降低。传统的地面监测方法虽然具有精度高、可靠性高等优点，但受到站点分布和数量限制，缺乏大范围实时监测能力。卫星遥感为大气CO_2浓度的监测提供了稳定、连续、大规模观察的手段[38]。因此，在CO_2的监测中，卫星监测发挥了越来越重要的作用。有必要根据研究区域的精度和范围选择合适的监测平台。

　　遥感监测技术在碳封存方面发挥了不可或缺的作用。根据监测目标的不同，遥感监测可分为直接测量地表CO_2浓度、间接测量地表变化和周边生态环境的变化[39]。直接监测方法依赖于跟踪封存地点表面CO_2（或注入CO_2的气体）浓度的变化，以确定CO_2是否泄漏，并确定其羽流方向。间接监测方法包括变形监测和环境监测，变形监测是指在地表中注入CO_2引起的地表隆起或下沉，环境监测是指由于CO_2泄漏引起的地表物理、化学和生物特性的变化[39]。

2.3.2　碳捕集、利用及封存技术

目前，能源产量的增加与碳排放的增加密切相关。预计 2022 年全球化石燃料带来的 CO_2 排放量将再创新高，达到 375 亿吨。因此，化石燃料可能在很长一段时间内仍将是一次能源的主要来源。碳捕获、利用与封存（carbon capture, utilization and storage，CCUS）是应对全球气候变化的关键技术之一，受到世界各国的高度重视[40]。

（1）碳捕集技术

捕集技术包括燃烧后捕集、燃烧前捕集、富氧燃烧和化学链燃烧[41]，其原理如图 2.13 所示。

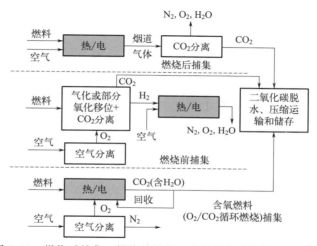

图 2.13　燃烧后捕集、燃烧前捕集、富氧燃烧碳捕集原理图[42]

① 燃烧后捕集：燃烧后捕集是指在燃烧产物排放到大气之前去除大部分 CO_2。最先进的方法是使用胺溶液作为捕集剂，将 CO_2 从烟气中捕集下来。在相对较低的温度（50℃）下，用胺溶液从废气中去除 CO_2。在冷却和连续循环之前，通过加热（约120℃）再生捕集剂以便再次使用。在再生过程中从捕集剂中除去的 CO_2 被干燥、压缩并运输到安全的地质储存处[43]。

② 燃烧前捕集：一般来说，CO_2 很难在燃烧前完全被捕集。然而，所有类型的化石燃料都可以用低于化学计量量的氧气（通常存在部分蒸汽）在高压（通常是 30～70个大气压，1 个大气压=101.325kPa）下气化（部分燃烧或重整），以产生主要由 CO_2 和 H_2 组成的"合成气"混合物。然后加入额外的水蒸气，混合物通过一系列的催化剂床，进行水煤气变换反应，以接近平衡：$CO + H_2O \rightleftharpoons CO_2 + H_2$（通过加入水蒸气并降低温度，促进 CO 转化为 CO_2）。燃烧前捕集的优点是能量损失相对较低。

通过此过程，CO_2 可以被分离出来，留下富含氢的燃料气。分离过程通常使用物

理溶剂；CO_2 在较高的压力下溶解，然后随着压力的降低而释放。由于再生溶剂不需要热量，而 CO_2 可以在大气压以上释放，因此燃烧前捕集系统中的 CO_2 捕集和压缩所需的能量可能是燃烧后捕集所需能量的一半左右[44]。

③ 富氧燃烧：富氧燃烧是空气分离产生高浓度氧气，然后在纯氧锅炉中燃烧燃料的过程。这项技术的整个核心是制氧过程。通常采用低温分离和膜分离技术，因此制氧工艺成本很高。燃烧过程温度较高，涉及燃烧器的材料负荷和燃烧器的结构设计与改造。考虑到制氧成本和燃烧器结构，该工艺主要限于实验室和中试研究[45]。

④ 化学链燃烧：化学链燃烧技术流程如图 2.14 所示，化学链燃烧系统主要由氧化反应器、还原反应器和氧载体组成。氧载体由金属氧化物和载体组成。金属氧化物是真正参与转移氧气反应的材料，而载体是用来携带金属氧化物和改善化学反应特性的材料[41]。

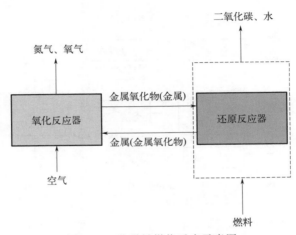

图 2.14 化学链燃烧反应示意图

首先，在还原反应器中还原金属氧化物。燃料（还原性气体，如甲烷、氢气等）与金属氧化物中的氧反应生成 CO_2 和水，金属氧化物被还原为金属，见反应式（2.6）；然后，金属被送到氧化反应器，并被空气中的氧气氧化，见反应式（2.7）；这两种反应的总反应与传统燃烧模式相同，见反应式（2.8）。

$$C_x H_y + \left(2x + \frac{y}{2}\right) MeO \Longrightarrow x CO_2 + \frac{y}{2} H_2 O + \left(2x + \frac{y}{2}\right) Me - H_{red} \qquad (2.6)$$

$$\left(2x + \frac{y}{2}\right) Me + \left(x + \frac{y}{4}\right) O_2 \Longrightarrow \left(2x + \frac{y}{2}\right) MeO + H_{ox} \qquad (2.7)$$

$$C_x H_y + \left(x + \frac{y}{4}\right) O_2 \Longrightarrow x CO_2 + \frac{y}{2} H_2 O + H_C \qquad (2.8)$$

式中，H_{red} 为还原反应中释放的热量；H_{ox} 为氧化反应中释放的热量；H_C 为化学反应中的燃烧热，用于描述物质在燃烧过程中释放的热量。

（2）碳封存技术

① 地质封存。CO_2 地质碳储存（carbon geological storage，GCS）是一种储存

CO_2 的技术，由大点源产生深层、多孔和高渗透性的岩层，用于永久储存。这些地质构造需要具有某些特征，如应位于地表以下 850m 以上，并被一个或多个不透水地层（盖岩）覆盖，以防止 CO_2 向上迁移。此外，储存地层应具有足够的孔隙率和渗透性，以容纳大量 CO_2。常见的地质储存单元类型有：深盐水地层；不可开采煤层；枯竭的油气藏，油气藏是油气聚集的基本单位，是油气勘探的对象；玄武岩地层。

地质封存的有效性取决于物理和地球化学捕集机制的结合，这将与宿主岩层直接相关。碳封存点中应保持稳定的状态，CO_2 在低渗透性密封条件下，由于地质的化学和物理作用转化为固态形式。

② 海洋封存。海洋面积占地球表面积的 71%，是陆地表面积的两倍多。海洋的固碳能力远远超过陆地生物圈和大气，所固定的碳约是陆地生物圈的 20 倍、大气的 50 倍，因此海洋在全球碳循环中扮演了相当重要的角色，对 CO_2 的吸收具有不可估量的潜力。

海洋水柱封存的原理是依靠海洋中存在的不同种类的离子和分子，主要是由 HCO_3^-、CO_3^{2-}、H_2CO_3、溶解态 CO_2 等构成的相对稳定的缓冲体系，通过一系列的物理反应或化学反应对 CO_2 进行溶解和吸收，最终达到封存的目的。

③ 地表封存。地表封存的基本原理是使 CO_2 与金属氧化物进行化学反应，形成固体形态的碳酸盐及其他副产品。地表封存所形成的碳酸盐（自然界的稳定固态矿物）可在很长的时间中提供稳定的 CO_2 封存效果。CO_2 地表封存的可行性取决于封存过程所需提供的能量成本、反应物的成本以及封存的长期稳定性三个因素。每封存 $1tCO_2$ 约需要 1.6～3.7t 含碱土金属的硅酸盐岩石，并会产生 2.6～4.7t 的废弃物。一旦 CO_2 经地表封存为碳酸盐矿物后，其封存稳定性可高达千年以上，相对于地质、海洋等其他封存机制，其封存后的监管成本较低。整体而言，CO_2 地表封存技术尚未成熟，高操作成本、矿业开采作业对环境的影响等议题，是后续研究的重点。

(3) CO_2 的利用

① CO_2 转化为化学品、燃料和耐用材料。CO_2 可以被转化成各种化学产品和合成燃料，这些产品和燃料可以替代化学、制药和聚合物工业中的化学原料。最重要的应用是尿素（1.8 亿吨/年）、无机碳酸盐（6000 万吨/年）、聚氨酯（1500 万吨/年）、聚碳酸酯（500 万吨/年）和水杨酸（17 万吨/年）[46]。

CO_2 可以通过使用各种催化剂的氢化过程合成为各种产品，例如甲醇、甲烷和甲酸[47]。CO_2 加氢是一种非常有前景的方法，氢载体能够用于促进 CO_2 转化。但 96% 的氢是从化石燃料中产生的，会导致 CO_2 排放量增加。而使用可再生能源（太阳能、风能、生物量）作为化石来源的替代品则减少了氢化过程中额外的 CO_2 排放。值得注意的是，CO_2 利用和能量储存的结合是通过使用可再生氢的动力转燃料技术（包括动力转气体和动力转液体）实现的。如今，甲醇是转化 CO_2 的最有效的商业规模方法之一，可用于生产几种工业化学品，包括甲醛、乙酸、甲基叔丁基醚（MTBE）、二甲醚（DME）和碳酸二甲酯等，可用作运输燃料中的溶剂。

②CO_2 转化为矿物碳酸盐和建筑材料。CO_2 的矿物碳酸化提供了另一种长期储存 CO_2 的途径。碳矿化有各种方法，依赖于矿石的使用[47]。原地矿物碳酸化提供了将 CO_2 注入富含硅酸盐或碱性含水层的地质构造的可能性。CO_2 通过地下孔隙循环，与不同的矿物质反应，主要是钙或镁硅酸盐，形成固体沉淀。这种自然风化过程在热力学上是有利的，但动力学非常缓慢。在地表工艺中，稀释或浓缩的 CO_2 在地表现场与碱性源（如尾矿、冶炼炉渣）发生反应。在非原位矿物碳酸化中，碳酸化过程在工厂中以化学方式进行。碱性源被运输到 CO_2 捕获地点，并在高温高压反应中与 CO_2 结合，产生稳定的矿物碳酸盐（例如碳酸钠、碳酸氢钠、碳酸钙、碳酸镁）[48]。碱度来源是废物副产品（例如，水泥粉尘、钢渣等）、空气污染控制残留物和生物质废物。

CO_2 也可以用于建筑材料。碳固化和碳调节是将 CO_2 注入混凝土材料的两种主要技术。在碳固化中，与硬化混凝土中自然发生的风化碳化不同，CO_2 气体充当固化剂，产生黏合基质，以提高 CO_2 基材料的性能。碳调节是将 CO_2 注入回收骨料；最终产品被称为 CO_2 混凝土。Tam 等[49] 比较了混凝土和再生骨料混凝土中的 CO_2 注入，发现再生骨料的碳化通常比混凝土更快、更容易。Jang 等[50] 对水泥基材料中 CO_2 利用的研究表明，每吨水泥基材料的最大 CO_2 吸收能力约为 0.5t CO_2。

③CO_2 向生物藻类的培养和酶促转化。同自然光合作用过程一样，不同种类的藻类可以将 CO_2 转化为各种化合物，包括不同类型的碳氢化合物、脂类和其他复杂的油，为生产生物柴油和其他生物质衍生产品提供了替代途径。Velea 等[51] 选择了 35 种不同的微藻菌株，并研究了它们的生长率和对典型燃煤电厂排放的 CO_2 进行生物固定的潜力。大多数藻类物种的含油量范围为 20%～50%（生物质的干重），脂质和脂肪酸含量根据培养条件而变化。每吨藻类生物质可有效吸收约 1.83t CO_2。

以 CO_2 为原料生产其他新材料的具体内容将在 5.2.2 中详细介绍。

2.3.3　典型大气低碳控制技术

目前，我国碳捕捉（CCUS）仍处于发展早期。在工业示范方面，我国具备了大规模捕集利用与封存的工程能力，但在整体规模、集成程度、离岸封存、工业应用等方面与国际先进水平还存在差距[52]。自 2004 年山西省第一个示范项目投入运营，到 2021 年 7 月，中国已运行或在建的项目共有 49 个，主要分布在华东和华北地区。总共有 38 个项目完成了建设，二氧化碳捕集能力为每年 296 万吨，注入能力为每年 121 万吨。中国已注入或封存的二氧化碳超过 200 万吨。从技术环节分布看，捕集类、化工与生物利用类、地质利用与封存类示范项目的占比分别为 39%（15 个）、24%（9 个）、37%（14 个）（图 2.15）。CCUS 技术覆盖电力、煤化工、石油化工、水泥、钢铁等领域。在 15 个捕集类项目中，11 个来自电力行业，3 个来自水泥行业，1 个来自煤化工行业。地质利用与封存技术的驱油类项目通常与化工行业结合，13 个项目中有 5 个来自煤化工行业，2 个来自石油化工行业。钢铁行业的 CCUS 示范项目处于起步阶段，2020 年在西昌投运的 CO_2 矿化脱硫渣关键技术与万吨级工业试验项目对钢铁企业烧结烟气进行捕集并矿化利用[52]。

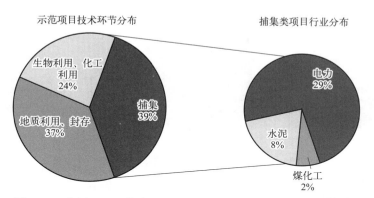

图 2.15　我国 CCUS 技术环节及细分的捕集能源行业分布情况[52]

(1) 煤化工、电力行业 (CCUS 结合 IGCC)

近年来我国 CCUS 技术的发展速度迅速。目前，我国在燃煤电厂烟气的 CO_2 后捕集、煤制油和整体煤气化联合循环 (integrated gasification combined cycle，IGCC) 电厂的 CO_2 前捕集，均有工业规模的示范工程在运行。因此，我国在捕集技术研发和应用上落后并不多，有些方面在工程应用上处于领先地位。

预计燃煤发电仍将是全球的主要电力来源。因此，环境限制将变得越来越严格，清洁的煤气化技术 (即整体煤气化联合循环技术) 将成为发电行业的关键组成部分。IGCC 技术将气化技术与燃气轮机/蒸汽轮机联合循环装置相结合，以比传统化石燃料燃烧工厂更高效、更环保的方式发电。气化单元将碳基燃料 (例如煤、石油焦、生物质等) 转化为合成气。合成气是一种气体混合物，其主要燃料成分是一氧化碳和氢气。

在 IGCC 系统中，传统的污染物，例如硫和汞，可以在合成气燃烧之前除去。与粉煤厂中的传统燃烧后净化系统相比，燃烧前去除这些污染物更有效且成本更低，这归因于两个因素：压力效应——用于燃烧前捕集的气体的压力更高，这直接减小了体积；质量效应——燃烧前捕集仅处理燃料，其质量流量约为燃烧后气体质量流量的 10% 至 30%。

① 胜利油田 4×10^4 t/a 燃煤 CO_2 捕集与驱油封存全流程技术示范工程项目。2007 年起，胜利油田开展了燃煤电厂烟气 CO_2 捕集、输送与资源化利用技术研究，并于 2010 年应用自主开发的技术在胜利油田建成投产了集 "CO_2 捕集-管道输送-驱油封存-采出气 CO_2 再回收" 一体化的 4×10^4 t/a 燃煤电厂烟气 CO_2 捕集与驱油封存全流程技术示范工程，是国内首个燃煤电厂烟气 CCUS 全流程技术示范工程项目，获得了广泛关注[53]。

该示范工程流程如图 2.16 所示。采用化学吸收工艺将燃煤电厂烟气中低分压的 CO_2 捕集纯化出来，进行压缩、干燥等处理后，通过管道或罐车等方式输送至 CO_2 驱油封存区块，将 CO_2 注入地下用于强化采油。同时，通过采出气 CO_2 捕集系统将返回至地面的 CO_2 回收，再次注入至地下，实现较高的 CO_2 封存率。其中，捕集纯化系统采用了新开发的低分压有机胺复合吸收剂、"吸收式热泵＋MVR热泵"热泵耦合低能耗工艺和"碱洗＋微旋流"烟气预处理技术，实现了低分压烟气CO_2高效、经济、安全捕集，设计CO_2捕集纯化产量为$4×10^4 t/a$，烟气CO_2捕集率大于80%，产品纯度99.5%[54]。

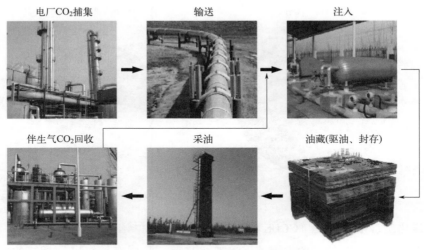

电厂CO_2捕集   输送   注入

伴生气CO_2回收   采油   油藏(驱油、封存)

图2.16   胜利油田CCUS处理流程图[54]

② 国华锦界电厂$15×10^4 t/a$的CO_2捕集与咸水层封存示范工程项目。国家能源投资集团有限责任公司国华锦界电厂$15×10^4 t/a$燃烧后CO_2捕集和地质封存全流程技术示范工程是国内首个燃煤电厂燃烧后CO_2捕集-咸水层封存全流程示范项目。该项目依托国华锦界电厂600MW亚临界燃煤机组，采用化学吸收法CO_2捕集工艺，以复合胺吸收剂工艺为主工艺进行设计，同时考虑兼容有机相变吸收剂、离子液体捕集工艺，设计CO_2捕集能力$15×10^4 t/a$；捕集的CO_2利用神华煤制油公司建成的CO_2封存装置进行咸水层封存，设计CO_2封存能力$10×10^4 t/a$。该项目的成功实施有助于优化燃烧后CO_2捕集-咸水层封存全流程技术系统，掌握各项关键技术参数，实现燃煤电厂"近零排放"[55]。

国华锦界15万吨/年CCUS示范工程工艺流程如图2.17所示[56]。烟气从国华锦界1号机组脱硫吸收塔出口烟道抽取，进入烟气洗涤塔。在塔内，经过洗涤冷却和深度解吸后，烟气进入吸收塔，CO_2被新的吸收塔吸收。为了提高吸收能力，设置了级间冷却过程，从吸收塔中部冷却吸收液。尾气被吸收后，从塔顶排出。新型吸附剂吸收烟道气中的CO_2，形成富液。富液从吸收塔底部流出，分为两股：一股进入富液换热器，热量回收后进入解吸塔；一股气流直接进入解吸塔，在再沸器的加热作用下，富液中的CO_2通过汽提进行解吸。解吸后，富液变成贫液，从解吸塔底部流出。解吸塔中被解吸的CO_2和水蒸气从解吸塔顶部萃取出来。经气液分离器分离冷却后，得到纯度在99.5%以上的CO_2产物气（干气），在压缩等后处理段进行进一步处理。CO_2解吸后的稀液进入闪蒸罐进行闪蒸，闪气进入吸收塔。贫液流出进入贫液换热器进行热交换，冷却后进入吸收塔进行吸收。为了验证超重力反应器的脱附能力，超重力反应器与脱附塔并联设置，处理能力为10%。溶液来回循环，形成一个连续的吸收和解吸CO_2的过程。

从解吸塔塔顶出来的气体依次进入 CO_2 压缩机、提纯塔、冷凝器及过冷器，完全液化后送至 CO_2 球罐储存[56]。

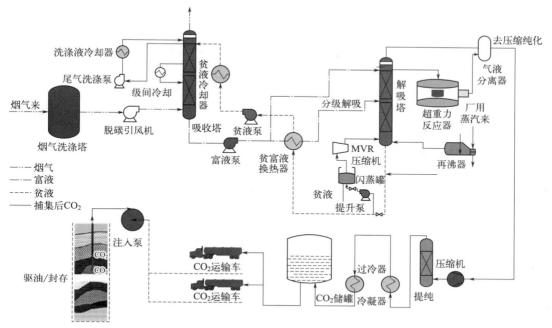

图 2.17　国华锦界 15 万吨/年 CCUS 示范工程工艺流程图[56]

目前我国 CO_2 捕集能力约为每年 300 万吨，2007—2019 年累积 CO_2 封存量 200 万吨。预计到 2050 年，CCUS 技术可提供每年 11 亿～27 亿吨 CO_2 规模的减排贡献。十四化建在国华锦界 15 万吨/年燃烧后 CO_2 捕集和封存全流程示范项目的优异表现表明，化工建设企业有经验、有能力完成任何与 CO_2 减排相关的工程项目，也必将在国家实现"双碳"目标的进程中做出更大的贡献。

（2）水泥行业

水泥行业是 CO_2 产生的主要来源之一，水泥行业造成的 CO_2 排放量相当于全球人为排放量的 6%～7%。这些排放物中约有 60% 来自矿物分解（$CaCO_3 \Longrightarrow CaO + CO_2$），其余来自燃料燃烧。因此，$CO_2$ 是该过程不可避免的副产品，为了显著减少水泥生产的气候影响，必须进行碳捕获。因此，国际能源署指出 CO_2 捕集与封存（CCS）是水泥行业碳减排的主要措施。

Norcem 水泥厂位于挪威的布雷维克市。该厂的水泥年产量约为 120 万吨。Norcem 从生产部门附近的采石场和矿山中获得原材料（石灰石）。Norcem 水泥厂有两个点源，分别对应于两个熟料生产系统，每年 CO_2 排放量约为 9.25×10^5 t。该水泥厂主要采用的碳捕集方法是胺吸收法，此方法是水泥工业生产中碳捕集的基准方法[57]。如图 2.18 所示，在胺吸收法的工艺中[58]，经过净化的烟气冷却后在鼓风机的作用下，被送入吸收塔。在吸收塔中，烟气与质量分数为 30% 的乙醇胺（MEA）溶液接触，烟气中的 CO_2 被捕集剂捕获后从塔底排出。在泵的作用下捕集 CO_2 的饱和溶剂进入热交换器，通过再生的溶剂预热（至 120℃），然后进入汽提塔的顶部。汽提塔再沸器需要大量的热量来破坏 CO_2 分子之间的化学键和溶剂，并保持塔内的再生条件。来自塔顶的水蒸气在冷凝器中回收后返回到塔内，而净化后的 CO_2 经过调理过程，达到管道输送的要求。在色谱柱底部回收的"贫"溶剂通过热交换器被泵回吸收塔的顶部，并使用冷凝器达到较低的溶剂温度，从而增强吸收过程。Norcem 水泥厂捕获量为 0.4Mt CO_2/a，利用余热解吸释放 CO_2 及溶剂的再生。

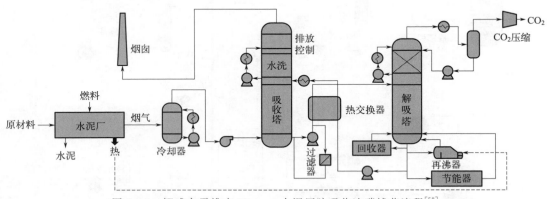

图 2.18　挪威布雷维克 Norcem 水泥厂胺吸收法碳捕获流程[58]

思考题

1. 近两年来，碳排放引起的气候变化有哪些？请举例说明。

2. 在考虑气候变化的责任问题时，还有一点不可忽视。大家有多少贴着"中国制造"标签的物品？它们可能是智能手机、餐具、塑料椅子或者是你的笔记本电脑。贴着"中国制造"标签的产品，在产品制造过程中排放的温室气体被统计为中国，而不是购买和使用它们的国家。这样合理吗？

在线题库
参考答案

3. 结合我国各行业碳排放占比，请选 1~2 个行业详述碳减排的可能实现路径。

4. 怎么理解"碳，并非人类宿敌"？请结合典型低碳控制技术展开说明。

5. 到目前为止，CCUS 是帮助实现工业装置零净碳排放的主力技术，它的主要优势是什么？CCUS 和煤电行业结合可以有效实现碳减排，这对其他传统能源行业有何启发？

参考文献

［1］　安永碳中和课题组. 一本书读懂碳中和［M］. 北京：机械工业出版社，2021.

［2］　Zhou Y，Savijärvi H J A R. The effect of aerosols on long wave radiation and global warming ［J］. Atmospheric Research，2014，135：102-111.

［3］　Kirk-Davidoff D. The greenhouse effect, aerosols, and climate change ［M］. Green chemistry.

Elsevier，2018：211-234.

[4]　Mehmood I，Bari A，Irshad S，et al．Carbon cycle in response to global warming［M］．Environment，climate，plant and vegetation growth．Springer，2020：1-15.

[5]　Manabe S．Role of greenhouse gas in climate change［J］．Tellus Series A-Dynamic Meteorology and Oceanography，2019，71（1）：1620078.

[6]　Watch，W．WMO greenhouse gas bulletin［M］．Global Atmosphere Watch，World Meteorological Organization，2017.

[7]　Sands P．The United Nations framework convention on climate change［J］．Review of European Community & International Environmental Law，1992，1：270.

[8]　云雅如，方修琦，王丽岩，等．我国作物种植界线对气候变暖的适应性响应［J］．作物杂志，2007，118（03）：20-23.

[9]　Hayes D J，Kicklighter D W，Mcguire A D，et al．The impacts of recent permafrost thaw on land-atmosphere greenhouse gas exchange［J］．Environmental Research Letters，2014，9（4）：045005.

[10]　Selbesoğlu M O．Multi-GNSS reflectometry performance evaluation for coastal sea level monitoring：A case study in Antarctic Peninsula［J］．Advances in Space Research，2023，71（7）：2990-2995.

[11]　傅桦．全球气候变暖的成因与影响［J］．首都师范大学学报（自然科学版），2007（06）：11-15，21.

[12]　张志强，曲建升，曾静静．温室气体排放科学评价与减排政策［M］．北京：科学出版社，2009.

[13]　Weed A S，Ayres M P，Hicke J A．Consequences of climate change for biotic disturbances in North American forests［J］．Ecological Monographs，2013，83（4）：441-470.

[14]　DEAR K，RANMUTHUGALA G，Kjellström T，et al．Effects of temperature and ozone on daily mortality during the August 2003 heat wave in France［J］．Archives of Environmental & Occupational Health，2005，60（4）：205-212.

[15]　Pascual M，Dobson A．Seasonal patterns of infectious diseases［J］．Plos Medicine，2005，2（1）：18-20.

[16]　鲍颖．全球碳循环过程的数值模拟与分析［D］．青岛：中国海洋大学，2011.

[17]　沈超然．陆地碳循环模型的开放式对比系统构建方法研究［D］．南京：南京师范大学，2019.

[18]　宋振亚，鲍颖，乔方利．两代耦合海浪的地球系统模式 FIO-ESM 全球碳循环过程发展［J］．海洋科学进展，2022，40（04）：777-790.

[19]　谭娟，沈新勇，李清泉．海洋碳循环与全球气候变化相互反馈的研究进展［J］．气象研究与应用，2009，30（01）：33-36.

[20]　王丽娟，张剑，王雪松，等．中国电力行业二氧化碳排放达峰路径研究［J］．环境科学研究，2022，35（02）：329-338.

[21]　Qu S，Liang S，Xu M．CO_2 Emissions Embodied in Interprovincial Electricity Transmissions in China［J］．Environmental Science & Technology，2017，51（18）：10893-10902.

[22]　Wang X，Fan F，Liu C，et al．Regional differences and driving factors analysis of carbon emis-

sions from power sector in China [J]. Ecological Indicators, 2022, 142, 109297.

[23] 严斐. 中国电力行业碳排放省域聚类及影响因素差异分析 [D]. 北京：华北电力大学, 2019.

[24] 韩子维. FDI 对中国工业碳排放的影响效应研究 [D]. 太原：山西财经大学, 2022.

[25] 徐叶净, 王兵. 工业碳排放状况及减排途径分析 [J]. 现代工业经济和信息化, 2022, 12 (04)：87-88, 96.

[26] 林波荣, 周浩. "双碳"目标下的我国建筑工程标准发展建议 [J]. 工程建设标准化, 2022, 02：28-29.

[27] Yin X, Chen W, Eom J, et al. China's transportation energy consumption and CO$_2$ emissions from a global perspective [J]. Energy Policy, 2015, 82：233-248.

[28] Duren R M, Miller C E. Measuring the carbon emissions of megacities [J]. Nature Climate Change, 2012, 2 (8)：560-562.

[29] 王钊越, 赵夏滢, 唐琳慧, 等. 城市污水收集与处理系统碳排放监测评估技术研究进展 [J]. 环境工程, 2022, 40 (06)：77-82＋161.

[30] Liu Z, Guan D, Wei W. Carbon emission accounting in China [J]. Scientia Sinica Terrae, 2018, 48：878-887.

[31] Finnveden G, Potting J. Life Cycle Assessment [M]. Encyclopedia of Toxicology, 2014：74-77.

[32] Davis S J, Caldeira K. Consumption-based accounting of CO$_2$ emissions [J]. Proceedings of the national academy of sciences, 2010, 107 (12)：5687-92.

[33] Schakenbach J, Vollaro R, Forte R. Fundamentals of successful monitoring, reporting, and verification under a cap-and-trade program [J]. Journal of the Air & Waste Management Association, 2006, 56 (11)：1576-1583.

[34] Zhang X H, Schreifels J. Continuous emission monitoring systems at power plants in China：Improving SO$_2$ emission measurement [J]. Energy Policy, 2011, 39 (11)：7432-7438.

[35] Zhu F, Li H, Qiu S. Development and application prospects of gas continuous emission monitoring systems [J]. Environmental Monitoring Management and Technology, 2010, 22 (4)：10-14.

[36] Pajares G. Overview and Current Status of Remote Sensing Applications Based on Unmanned Aerial Vehicles (UAVs) [J]. Photogrammetric Engineering & Remote Sensing, 2015, 81 (4)：281-330.

[37] Queißer M, BURTON M, KAZAHAYA R. Insights into geological processes with CO$_2$ remote sensing—A review of technology and applications [J]. Earth-science reviews, 2019, 188：389-426.

[38] Zhang X, Zhang P, Fang Z, et al. The progress in trace gas remote sensing study based on the satellite monitoring [J]. Meteorological Monthly, 2007, 33 (7)：3-14.

[39] Verkerke J L, Williams D J, Thoma E. Remote sensing of CO$_2$ leakage from geologic sequestration projects [J]. International Journal of Applied Earth Observation and Geoinformation, 2014, 31：67-77.

[40] 气候组织. CCS 在我国：现状、挑战和机遇（八）[Z]. 北京：气候组织, 2010.

[41] Shahrestani M M, Rahimi A. Evolution, Fields of Research, and Future of Chemical-Looping Combustion (CLC) process：A Review [J]. Environmental Engineering Research, 2014, 19

(4)：299-308.

[42]　Roussanaly S，Brunsvold A L，Hognes E S，et al. Integrated Techno-economic and Environmental Assessment of an Amine-based Capture [J]. Energy Procedia，2013，37 (1)：2453-2461.

[43]　Gibbins J，Chalmers H. Carbon capture and storage [J]. Energy Policy，2008，36 (12)：4317-4322.

[44]　Rkke N A，Langrgen Y. Enabling pre-combustion plants—the DECARBit project [J]. Energy Procedia，2009，1 (1)：1435-1442.

[45]　李振山，韩海锦，蔡宁生. 化学链燃烧的研究现状及进展 [J]. 动力工程，2006，(04)：538-543.

[46]　Chauvy R，Meunier N，Thomas D，et al. Selecting emerging CO_2 utilization products for short-to mid-term deployment [J]. Applied Energy，2019，236 (15)：662-680.

[47]　Yang H，Gao P，Zhang C，et al. Core-shell structured Cu@ m-SiO_2 and Cu/ZnO@ m-SiO_2 catalysts for methanol synthesis from CO_2 hydrogenation [J]. Catalysis Communications，2016，84：56-60.

[48]　Aminu M，Nabavi S A，Rochelle C A，et al. A review of developments in carbon dioxide storage [J]. Applied Energy-Barking Oxford，2017，208 (15)：1389-1419.

[49]　Tam V，Butera A，Le K N. Carbon-conditioned recycled aggregate in concrete production [J]. Journal of Cleaner Production，2016，133：672-680.

[50]　Jang J G，Kim G M，Kim H J，et al. Review on recent advances in CO_2 utilization and sequestration technologies in cement-based materials [J]. Construction & Building Materials，2016，127：762-773.

[51]　Velea S，Dragos N，Serban S，et al. Biological sequestration of carbon dioxide from thermal power plant emissions，by absorbtion in microalgal culture media [J]. Romanian Biotechnological Letters，2009，14 (4)：4485-4500.

[52]　Zhang X，Li Y，Ma Q，et al. Development of Carbon Capture，Utilization and Storage Technology in China [J]. Strategic Study of Chinese Academy of Engineering，2021，23 (6)，70-80.

[53]　陆诗建，方梦祥，陈浮，等. AEP-DPA-CuO 相变纳米流体捕集烟气中 CO_2 [J]. 化工环保，2021，41 (06)：724-730.

[54]　桑树勋，刘世奇，陆诗建，等. 工程化 CCUS 全流程技术及其进展 [J]. 油气藏评价与开发，2022，12 (05)：711-725，733.

[55]　Monteiro J，Roussanaly S. CCUS scenarios for the cement industry：is CO_2 utilization feasible? [J]. Journal of CO_2 Utilization，2022，61，102015.

[56]　方圆. 落实"双碳"目标化工建设企业大有可为——陕西国华锦界 15 万 t/a CO_2 捕集 (CCS) 示范工程建设纪实 [J]. 石油化工建设，2021，43 (05)：1-5.

[57]　王新频. 世界水泥工业 CCUS 最新研究进展 [J]. 水泥，2021，(3)：1-7.

[58]　Husebye J，Brunsvold A L，Roussanaly S，et al. Techno Economic Evaluation of Amine based CO_2 Capture：Impact of CO_2 Concentration and Steam Supply [J]. Energy Procedia，2012，23 (1)：381-390.

第 3 章

森林碳汇与碳中和

学习目标

1. 掌握森林碳汇的概念及其与碳中和的关系。
2. 了解森林碳汇的研究方法及影响因素。
3. 掌握森林增汇的技术措施。

3.1 森林碳汇与碳中和介绍

森林生态系统是陆地生物圈的主体，全球陆地约 80% 的地上碳储量［即碳的储备量，通常指一个碳库（森林、海洋、土地等）中碳的数量］和 40% 的地下碳储量储存在森林生态系统中。森林生态系统具有巨大的碳库和较高的生产力，在调节全球碳平衡、减缓大气中 CO_2 等温室气体浓度上升以及维持全球气候稳定等方面具有不可替代的作用。在全球气候变化和碳中和背景下充分发挥森林生态系统的固碳增汇功能具有十分重要的意义。本章节基于森林生态系统碳汇的原理、影响因素以及研究现状，总结了森林碳汇的研究方法与影响因素，并进一步从三个层面探讨了森林增汇技术措施及其固碳增汇潜力。

3.1.1　森林碳汇的概念与特点

（1）森林碳汇的概念

森林固碳能力是指森林生态系统中的绿色植物通过光合作用将大气中的 CO_2 转变为有机物存储在植物体内。在森林固碳过程中，一部分碳元素通过植物呼吸作用转化为 CO_2 释放至大气，一部分以植被生物量的形式储存起来，还有一部分则通过凋落物、木质物残体、根系分泌物等进入土壤；进入土壤的碳元素大多会经过微生物的分解作用，再次以 CO_2 的形式回到大气，从而使碳元素完成从大气进入植被，部分再进入地表和土壤，然后部分又回到大气的这一循环过程（图 3.1）。

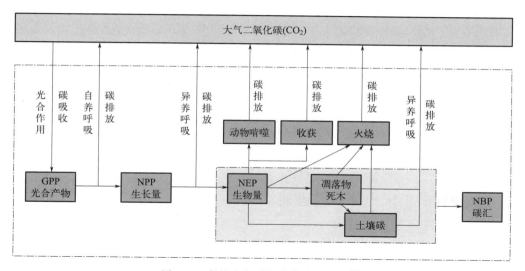

图 3.1　森林生态系统碳收支示意图[1]

GPP—总初级生产力；NPP—净初级生产力；NEP—净生态系统生产力；NBP—净生物群系生产力

森林碳汇功能是森林五大碳库固碳能力的综合体现。森林五大碳储存库包括地上生物量、地下生物量、凋落物、枯死木以及土壤有机碳库。森林植被（包括地上和地下生物量）和土壤碳库是全球森林碳储量的主要组成部分，分别占森林总碳储量的 44% 和 45%；森林木质残体碳储量占 4%，凋落物碳储量占 6%。

（2）森林碳汇的特点

森林碳汇具有以下特点：

① 森林生态系统能够在长时间内固定大量的碳。与其他陆地生态系统相比，森林植被生命周期较长，体积和生物量更大，具有长期和大量的固碳能力。

② 森林生态系统土壤固碳具有持久性。与农业生态系统土壤相比，森林土壤不易

受到人为活动的干扰，土壤有机碳库更为稳定。

③ 森林生态系统具有较高的净生产力和单位面积生物量。森林生态系统植被和土壤的碳密度较高，而且其净生产力和单位面积生物量分别约占整个陆地生态系统的 70% 和 86%，固碳潜力巨大。

(3) 森林碳汇与碳中和

碳中和本质上是化石燃料使用和土地利用变化等导致的碳排放量与包括陆海生态系统碳汇、碳捕集利用与封存等在内的各种碳吸收量之间达到平衡，即 CO_2 净排放为零。换言之，实现碳中和就是降低前者并/或增加后者，从而使前者被后者所抵消。因此，增强生态系统碳汇功能是减缓大气 CO_2 浓度上升和全球气候变暖的有效途径，是实现碳中和目标的关键因素。联合国政府间气候变化专门委员会（Intergovernmental Panel on Climate Change，IPCC）第四次报告提出：发展林业碳汇是未来 30～50 年增加碳汇、减少碳排放成本、经济可行的重要措施。2021 年 9 月，在《中共中央　国务院关于完整准确全面贯彻新发展理念做好碳达峰碳中和工作的意见》中对增加森林蓄积量提出了明确要求，指出森林在我国生态系统增汇体系里具有举足轻重的作用。有效提升森林碳汇功能是落实"双碳"目标的重要生态途径之一，亦是林业产业绿色发展的时代使命。通过森林固碳方式降低碳排放不仅潜力巨大，而且具有明显的成本优势，因此森林碳汇能力的提升是助力国家实现碳中和目标的重要保障。另外，准确估算森林碳汇的大小及其变化趋势不仅是全球变化领域关注的焦点问题，也是我国实现碳中和目标的基础支撑。

3.1.2　森林碳汇国内外研究进展

(1) 森林生态系统碳源/汇研究进展

20 世纪 70 年代以前，学术界认为陆地生态系统由于植被的光合作用过程而起着碳汇功能。然而自此之后，陆地生态系统的碳汇功能受到不少学者的质疑，他们认为由于植被破坏等因素，陆地生态系统的碳汇功能有限，甚至可能是个碳源（CO_2 净释放）。1973 年 Reiners 首次提出生态系统作为大气的碳源问题[2]。随后，Bolin[3] 和 Woodwell 等[4] 先后指出，全球森林特别是热带森林砍伐带来的碳释放是全球大气 CO_2 浓度升高的主要原因之一。由此，学术界展开了一场关于陆地生态系统，尤其是森林生态系统是大气 CO_2 之源还是之汇的广泛争论，并由此引发了一个关键科学问题：如果陆地生态系统没有碳汇功能，那么化石燃料使用后排放的 CO_2 去了哪里呢？

Broecker 等[5] 认为，1958—1975 年间陆地生物圈因其吸收 CO_2 量超过释放量，而被认为具有碳汇功能。这一认识后来成为碳循环研究的主流观点。20 世纪 90 年代，关于陆地碳源汇研究迎来了新的转折点。最具代表性的是 Tans 等的研究[6]，他们发现北半球中高纬度陆地生态系统是一个巨大的碳汇，碳汇值可达 2～3Pg（$Pg = 10^{15}$ g）C/a，其中森林生态系统发挥着巨大的碳汇作用。

过去几十年，森林生态系统碳汇作用的增加与大气 CO_2 浓度上升密切相关。例如，北美和欧洲森林生态系统碳储量增加主要是受到大气 CO_2 浓度和气候变化等全球变化要素影响[7,8]；基于野外控制实验整合分析的结果也证实大气 CO_2 浓度上升对森林碳汇有促进作用[9,10]，这主要是由于 CO_2 浓度升高对森林总初级生产力（gross primary production，GPP）的促进作用大于对生态系统呼吸（ecosystem respiration，ER）的促进作用。然而，最近通过地球系统模型模拟发现随着大气 CO_2 浓度的持续升高，CO_2 施肥效应导致的森林碳汇增速变缓[11]。CO_2 对植被生长的促进效应还受氮、磷等养分条件的限制[12]。即使大气 CO_2 浓度在碳中和实现之前继续上升，对森林、草地等陆地生态系统碳汇的促进效应也将逐渐减弱，在海洋碳汇维持不变的前提下，将有更多的人为 CO_2 排放并留存在大气中。在碳中和目标实现后，大气 CO_2 浓度将停止上升，森林生态系统碳吸收量渐趋饱和，而森林生态系统呼吸仍会随碳储量的增加而增加，直至碳排放与碳吸收相平衡。可见，森林碳汇并非永久性封存的碳库，而是高度依赖于外部环境条件的变化。在我国，除了上述全球变化要素外，植树造林、生态修复工程的实施也是森林碳汇的重要驱动要素。经统计，1977—2008 年间我国森林生物质碳储量的增长有 50.4% 是缘于森林面积的增加，尤其是人工林面积的增长，而天然林碳储量增加则有 60.4% 归因于林业生物质的增长[1]。

（2）森林碳汇研究的发展趋势

① 需建立多尺度、全方位森林碳汇评估体系。森林碳汇监测与评估正向着多种方法综合和多尺度兼容的方向发展：

a. 融合多源数据，构建森林碳汇评估方法体系，准确评估未来气候变化情景和不同管理措施下我国森林生态系统的固碳能力和增汇潜力，量化植被自然生长、环境变化和人为管理措施对增汇潜力的贡献，完善对我国森林生态系统碳汇潜力可达时限的预估；

b. 优化全国森林生态系统观测网络建设，合理布设观测站点，有效提高森林碳汇功能的评估和监测能力；

c. 开发森林生态碳循环模拟系统，精确计量我国不同类型森林生态系统的碳循环参数，不断提升对我国森林碳汇调控机制的认识，进一步发展耦合不同模块的整合森林生态系统过程模型，并通过多模型比较量化与降低其预测的不确定性，完善对未来各种可能情景下的森林碳汇预测。

② 应构建森林全组分碳库综合分析框架。考虑到全组分碳库综合分析的重要性，在开展森林碳汇评估的过程中应作出如下考虑：

a. 基于多尺度、全方位生态系统监测网络，整合多组分碳库储量和动态的监测，对森林植被地上、地下碳库、粗木质残体碳库、凋落物碳库和土壤碳库进行监测，并明晰各组分指标测定标准、规范以获取翔实、准确的数据；

b. 基于资源清查、动态观测、过程模拟、大气反演和经济统计的多层次方法，综合分析森林各组分碳的固定速率，估算森林碳汇功能和预测未来森林固碳空间与潜力；

　　c. 针对森林全组分碳库固存机制开展综合性研究，推进森林生态系统碳循环生物学调控机制研究，发展新理论、新方法和技术手段（如微生物组学、碳同位素通量监测、近地面遥感等）以助力森林碳汇能力提升，也有助于从分子到全球尺度深入揭示森林碳汇的形成机制。

　　③ 需建立可持续的林业碳金融市场。政府需要加大对林业碳金融的政策支持，大力培养具备金融、环境、林业等专业知识的复合型人才，才能更好地胜任碳金融战略决策、资源管理和研究开发等方面的重要职务。另外，通过强化林业领域的国际合作，吸收碳金融发展领先的国家的经验和技术，提高碳金融的资源配置效率。

3.1.3　我国森林碳汇现状及碳汇潜力预测

（1）我国森林碳汇现状

　　我国气候类型多样、地形地貌复杂，广袤的山地森林具有强大的固碳功能，而且当前我国大多数山地森林还正处于生态恢复阶段，是重要的潜在增汇区。但是，我国森林生态系统在人为干扰和经营管理措施的影响下，其碳储量现状、潜力、固碳速率及相应机制的研究面临巨大的挑战。基于中国科学院"应对气候变化的碳收支认证及相关问题项目"（简称"碳专项"）对森林、草地、灌丛、农田等生态系统的调查显示，2001—2010 年间我国陆地年均碳汇为 0.201Pg C/a，其中森林碳汇以 80% 的碳汇贡献率占据主体地位[13,14]。在不受砍伐等人类活动的影响下，随着森林植被的生长，森林固碳量在未来 10～20 年可以增加 1.9～3.4Pg。

　　尽管由于估算模型、采样的土层深度以及所在区域气候特征、森林植被类型和林龄等因素造成估算结果具有较大的不确定性，但森林土壤有机碳库随着时间的推移而增加的总体趋势是相对明确的。自 20 世纪 70 年代我国开始大规模植树造林，森林植被碳储量在此后的 30 年间增长了 40%，林业清查资料估算得出我国目前森林的固碳能力为 84～154Tg（1Tg=10^{12}g）C/a，并将持续到 21 世纪中叶。基于森林蓄积量法和模型联合预测的森林总碳储量研究显示，我国森林碳储量和固碳能力在过去 40 多年是逐步增加的，截至 2018 年，我国森林碳储量达到 8.10Pg，林木碳储量达到 8.79Pg，森林资源碳储量达到 21.44Pg[15-17]。其中，人工林碳储量增速明显，从 1976 年到 2018 年年均增长 5.05%，人工林对我国森林碳汇有巨大的贡献。目前全国尺度森林碳储量及其变化量的研究大多仅针对乔木林，而对竹林和特灌林的研究相对较少，再加上不同研究所采用的评估方法、评估的时间区间和空间范围等方面的差异，关于森林碳储量和碳汇量的研究结果具有非常高的不确定性。

　　我国森林生态系统碳汇的驱动因素主要有两方面：①与全球陆地生态系统碳汇机制类似，主要受益于大气 CO_2 浓度升高，成熟森林生态系统进入非平衡态；②广泛实施的国土绿化、植树造林和天然林保护等生态工程，使得森林生态系统进入净生态系统生产力（net ecosystem productivity，NEP）较大的早期演替阶段，从而形成显著的碳汇。我国的宏观地貌、地理布局和气候格局决定了主要碳汇功能区的空间分布特征。我国森林碳汇大体呈现"东、南部高，西、北部低"的格局。通量观测、陆地生物圈模型和大气反演结果均显示，东南和西南季风区具有较强的碳汇能力，其中西南林区是碳汇强度最大的区域。同时，拥有大小兴安岭及长白山等大面积林地的东北地区也具有相对较强的碳汇能力，但在其与东南、西南地区的碳汇强度孰大孰小方面，不同研究的结论有所不同[16]。此外，我国森林碳汇能力的增加与人工林建设、生态工程（如"三北"防护林工程）、生态恢复等密切相关，而欧美国家森林碳汇更多是受到全球气候变化的影响。而且，森林面积和森林生长对人工林和天然林碳汇的相对贡献有所差异。对于人工林来说，面积扩张对森林碳汇的贡献（62.2%）大于森林生长（37.8%）；而在天然林中森林生长的贡献（60.4%）大于面积扩张（39.6%）。

（2）森林碳库预测

2021 年国家林业和草原局、国家发展和改革委员会联合印发的《"十四五"林业草原保护发展规划纲要》指出，我国森林的蓄积量计划在 2021—2025 年进一步达到 $1.9 \times 10^{10} m^3$，这是一个举世瞩目的工程。基于遥感数据的研究表明，2000—2017 年，全球绿地面积增加了 5%，而我国的贡献率约为 25%。

我国人工林当前以幼龄林和中龄林为主，整体林龄较低，处于森林演替的早期阶段，生态系统碳汇潜力较大[11]。研究学者认为在现有森林面积保持不变的前提下，预测我国乔木林生物质碳储量将有可能在 2030 年达到 $(9.1 \pm 0.3) Pg$，2050 年达到 $(11.6 \pm 2.0) Pg$[18]。国家林业和草原局调查规划设计院的研究预测，到 2030 年我国乔木林总碳储量为 10.4Pg，到 2050 年为 13.5Pg。

不同计算模型和研究方法对森林碳储量的预测结果不同。基于全国森林资源清查数据资料和 Richards 生长方程拟合方法进行预测，到 2030 年我国森林蓄积量将达到 $2.05 \times 10^{10} m^3$，比 2005 年增加 $7.47 \times 10^9 m^3$；2060 年将达到 $2.86 \times 10^{10} m^3$[19]。从各区域动态变化来看，西南地区和东南地区是我国未来森林蓄积增长量最快的地方，也是森林质量精准提升潜力最大的地区，分别占 2060 年全国森林蓄积量的 37.68% 和 21.37%。到 2060 年，现有森林碳储量将达到 12.12Pg，新造林将再增加碳储量 0.92Pg，森林生物量总碳库将达 13.04Pg，与 2018 年的 7.57Pg 相比增加了 5.47Pg，森林碳密度达 $63.96 Mg/hm^2$（$1Mg = 10^6 g$）。基于灰色预测模型预测，2030 年我国森林碳储量可达到 10.0Pg，森林蓄积量可达到 $210.8 \times 10^8 m^3$，2060 年我国森林碳储量将达到 18.0Pg[15]。与以上预测结果相比，基于幂函数模型的森林碳储量预测结果偏高，即 2030 年和 2060 年我国森林碳储量分别达到 10.8Pg 和 21.2Pg[15]。依照目前的经营管理水平，我国森林能够实现 2030 年和 2060 年碳达峰碳中和的林业预期目标，并为林业的发展作出贡献。

（3）森林碳汇潜力预测

森林的固碳潜力主要取决于两个方面：一是森林面积的增长，二是森林生长引起的碳密度变化。对森林碳汇的评估或预测，重点在于对森林面积变化以及单位面积固碳速率的评估和预测，其中固碳速率可以用单位面积碳密度的年变化量来表示[1]。

基于多个研究结果进行统计分析，2020 年现有乔木林的生物质固碳潜力为（99±32）Tg/a，在现有森林面积保持不变的前提下进行预测，2050 年将达到（89±60）Tg/a[18]。除乔木林外，我国森林还包括经济林、竹林和特殊灌木林，保守估计，2030 年和 2060 年我国森林植被的年固碳潜力分别可达到 0.17Pg/a 和 0.15Pg/a；在森林面积和生物量碳密度增加的条件下进行预测，我国森林碳汇量将从 2010 年的 1.31Pg/a 增加到 2050 年的 0.16Pg/a，2030 年左右将达到最大值 0.23Pg/a。

在森林生态系统现有碳汇能力的基础上，进一步通过碳汇认证、增汇工程、生态管理以及封存技术等措施的综合运用，有望实现我国生态碳汇功能的倍增目标，即在 2050 年前后，将我国的综合生态碳汇能力提升到每年 2.0～2.5Pg 的水平[20]。然而，利用全球森林适宜分布区数据、土地覆被数据和高分辨率全球林木覆盖数据，识别出未来全国比较适宜森林分布且造林难度较低的土地面积仅有约 5.9Mhm² （1Mhm² = 10^6 hm²），未来森林潜在分布适宜性和造林难度均中等的土地面积约 29.9Mhm²，而森林潜在分布适宜性低且造林难度高的土地面积约有 52.4Mhm²[21]。因此，实现中国生态碳汇功能的倍增目标面临巨大挑战。此外，预测森林固碳潜力，须全面考虑非生物环境因子（气候因子、土壤因子和地形因子等）、林分特征和人为干扰等因素[18]。

总之，大多数模型预测结果都认为在 2060 年之前中国森林碳汇能力是持续增长的。然而，随着整体林龄的增加，成熟林和老龄林比例上升，森林生态系统趋于平衡，碳汇能力也将逐步降低。例如，假设未来气候条件和大气 CO_2 浓度不变，仅考虑林龄变化时，2020 年我国森林碳汇为 0.18Pg/a，但到 2060 和 2100 年，森林碳汇预计将分别降至 0.08 和 0.06Pg/a，下降率达 56% 和 67%，这意味着森林碳汇强度存在林龄阈值。为了长期维持人工林较高的碳汇能力，需要通过科学的森林经营管理措施，适当更新年龄结构，优化林龄时空布局，延长森林碳汇服务时间[11]。

3.2 森林碳汇研究与预测

3.2.1 森林碳汇研究方法

森林碳汇研究可以对森林植被层、土壤层和植物残体碳汇分别进行研究，也可以对整个森林生态系统（包括以上三个部分）的碳汇进行研究。

（1）植被层碳汇研究方法
植被层生物量的测定主要有测树学法、收获法、材积源法和遥感反演法等四种方法。材积源法和遥感反演法一般用于大尺度生物量估算，一般不常用；这里只讨论生态系统尺度最常用的测树学法和收获法。

① 测树学法。测树学法是通过破坏性取样获取标准木生物量，并与易测变量（比如胸径 DBH 和树高）建立生物量异速生长模型，又称为异速生长法或清单法。该法的优势在于方便可靠，是森林生态系统碳循环过程应用最普遍的方法。尽管如此，该方法在应用不恰当时也会产生较大误差。产生的误差主要包括以下四部分：

a. 采样误差，即生物量的空间变异和样地的代表性问题。

b. 生物量异速生长方程的误差，包括建模与应用区域不同引起的误差、模型形式和建模方式的误差、超出建模 DBH 范围的误差。一元生物量方程比二元方程精度略低，但是树高难以测量且误差大，因此权衡精度与可操作性，一元方程通常已经足够。

c. 变量测量误差，DBH 测量一般采用围尺测定（二元模型还包括树高），但是该方法的人为因素也不容忽视。

d. 植物碳质量分数的误差，碳质量分数测定方法可以分为湿烧法和干烧法，后者比前者精确得多，是近年来的国际标准方法。

② 收获法。收获法是将单位面积的林木逐个伐倒后测定其各部分（树干、枝、叶、果和根系等）的鲜重，并换算成干重，各个部分重量合计即为单株树木的生物量；各个单株生物量相加即为林分的乔木层生物量。林下植被层（灌木层和草本层）的生物量则是将单位面积的灌木或草本全部收获测定其地上部分（灌木分枝干、叶、花和果等）和地下部分（根系）的鲜重，并换算成干重，地上和地下部分的总重量即是灌木层或草本层的生物量。

在应用收获法时，需要在研究区选择典型地段，布设调查样地。调查样地应设置在不同立地条件下，林分生长状况可以代表区域内平均林分水平。利用 GPS 确定每个样地的位置，并记录每块样地海拔、坡度、坡位、坡向等立地因子，进行每木检尺，记录每株乔木的树高、胸径，调查林分郁闭度、灌木与草本盖度和主要植物种类。随后采集样品，并将有关信息填入样地概况表中[22]。

乔木层生物量的估算过程为：根据林分平均直径，划分径阶，在每个样地进行每木检尺；在每个样地采用平均标准木法选取标准木 3～5 株，伐倒标准木并用收获法挖出其根，分别称量标准木的干（去皮）、皮、枝、叶、根等器官的鲜重；分器官采样并带回实验室，85℃烘至恒重，测定各器官的含水率，计算标准木各器官的生物量，进而估算调查样地乔木各器官的生物量。调查样地乔木层生物量计算公式如下：

$$B_j = \sum_{j=1}^{5} W_{j标}\, n/S$$

式中，B_j 为样地乔木各器官单位面积生物量，Mg/hm^2；$j=1$，2，3，4，5 分别代表枝、叶、干、皮、根；$W_{j标}$ 为标准木不同器官的生物量，t；n 为株数；S 为样地面积。

灌木层、草本层生物量估算是在每个调查样地内四角和中央分别设置 2m×2m 的灌木调查样地、1m×1m 的草本调查样地，将灌木、草本连根挖出，分别称量灌木根、枝干和叶鲜重，以及草本地上、地下部分鲜重。将所有样品带回实验室 85℃烘至恒重，测定其含水率，进而推算样地内单位面积灌木、草本各器官生物量。

植被层碳密度的估算是将植被烘干获得的样品用粉碎机粉碎，过 200 目筛后利用总有机碳分析仪测定各部分含碳率，将各部分单位面积生物量乘以含碳率即为其碳密度。

（2）植物残体碳库研究方法

植物残体碳库可分为粗木质残体（CWD）碳库和细植物残体碳库。一般来讲以直径≥10cm，长度≥1m 的木质残体定义为 CWD，尺寸小于该标准的为细木质残体。CWD 最小直径定义过大将给细木质残体的测量带来较大的麻烦和误差，而定义过小将大大增加测量 CWD 的工作量。CWD 主要包括枯立木、倒木、粗枝、木质碎片、树桩和粗根，其腐烂等级和密度具有高度空间异质性，从而导致其碳储量估算精度不高。地面的 CWD 现存量常用固定面积样方取样法、样带截面法和垂直距离取样法估算。直径小于起测直径的全部木质残体、凋落叶和枯草统称为细植物残体。细植物残体通常采用更小的样方法调查，可以进一步分为小枝（CWD 的最小直径）、未分解叶和半分解三部分。植物残体各组分现存量可以根据对应的碳质量分数（一般采用干烧法测定）和样方面积转化为枯落物层碳密度，具体估算过程与植被层碳密度估算过程相同。

（3）土壤层碳汇研究方法

土壤有机碳库的测量有两种方法：①土壤剖面法，按土壤剖面的自然发生层取样或机械分层取样；②土钻法，按机械分层取样。此外，土壤采样的同时应测定各层土壤容重。土壤剖面法可用环刀法采样，该方法取样面积较大，土壤容重测定准确，实际估算的结果更可靠，缺点是费时费力。土钻法可直接根据土钻内径和高度确定的体积和土壤干重计算容重，此方法较为简易，但在多石土壤中难以完成深层取样。需要注意的是，土壤样品进行土壤有机碳（SOC）测定时通常已经剔除了石砾影响，因此采用土壤剖面法和土钻法两种方法时，土壤容重都应该剔除直径>2mm 石砾的质量。

土壤层碳汇监测具体操作过程如下：首先进行样地设置和调查，利用 GPS 确定样地位置，并记录各样地的海拔、坡度、坡位和坡向。按不同立地条件（海拔、坡向、坡度、坡位）设置样地[23]。在每块样地的四角及中心各设一个土壤剖面，按土壤自然发生过程分 0～10cm，10～30cm 和 30～60cm 三层或更深层取样，并记录各土层厚度。随后将土样密封保存，带回室内分析。土样风干后挑出植物根和大于 2mm 的石砾，用环刀法［用一定容积的环刀切割代表性的原状土，使土样充满其中，称量后计算单位容积的烘干土（105℃）质量］测定土壤密度；用排水法（把石砾放在量筒中，石砾排开水的体积即为石砾体积）测定石砾体积分数；另取风干土样磨碎过筛，用有机碳分析仪测定土壤有机碳含量。土壤有机碳密度计算公式为[24]：

$$\mathrm{SOC_d} = \sum_{i=1}^{n} \frac{(1-Q_i)c_i d_i \rho_i}{10}$$

式中，$\mathrm{SOC_d}$ 为整个土壤剖面有机碳密度，$\mathrm{Mg/hm^2}$；$n=3$；Q_i 为第 i 层>2mm

的石砾体积分数，%；c_i 为第 i 土层的土壤有机碳含量，g/kg；d_i 为第 i 土层的土壤厚度，cm；ρ_i 为第 i 土层的土壤密度，g/cm³。各样地的土壤有机碳密度取 5 个土壤剖面的均值。

（4）森林生态系统碳汇研究方法

① 森林生态系统碳密度（实测法）。将前文所计算的植被层碳密度、土壤层碳密度和枯落物层碳密度求和即为该森林生态系统碳密度。

② 森林碳通量主要测定方法。碳通量是指单位时间、单位陆地（森林）面积与大气间的碳交换质量。森林生态系统碳通量的测定方法主要包括测树学法或清查法、箱法、涡度协方差法（EC）、遥感法、大气反演法和生态模型法（表 3.1）。按照研究的空间尺度，测树学法和箱法属于"自下而上"的方法，而遥感法、大气反演法和生态模型法属于"自上而下"的方法。EC 法起到了将"自下而上"法与"自上而下"法联系起来的桥梁作用。测树学法、箱法和 EC 法是碳通量的实测方法，其余方法是大尺度碳通量的估计方法，必须以前面的实测结果为基础才能应用。三种实测方法适用的时间尺度不同，箱法的时间尺度是小时到年；EC 法可以精确到 30min，而时间跨度可达 10a 以上；测树学法更适合碳库长期变化监测。此外，EC 法通常很少用于直接估算区域尺度上碳汇大小，更多用于理解生态系统尺度上碳循环对气候变化的响应过程[9]。

表 3.1　陆地生态系统不同碳汇估算方法的优点和缺点[9]

估算方法		优点	缺点
自下而上	清查法	样点尺度植被和土壤碳储量观测结果较准确	（1）清查周期长，空间分辨率低；（2）生态系统覆盖不全，如湿地等；（3）样点-区域尺度碳汇转换不确定性较大；（4）未包含生态系统碳横向转移
	涡度协方差法	可实现精细时间尺度生态系统碳通量的长期连续定位观测，有助于理解碳循环过程对环境变化的响应及其机理	（1）存在观测缺失、地形复杂、气象条件复杂、能量收支不闭合、观测仪器系统误差等问题；（2）观测点人为干扰小，难以兼顾生态系统异质性；（3）无法区分农田生态系统土壤碳变化与作物收获等碳通量分量；（4）未考虑采伐、火灾等干扰因素的影响，高估区域尺度上生态系统碳汇
	生态模型法	可定量区分不同驱动因子对陆地碳汇变化的贡献，可预测陆地碳汇未来变化	（1）模型结构和参数存在较大不确定性；（2）普遍未考虑或简化考虑生态系统管理对碳循环的影响；（3）多数模型未包括非 CO_2 形式碳排放和河流输送等横向碳传输过程
自上而下	大气反演法	可估算全球尺度的碳源汇实时变化	（1）空间分辨率较低，无法准确区分不同生态系统类型碳通量；（2）反演精度受限于大气 CO_2 观测站点的数量与分布格局、大气传输模型和 CO_2 排放清单的不确定性等；（3）普遍未考虑非 CO_2 形式的陆地-大气间碳交换，以及国际贸易导致的碳排放转移等

由于森林分布的广泛性、森林生态系统结构的复杂性、评估数据的代表性不够和方法学的差异性，森林碳汇评估结果普遍存在精度低、不确定性高的问题，对未来固碳潜力的预测结果相差几倍甚至达一个数量级。因此，要实现对森林碳汇的精准评估和对未来固碳潜力的准确预测，必须有一套科学有效的计量方法和评估体系。已有的碳汇估算

仅限于国家和省份尺度，应尽快建立基于不同尺度（林分、经营单位、区域、省际）或水平的碳汇监测和估算体系，主要包括如何确定碳汇计量（如基准年、不同森林类型、不同立地条件、不同经营情景等）的合理基线。建议建立森林碳汇估算基线及动态监测体系，提供森林碳汇的必要数据，增强森林碳汇研究能力。

3.2.2　森林碳汇的影响因素

影响森林生态系统碳汇的因素包括森林年龄、树木类型、温度、降水、地形、火灾以及氮沉降等。

（1）森林年龄

森林固碳能力的动态变化在很大程度上取决于森林年龄组成。森林年龄组成一般包括幼龄林、中龄林、近熟林、成熟林和过熟林，其中中龄林的固碳能力最大，成熟林和过熟林由于其生物量基本停止生长，碳吸收与排放基本平衡。在森林发展的整个演替过程中，依据固碳情况，可以将森林碳动态分为四个阶段，即固碳速率较低的初始阶段或干扰后的再生阶段、固碳速率最大的逻辑斯谛生长阶段、固碳速率下降的成熟阶段以及碳分解到土壤的森林死亡阶段。

（2）树木类型

树木类型是影响森林固碳能力和释氧能力的主要因素之一。一般来讲，杨树和桉树是人工林主要的固碳贡献者，其碳汇能力高于其他类型的树木。群落结构复杂，乔木、灌木、草本层兼备的植被结构，通常具有较强的固碳能力。也就是说，森林植被多样性越高、组成越复杂、层次越多，森林总固碳能力也越高。

（3）温度与降水

温度和降水在一定程度上影响植被生产力和生物量的大小，是限制森林生态系统植被碳密度分布格局的重要因子。适宜的温度和降水条件有利于植被的生长，可以有效提高植物生物量和植被碳密度。热带森林地区由于常年高温、多雨，水分热量条件充足，利于植物生长，光合作用效率高，植被种类繁多，成为陆地生态系统极为重要的碳储存库，其碳储存量为全球的一半。

（4）地形

地形通过影响温度、降水、光照、热量、径流和土壤性质等，在一定程度上影响森林植被类型的分布状况和生长情况（包括生物量、树高和胸径、立木密度等），从而影响森林生态系统的碳输入。另外，不同坡度和海拔受到的人为干扰程度不同，随着坡度或海拔的增加，森林受人为干扰的机会和程度变小，植被生物量大，固碳能力高。

（5）火灾

森林火灾不仅直接引起森林生态系统的碳排放，而且还破坏了原有生态系统的结构和功能，从而改变森林生态系统的碳固定、分配和循环。火灾对森林碳汇的影响主要表现在以下几个方面：

① 火灾引起森林植被燃烧，直接降低林木生产力和木材产量，进而导致森林固碳能力降低；

② 火灾可以增加凋落物数量，加速凋落物分解，间接降低土壤碳储量；

③ 火灾对森林土壤碳库的影响表现在增加土壤有机质分解，增加土壤呼吸碳释放、减少地上植被输入土壤的碳素以及增加黑炭的碳汇功能。

（6）氮沉降

一方面氮沉降的氮素能够直接促进植物生长，增加林木材积，从而提高森林生态系统的固碳能力。另一方面氮沉降降低了腐殖质物质的分解速率，从而增加了土壤碳的积累速率。受氮沉降影响的森林生态系统固碳能力高于不受氮沉降影响的森林生态系统固碳能力。氮是欧洲森林生长速率增长的主要驱动因子，在只考虑氮沉降的情况下芬兰南部的欧洲赤松林生态系统碳库增加了 11％。

3.3　森林增汇的技术措施

林业固碳措施主要有造林、再造林、退耕还林、减少森林采伐、森林恢复、通过森林经营增加林分碳密度、森林防火、森林病虫鼠害防治、提高林产品的异地碳储量、促进产品和燃料的替代等（图 3.2）。目前，我国采取的森林固碳措施主要有退耕（牧）还林、封山育林、植树造林、低效林改造等。

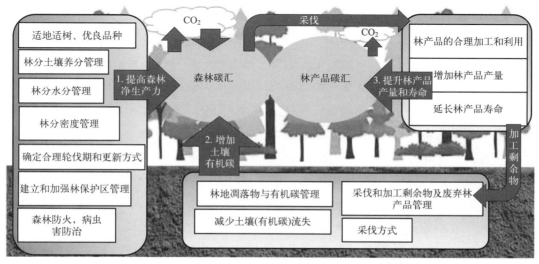

图 3.2　森林碳汇提升的主要原理和途径框架图[25]

3.3.1　增加森林面积和净生产力

造林是指在很长时间以来没有森林的土地上进行规模植树，而再造林是指在近期没有森林的土地上植树造林。《京都议定书》认为造林和再造林可以减少矿物燃料燃烧释放的温室气体，是增加陆地生态系统固碳的可行方式。目前，全球造林、再造林面积有 $2.6 \times 10^8 \, hm^2$，占全球森林面积的 6.6%。造林和再造林通过植被生长和再生提高森林生态系统生产力，从而把大量的碳固定和保存在新生植被和死有机物质中，在树木成熟和土壤碳达到平衡之前，固碳一直在进行，这个过程一般持续数十年甚至百年。造林不仅能够固定大量的碳，相对于其他固碳措施还具有成本优势。因此，增加森林碳汇的首要途径就是增加森林面积，森林面积每增加 3.4%，固碳量每年可以增加 1Pg。全球造林再造林主要集中在撒哈拉以南非洲、拉丁美洲以及北半球的欧洲、美国和中国等地区。造林和再造林对增加全球森林资源、提高森林生态系统固碳能力产生了重要影响。

我国是世界上造林最多的国家，21 世纪以来造林面积达到 $36.2Mhm^2$，约占森林总面积的 23%。基于森林清查资料和生物量连续因子转换法进行估算，过去 30 年我国造林的植被碳汇为 23.4Tg/a。预计到 2050 年，造林面积将再增加 $21.7Mhm^2$，碳汇可以达到 $57.1 \sim 62.8Tg/a$，能够抵消同时期化石燃料温室气体排放的 $4.6\% \sim 7.1\%$。我国重大造林和生态保护工程也发挥着巨大的碳汇效应，重大生态工程的碳汇达到 74Tg/a，对工程实施区的碳汇贡献达到 56%。我国森林植被碳储量的增加主要是造林导致的森林面积扩张引起的，森林植被碳密度增加对碳储量增加的贡献相对较小，因此未来我国森林植被碳密度还有很大的提升空间，固碳能力还很大。未来 $10 \sim 20$ 年，随着森林的生长，我国森林植被还可以固定 $1.9 \sim 3.4Pg$ C。

除了增加森林面积，提高森林生产力的另一重要林业措施就是要做到"适地适树"——在给定的地段种植最适宜生长的树种或为给定的树种找到最适宜生长的地段。为了不违背植树造林增汇和减缓气候变暖的初衷，植树造林的具体区域需要结合生态系统本底状况以及未来气候变化情景进行综合区划。另外，选择生长速率快、寿命长的树种造林是提高森林固碳量的有效途径。何时造林、如何维持一个合理的森林年龄结构，需要基于森林生态学理论和森林碳汇管理系统来科学决策。植树造林的实施不仅要着眼于如何实现 2060 年碳中和，还需要对 2060 年之后可能面对的问题作出科学预判。另外考虑到森林碳汇周期之长，时间跨度之大（百年尺度），应该在现阶段造林时就尽可能充分地考虑到未来的气候条件和可能的灾害风险，从树种选择、树种匹配（纯林或混交林）和林分结构设计上增加森林对未来极端气候事件的抵抗力和恢复力。

3.3.2　完善森林经营管理措施

森林经营管理措施是影响森林生态系统固碳能力的重要因素之一，营林措施可能通过影响森林生产力而对森林生态系统碳固定、储存和排放产生影响。森林经营也是抵消 CO_2 排放的一种独特方式，可以通过推动森林经营方案的科学编制、以择伐作业为核心的近自然营林模式、以珍贵树种为核心的人工林经营模式等途径实现。加强森林的科学经营与精细管理以增加森林净生产力是提升森林碳汇的核心。有效的人为管理对森林碳汇潜力也有显著的提升效果。纯林改造为混交林往往具有更好的固碳效益，选择固碳能力强的造林树种可以增强森林的固碳能力，改变种植密度、调整采伐周期、改变采伐方式等也会影响人工林固碳能力[1]。合理的森林经营管理是增加森林生态系统碳库的一个有效途径。

（1）森林抚育管理

森林抚育管理包括封山育林、幼林抚育、间伐和抚育采伐等，可以疏松土质，改善土壤通气透水性能，促进林木生长，提高林木生物量和质量，从而达到增汇的目的。加强对现有森林的抚育和管理，将会使森林碳汇能力进一步提高。

封育管理可以有效增强森林生态系统碳累计能力。例如，在长江中上游防护林体系中，通过封山育林及合理种植手段能够在一定程度上增加碳汇能力；封育管理后的马尾松林碳密度增长了 35.2Mg/h。

间伐是指在林分郁闭后直至主伐的期间，对未成熟的森林定期伐去部分林木，为保留的林木创造更好的生长环境，同时获取一部分木材的森林培育技术措施[26]。间伐的主要目的不是增加碳固定，而是通过改变树种组成、年龄结构、林分密度等来降低养分的竞争，促进森林更新，提升林木的经济价值。间伐可从林内移出一定比例的木材蓄积量，故而减少了植被的碳储量。另外间伐后林分密度减小，地面温度升高，因而会加快枯枝落叶的分解，减少凋落物量。利用涡度相关分析法研究发现，间伐使得佛罗里达森林的总初级生产力（gross primary productivity，GPP）和净初级生产力（net primary productivity，NEP）降低，间伐后 2～3 年内生态系统呼吸（ecosystem respiration，ER）增加，森林呈碳中和状态。另一模型研究发现，间伐后约 60 年植被碳储量才能达到原有水平，但间伐可使林地光能利用率提高 60%，且林下更新会弥补移出林木带走的碳储量。因此，未来应当制定完整合理的固碳评价指标体系，综合评价森林抚育的固碳成效，加强对森林抚育技术方法的研究与学习，进一步提升森林抚育工作的固碳效能。

（2）低效林改造

低效林是指由于受非自然因素的干扰破坏，林分生物产量、生态效益和经济效益低于同类立地条件下相同林分平均水平的林分，亦称低质低效林。林分改造是对在组成、林相、郁闭度与起源等方面不符合经营要求的产量低、质量差的林分进行改造的综合营林措施，使其转变为能生产优质木材或其他产品，并能发挥多种生态效能的优良林分[26]。在应对气候变化的形势下，低效林改造可以提升森林的固碳能力，是增加生物碳汇的重要途径。

（3）成熟林的收获与更新

森林收获与更新是对成熟林分或林分中部分成熟的林木进行采伐，之后采取适宜的更新方式，使采伐迹地得以更新，并维持与改善森林生态环境[26]。

采伐是影响森林固碳能力最主要的森林管理方式。全球森林采伐量约 $3 \times 10^9 \, \mathrm{m}^3$，极大地影响了全球和区域森林固碳能力。采伐直接清除森林植被或降低森林植被密度，造成森林生产力下降或消失，碳吸收能力减少，同时采伐使植被碳转移到木材产品和生物燃料中，造成森林生态系统碳储量减少和固碳能力降低。总体来看，采伐造成全球森林生态系统碳释放为 900Tg/a（包括碳转移 590Tg/a，实际碳排放 310Tg/a），约占全球碳排放的 17%。然而，也有研究发现采伐后森林植被密度降低，促进了林木再生和林下植物生长，从而增加了森林生产力，促进植被碳固定。可见，由于采伐树种、材积、密度、采伐规范和技术、木材产品生命周期以及估算方法的差异，采伐对森林生态系统固碳影响还存在很大的不确定性。

采伐后森林固碳能力和碳储量还受到采伐频率、采伐方式和采伐后森林结构的影响。当采伐对森林植被碳储量影响不大时，采伐可能增加森林粗木质残体的碳储量，而粗木质残体一般不随木材从森林中移除，森林粗木质残体碳储量的增加促进了营养元素和水分循环，从而也对森林生态系统碳收支产生影响。

森林平均净生产力最大值所对应的林分年龄就是达到森林生产力最大化的采伐年龄[25]，即林业碳汇最大化所对应的最佳林木周转周期（轮伐期）。过早或过迟的采伐都将降低森林生产力和林业碳汇能力。然而为获取木材，大部分地区在森林经营中选择的轮伐期均未到达"生长顶点"。因此，适当选择并延长轮伐期可以增加林分的固碳量，在林分到达生物量开始下降的阶段之前延长轮伐期可增加森林碳储量；但到达生长量顶点后延长轮伐期，森林生态系统碳储量将会减少[27]。

另外，采伐可改变土壤的水热条件，通过影响凋落物的分解速率和微生物的活性来影响土壤有机碳储量。一般采伐后的几年至数十年内土壤碳储量降低，随后又上升。这是由于采伐后森林植被的移除使输入到土壤的凋落物数量减少，同时微生物分解速率的增加导致碳释放增加；土壤碳储量降至最低点后，随着林木再生、有机物质分解恢复到采伐前水平以及凋落物输入增加导致 SOC 开始积累。然而整合分析表明，收获对森林土壤有机碳储量的影响不大，且主要受收获利用方式的影响，如全树利用收获会减少土壤表层的有机碳储量，而部分利用收获则可使林地留有残留物，从而增加土壤有机碳的来源提高土壤的有机碳储量。

森林更新是一个重要的生态学过程，是森林生态系统动态研究的主要领域之一。森林更新方式变化对土壤生态环境有重要的影响，不同的林木更新方式可以改变地表植被类型进而改变土壤的理化性质，同时土壤植物根系及微生物的组成和活性等均会发生变化，最终会影响土壤有机碳、氮源的输入，导致土壤有机碳、氮含量与分布的差异。森林更新或退耕还林后，地上部分生物碳量增加，同时土壤碳库碳量也得到补充，土壤系统碳输入和碳输出将达到一个新的平衡。最优的森林经营管理措施首先要有较高的生产量，尽量避免土壤扰动，减少碳输出[28]。

　　森林更新方式包括天然林更新、人促更新林和人工更新林等。不同更新方式对土壤有机碳量的影响具有显著差异，其中天然林更新更利于土壤碳的固定[29]。但从长远看来，研究学者指出未来可通过人工促进更新和造林，调整森林的林龄结构，提高生产量，以保证森林可持续固碳[30]。

（4）成熟森林有机碳的积累

　　森林碳汇受其林龄、树种组成等自身因素的影响，同时与生境和气候条件密切相关。"成熟森林碳循环趋于平衡"是现今大量生态学模型的基础。成熟森林在全球碳循环研究中一直被看作近似于"零碳汇"的系统。然而，已有研究发现成熟森林可能同样具有较强的碳汇功能，表现在具有较强的土壤碳固持能力和较高的木质残体碳库。成熟和过成熟森林的土壤均具有较高的碳储存和封存率，土壤有机碳在成熟生态系统中的积累速度至少不低于其在未成熟生态系统的积累速度，这是一个普遍规律[31]。在长达 25 年的观测期间，位于广东省中部的鼎湖山国家自然保护区的成熟森林土壤有机碳储量以平均每年 $0.61Mg/hm^2$ 的速度增加，表明成熟森林可持续积累碳，是重要的碳汇。

　　我国在 2000—2010 年开展大规模造林，其中，天然林保护工程、退耕还林工程、京津风沙源治理工程、三北防护林体系工程和长江珠江流域防护林体系工程的土壤固碳占比为 12.6%～46%。然而，植树造林并不总是增加土壤有机碳含量，其对土壤有机碳的影响取决于本底土壤碳储量。在土壤本底有机碳丰富的区域，造林会降低土壤有机碳储量，尤其是深层土壤的有机碳含量；而在土壤本底有机碳较为贫瘠的区域，造林则会促进土壤有机碳的积累，且在土壤表层最为显著。此外，植树造林对土壤和植被碳储量的影响具有差异性，植被碳库增加并不意味着土壤碳积累，两者比例受到树种等多重因素的影响且有很强的空间异质性。考虑到本底碳储量、树种等因素的影响后，我国北方造林区域土壤碳库增加低于基于地上生物量估算的土壤碳储量变化。

　　但是，随着森林成熟度增加，表征生物量或凋落物质量的 C/N 比、木质素的降低足够驱动土壤有机碳的持续积累，并不一定需要持续增加的生物量和凋落物输入。同一地点所容许的土壤有机碳上限比生物量上限在相对值上要大得多，土壤有机碳库具有足够大的容量。由此可见，成熟森林生态系统具备促使土壤有机碳持续积累的相关条件，成熟森林持续积累土壤有机碳并不违背生态系统碳平衡理论。以我国成熟林生物量碳密度为参考水平，未来通过自然生长过程的固碳潜力约为 13.86Pg。在明确成熟生态系统生物量碳难以再增加的情况下，土壤有机碳库积累是可能贡献碳中和需求的唯一途径。

（5）实施森林经营管理的具体要求

　　① 坚持"三优"生态建设和管理原则（增汇原则）："最优的生态系统布局、最优的物种配置、最优的生态系统管理"，以实现"宜林（草）则林（草）、适地适树（草）、

最优管理"的碳汇最大化目标[32]。

②　强化森林培育：树立科学的森林培育理念，从根本上强化传统的森林育种育苗技术，发展分子育种、无性繁殖和杂交育种等新技术，并建立规范化的森林培育程序；开展森林培育的分类经营，即对森林资源实行精细化管理，针对林地的生长特点和净化能力，将森林划分为若干类型，如生态森林区、林木绿化地区和重要森林的天然生态圈等，而后根据不同的森林资源类型进行科学的森林培育和经营管理；森林经营是系统工程，要求在加强科学抚育的同时，搞好防火管理与病虫害防治，保护生物多样性，提升森林生态系统碳汇潜力，为实现"双碳"愿景贡献力量[16]。

③　择伐与渐伐营林措施：通过选用高生产力造林树种改善林分结构，将纯林改造为混交林，可在增强森林固碳能力的同时，生产高价值木材。推动以择伐作业为核心的近自然营林模式，发展多种形式的择伐与渐伐作业法。另外，构建森林生态系统多功能碳汇林的营林技术体系要求完善多种形式的择伐与渐伐营林作业法，从而维持与恢复森林生态系统健康，发挥森林生态系统多功能作用[16]。应基于现代森林生态学和森林管理科学理论，开发适用于我国森林生态系统的碳汇管理决策系统，在科学评估基础上，分阶段、分批次开展人工林种植，优化森林年龄结构，从而达到延长人工林碳汇服务时间的目的[11]。

④　森林经营管理具体实施举措：实施生态保护修复重大工程，开展不同地理单元的山水林田湖草沙冰一体化保护和修复，持续增加森林面积和蓄积量；大力推进国土绿化行动，巩固退耕还林还草成果，实施森林质量精准提升工程；采取多样化的森林经营和管理措施，如延长森林间伐时间、人工林抚育、防火和病虫害防治等（表3.2）[20]。

表3.2　人为管理措施对生态系统碳汇效应的影响及其定性评价[20]

	技术措施	碳汇效应	技术成熟度	环境适应性	社会适应性	当前应用规模	固碳效应评价难度	综合评估指数	IPCC承认度（是否）
森林生态系统	造林再造林	＊＊＊	＊＊＊	＊＊	＊＊	＊＊＊	＊	＊＊＊	是
	退耕还林	＊＊＊	＊＊	＊＊＊	＊＊	＊＊	＊	＊＊＊	是
	天然林保护	＊＊	＊＊＊	＊＊＊	＊＊	＊	＊	＊＊	否
	森林抚育	＊＊	＊＊	＊＊	＊＊	＊	＊＊	＊＊	否
	森林间伐	＊＊	＊＊	＊＊	＊＊	＊	＊	＊＊	否
	人工林天然化	＊＊	＊＊	＊＊	＊	＊	＊＊	＊＊	否
	速效丰产林建植	＊	＊	＊	＊	＊	＊＊	＊	否
	林分优化/改造措施	＊	＊	＊	＊	＊	＊	＊	否

注：碳汇效应，指管理措施实施后的固碳速率；技术成熟度，指管理措施在技术上是否成熟；环境适应度，指管理措施是否对环境具有较高适应性；社会适应性，指从社会法规、公众行为和经济角度考虑管理措施是否适合推广；当前应用规模，指管理措施在我国各类生态系统中的应用或推广情况；固碳效应评价难度，指基于现有技术水平准确地评估其碳汇效应的难度；综合评估指数，指根据前6项评价指标对管理措施碳汇效应的综合评估（即是否提倡）；IPCC承认度，指该项管理措施是否能在目前IPCC清单编制中使用；各项管理措施碳汇效应的定性评价分为3级，针对每类生态系统的管理措施分别赋值，并用"＊"号数量表示优劣度；其中，除评估难度外，"＊"号越多则表明该管理措施具有更强的碳汇效应或更适合推广。

我国森林固碳潜力尚未得到完全发挥，未来亟须通过科学改造与经营，从森林面积扩增、生产力提高、木产品高效循环利用等多角度促进森林生态系统固碳增汇。另外，还要制订优化后的营林措施（如施肥、造林密度调整、轮伐期、采伐方式调整、采伐剩余物管理等）。目前主要关注经营措施对森林生态系统植被和土壤碳储量的影响，未包括经营措施实施过程中能源消耗（如机器采伐、运输过程等）释放的碳量以及将采伐的林木加工成木制品后继续固定的碳量或用作生物质能源替代能源密集型材料而减少工业生产中的碳排放量，即对碳量尚缺乏系统、全面的研究。

3.3.3　林业碳汇市场的作用

2018 年 12 月我国发布的《建立市场化、多元化生态保护补偿机制行动计划》明确提出"林业碳汇优先纳入全国碳交易市场"的构想。《2030 年前碳达峰行动方案》提出要建立健全能够体现碳汇价值的生态保护补偿机制，研究制定碳汇项目参与全国碳排放交易相关规则。林业碳汇能力的提升是助力国家碳中和战略的重要保障。加强碳汇价值市场化机制建设，积极推动生态产品价值实现，不断提升森林碳汇能力，有效发挥森林固碳作用，对助力实现碳达峰碳中和具有重要战略意义和现实意义。

发展森林碳汇具有明显的生态、社会、经济效益，促进森林碳汇减排量进入碳交易市场，实现森林生态产品货币化。一是森林碳汇对区域经济增长有显著正向溢出效应，现阶段适度加大林业碳汇项目经营规模有利于地区经济增长，作为依附于森林资源而形成的无形资产，森林碳汇尽管没有具体形态，但能够为森林经营主体带来长期的经济利益。林业碳汇项目推进有诱致性作用，可以引导森林经营主体转变土地资源基本利用和管理方式，使森林碳汇经营者摆脱贫苦境遇；也有林农通过林地入股、流转和出租等方式选择经营经济价值高、增长速度快的林业碳汇项目，增加林农经营性收入。二是森林碳汇项目经营地区与发展中国家欠发达地区有一定地域重叠性，开展森林碳汇项目利于提高地区可持续发展能力，如森林碳汇项目有利于改善荒漠地区石漠化，是经济、社会、环境和地区可持续发展的方式之一。三是挖掘森林碳汇与贫困群体受益均衡有利于实现森林碳汇扶贫作用。

当前森林碳汇需求主体包括减排企业和有较强环保意识的社会公众两类，其中，企业森林碳汇需求决策是企业权衡外部政策、企业自身新技术或新设备减排、森林碳汇购买成本之间的理性行为；而公众对森林碳汇需求更多集中在自发意愿驱动下形成的森林碳汇购买行为。

然而，从我国现实条件来看，林业碳汇并未实现在全国范围内的交易，而只是在试点城市以及森林资源较为丰富、地方政府重视林业碳汇发展的地区有少量交易。缺乏全国性交易市场，导致林业碳汇的定价机制不完善，不合理的价格又会导致供需双冷，更加不利于林业碳汇的发展。因此，作为新兴事物，林业碳汇的交易迫切需要一个全国性统一交易平台，从而有效发挥林业碳汇在碳减排方面的巨大潜力；此外，我国目前的碳汇融资方式还是以银行提供的绿色信贷为主，虽然在一定程度上缓解了林业碳汇项目的资金压力，但林业碳汇项目的前期资金投入大、投资回收期较长、风险水平较高，当前单一的融资工具，并不能完全满足碳汇项目的融资需求。

从供给和需求两个角度研究森林碳汇并将其纳入碳交易市场成为当下推动区域森林生态产品资本化的重要实现途径[33]。建立和健全碳交易机制，促进森林生态效益补偿，包括建立合格森林碳汇产品的认证机制、森林碳汇成本效益评估机制，进而建立完善的森林碳汇交易管理机制，推动国内森林碳汇交易的发展。在近期，森林碳汇交易还可作为森林生态补偿的一个可行途径。根据《中国碳平衡交易框架研究》报告，中国如建立"碳源—碳汇"交易制度，以此为基础建立中国碳基金制度和中国生态补偿金制度，将推动碳汇林业的发展和森林对全国碳减排的巨大贡献[34]。

思考题

在线题库
参考答案

1. 什么是森林碳汇与碳中和？
2. 请举例说明我国的重大生态工程对碳储量和碳汇的贡献。
3. 火灾和病虫害怎样影响森林碳储量和碳汇？
4. 请比较森林生态系统不同碳汇估算方法的优点和缺点。
5. 森林增汇的技术措施具体有哪些？
6. 如何通过林业碳汇市场来提升林业碳汇能力？
7. 森林碳库预测有哪些不确定性？

参考文献

[1] 朱建华，田宇，李奇，等. 中国森林生态系统碳汇现状与潜力 [J]. 生态学报，2023，43（9）：1-16.

[2] Reiners W A. Terrestrial detritus and the carbon cycle [J]. Brookhaven Symposium in Biology. 1973，30：368-382.

[3] Bolin B. Changes of land biota and their importance for the carbon cycle [J]. Science，1977，196：613-615.

[4] Woodwell G M，Whittaker R H，Reiners W A，et al. The biota and the world carbon budget [J]. Science，1978，199：141-146.

[5] Broecker W S，Takahashi T，Simpson H J，et al. Fate of fossil fuel carbon dioxide and the global carbon budget [J]. Science，1979，206：409-418.

[6] Tans P P，Fung I Y，Takahashi T. Observational contrains on the global atmospheric CO_2 budget [J]. Science，1990，247：1431-1438.

[7] Bellassen V，Viovy N，Luyssaert S，et al. Reconstruction and attribution of the carbon sink of

European forests between 1950 and 2000 [J]. Global Change Biology, 2011, 17: 3274-3292.

[8] Schimel D, Melillo J, Tian H, et al. Contribution of increasing CO_2 and climate to carbon storage by ecosystems in the United States [J]. Science, 2000, 287: 2004-2006.

[9] 朴世龙, 何悦, 王旭辉, 等. 中国陆地生态系统碳汇估算: 方法、进展、展望 [J]. 中国科学: 地球科学, 2022, 52 (6): 1010-1020.

[10] Yang Y H, Shi Y, Sun W J, et al. Terrestrial carbon sinks in China and around the world and their contribution to carbon neutrality [J]. Science China Life Sciences, 2022, 52: 534-574.

[11] 朴世龙, 岳超, 丁金枝, 等. 试论陆地生态系统碳汇在"碳中和"目标中的作用 [J]. 中国科学: 地球科学, 2022, 52 (7): 1419-1426.

[12] Terrer C, Jackson R B, Prentice I C, et al. Nitrogen and phosphorus constrain the CO_2 fertilization of global plant biomass [J]. Nature Climate Change, 2019, 9: 684-689.

[13] Fang J, Yu G, Liu L, et al. Climate change, human impacts, and carbon sequestration in China [J]. Proceedings of the National Academy of Sciences of the United States of America, 2018, 115: 4015-4020.

[14] Tang X L, Zhao X, Bai Y F, et al. Carbon pools in China's terrestrial ecosystems: new estimates based on an intensive field survey [J]. Proceedings of the National Academy of Sciences of the United States of America, 2018, 115: 4021-4026.

[15] 张颖, 李晓格, 温亚利. 碳达峰碳中和背景下中国森林碳汇潜力分析研究 [J]. 北京林业大学学报, 2022, 44 (1): 38-47.

[16] 付玉杰, 田地, 侯正阳, 等. 全球森林碳汇功能评估研究进展 [J]. 北京林业大学学报, 2022, 44 (10): 1-10.

[17] 刘竹, 逯非, 朱碧青. 气候变化的应对——中国的碳中和之路 [M]. 郑州: 河南科学技术出版社, 2021.

[18] 李海奎. 碳中和愿景下森林碳汇评估方法和固碳潜力预估研究进展 [J]. 中国地质调查, 2021, 8 (4): 79-86.

[19] 付晓, 张煜星, 王雪军, 2060 年前我国森林生物量碳库及碳汇潜力预测 [J]. 林业科学, 2022, 58 (2): 32-41.

[20] 于贵瑞, 朱剑兴, 徐丽, 等. 中国生态系统碳汇功能提升的技术途径: 基于自然解决方案 [J]. 中国科学院院刊, 2022, 37 (4): 490-501.

[21] Cai W X, He N P, Li M X et al. Carbon sequestration of Chinese forests from 2010 to 2060: spatiotemporal dynamics and its regulatory strategies [J]. Science Bulletin, 2022, 67 (8): 836-843.

[22] 沈彪, 党坤良, 武朋辉, 等. 秦岭中段南坡油松林生态系统碳密度 [J]. 生态学报, 2015, 35 (6): 1798-1806.

[23] 唐朋辉, 党坤良, 王连贺, 等. 秦岭南坡红桦林土壤有机碳密度影响因素 [J]. 生态学报, 2016, 36 (4): 1030-1039.

[24] 卫玮, 党坤良. 秦岭南坡林地土壤有机碳密度空间分异特征 [J]. 林业科学, 2019, 55 (5): 11-19.

[25] 邹晓明, 王国兵, 葛之葳, 等. 林业碳汇提升的主要原理和途径 [J]. 南京林业大学学报（自

然科学版），2022，46（6）：167-176.

[26]　翟明普，沈国舫. 森林培育学 [M]. 3 版. 北京：中国林业出版社，2016.

[27]　王祖华，刘红梅，王晓杰，等. 经营措施对森林生态系统碳储量影响的研究进展 [J]. 西北农林科技大学学报（自然科学版），2011，39（1）：83-88.

[28]　田耀武，黄志霖，肖文发，等. 森林经营管理对土壤碳固定的影响研究进展 [J]. 河南农业科学，2012，41（7）：1-6.

[29]　王卫霞，杨光，王振锡. 更新方式对天山云杉林土壤碳氮的影响 [J]. 新疆农业科学，2020，57（8）：1474-1483.

[30]　毕艳玲，皇宝林，邓喜庆，等. 林分起源和林龄结构对迪庆州云杉林生物量碳储量的影响 [J]. 西部林业科学，2017，46（3）：60-67.

[31]　周国逸，陈文静，李琳. 成熟森林生态系统土壤有机碳积累：实现碳中和目标的一条重要途径 [J]. 大气科学学报，2022，45（3）：345-356.

[32]　方精云. 碳中和的生态学透视 [J]. 植物生态学报，2021，45（11）：1173-1176.

[33]　田国双，邹玉友. 供需视域下森林碳汇研究综述与展望 [J]. 林业经济，2018，（8）：80-86.

[34]　杨玉盛，陈光水，谢锦升，等. 中国森林碳汇经营策略探讨 [J]. 森林与环境学报，2015，35（04）：297-303.

第 4 章

农业碳汇与碳中和

学习目标

1. 掌握农业碳源/汇的相关概念。
2. 了解农业碳汇的研究方法及影响因素。
3. 掌握农业碳中和相关的技术措施。

4.1 农业碳汇与碳中和介绍

4.1.1 农田生态系统碳源/汇相关概念

农田生态系统是最活跃的碳库，对全球碳循环贡献巨大。农业作为我国重要的基础产业，既是温室气体排放源，又是一个巨大的碳汇系统[1]。农田生态系统碳库主要表现在农作物固碳和农田土壤碳库两个方面。农作物固碳是农作物在生长、收获和收割过程中对大气碳库的固定和排放。农田土壤碳库是土壤有机质、微生物活动和根系生长共同作用的结果。二者组成的农田生态系统与大气系统进行复杂的碳交换过程。

农业生产是温室气体排放的主要来源，在全球人为碳排放中，农业的贡献率约为 13.5%[2]。农业活动中甲烷（CH_4）和氧化亚氮（N_2O）排放量分别占全球排放量的

50％和 60％，农业源非 CO_2 温室气体排放量占全球人为温室气体排放总量的 10％～12％[3]，且这一比例正在逐年递增。因此，人们普遍认为农田生态系统是碳源。但与此同时，农作物可以进行光合作用吸收并固定 CO_2，将其以生物量的形式储存在作物中，并利用农田土壤进行固碳。所以，农田生态系统作为全球碳平衡中的重要角色，与大气 CO_2 具有双向传导作用，农田生态系统碳汇功能逐渐受到重视。

农业碳汇是指土壤和种植作物吸收并储存大气中二氧化碳，从而减少大气中温室气体浓度的过程、活动或机制。农田生态系统中，农作物通过光合作用从大气中吸收二氧化碳，形成总初级生产力（GPP）。GPP 一部分通过作物呼吸作用（Ra）和挥发性有机碳（VOC）损失释放一部分碳，剩余的为农田生态系统净初级生产力（NPP），还有一部分可溶性碳随着水分运移而损失，剩余的合成有机物质进而形成农田净生态系统生产力（NEP）。储存在作物中的碳，由于作物收获、焚烧等管理措施大部分从农田生态系统中被带走，同时部分秸秆还田以及有机肥和化肥的施用将大量的碳带入农田生态系统，最终形成农田生态系统净生产力，即农田生态系统固定的碳，主要以动、植物残体和有机质的形式储存在土壤中。农业碳汇能够抵消一部分减排难度大、成本高的碳排放，从而降低整个社会实现碳中和的成本[4]。而在减少农业自身温室气体排放的同时，充分发挥农业碳汇系统的作用，可使土壤成为巨大的碳库，对于我国实现碳中和目标具有重要意义。

4.1.2　我国农田生态系统碳源/汇现状

据统计，全球的农业用地约占地球陆地表面积的 40％～50％，而其中农业耕地约占所有农业用地总面积的 28％。农田生态系统作为陆地生态系统的重要组成部分在温室气体排放和全球气候变化研究中扮演十分重要的角色。土壤是全球碳循环中最大的陆地碳库，全球地表以下至 1m 深的土层储存碳约 25000 亿吨（15500 亿吨有机碳和 9500 亿吨无机碳），其中有机碳库约为大气碳库（7500 亿吨）的 2 倍，是地球表层系统中最大、最具有活性的生态系统碳库。因此，2015 年联合国气候变化大会提出"千分之四全球土壤增碳计划"，即全球 2m 深土壤的有机碳储量每年增加 0.4％（96 亿吨碳当量），可抵消当年全球矿物燃料的碳排放量。土壤碳库巨大的减排增汇效益，能够减少农业自身温室气体排放，充分发挥农业碳汇系统的作用。

在我国，研究学者利用各种统计和模拟方法核算农业碳汇，然而估算结果具有显著差异。总体来说，我国农业碳汇范围为 $-0.002\sim0.120$Pg/a，均值为 (0.043 ± 0.010)Pg/a，其中农作物碳汇均值基本为 0Pg/a，农田土壤碳汇均值为 (0.017 ± 0.005) Pg/a。针对我国农田生态系统碳汇的变化特征，研究学者主要聚焦于农作物生物量变化、土壤有机碳时空变化、土壤碳汇时空变化和农业碳汇补偿机制等方面。

（1）农作物生物量变化

农作物碳汇基本为零，但农作物生物量能够评估农田生产力，是重要的农田管理监测指标，能够为陆地碳收支和耕地产量预测提供依据。我国农作物生物量的变化率呈现波动性增长但趋势放缓的趋势。农业统计和遥感数据估算结果表明，1981—2000 年期间我国农作物的生物量按 0.0125～0.0143Pg/a 的速率增加。2010 年我国农作物产生的 NPP 为 596Tg，其中地上生物量是地下生物量的近 6.5 倍[5]。基于 Thorthwaite Memorial 模型和周广胜-张新时模型评估 2000—2015 年我国农田 NPP 均值分别为 1130.60g/m² 和 810.90g/m²[6]。从空间分布来看，农作物生物量呈现出区域差异，我国南部，尤其是长江中下游农业区农作物生物量最高，其次是黄淮海农业区，黄土高原、内蒙古及长城沿线等北方地区较低[7]。

（2）农田土壤有机碳时空变化

我国耕地主要分布在暖温带、中亚热带、中温带、北亚热带、干旱中温带、南亚热带和干旱暖温带，上述地区的耕地占我国耕地总面积的 96.2%，从空间上来看，东北地区和南方地区土壤表层有机碳含量较高，有机碳含量的高值普遍分布在黑龙江地区，但南方丘陵山区的中亚热带地区土壤表层有机碳平均值最高。从不同土壤分层来看，0～5cm 土壤表层有机碳含量分布在 4.4～157.1g/kg 之间，5～15cm 土壤表层有机碳含量分布在 3.1～164.3g/kg 之间，15～30cm 土壤表层有机碳含量分布在 3.0～135.3g/kg 之间。13 个农业气候带中，0～5cm 土壤有机碳含量平均值分布在 16.7～86.5g/kg 之间，5～15cm 土壤有机碳含量平均值分布在 9.4～54.7g/kg 之间，15～30cm 土壤有机碳含量平均值分布在 8.0～26.2g/kg 之间；0～5cm 土壤有机碳含量由高到低的顺序表现为中温带＞中亚热带＞南亚热带＞北亚热带＞干旱中温带＞暖温带＞干旱暖温带[7]。

（3）农田土壤碳汇时空变化

农田生态系统碳汇功能的重要来源是土壤有机碳累积。农田土壤有机碳的主要来源包括植物体（秸秆、根系和根系渗出液）和添加到土壤中的有机肥。气候类型、下垫面条件和社会经济发展情况决定了农田生态系统固碳初始状态。我国地域辽阔，纵贯 7 个气候带，从东到西横跨三级阶梯，海拔差 4000 多米，社会经济发展情况存在东西差异和城乡差异。从空间格局来看，总体上农田土壤有机碳含量呈现从西到东、从南至北递增的趋势[8]。

此外，我国农田土壤碳源/汇是不断变化的。基于文献记载、土壤普查资料数据及反硝化-分解过程模型（DNDC）模拟结果表明，1930—1990 年期间，我国农田土壤有机碳是碳源[9]，1960—1980 年期间，我国农田耕层土壤有机碳含量从 23.0g/kg 下降到 15.0g/kg，农田土壤有机碳降低主要出现在我国东部、南部以及部分西北干旱地区[8]。根据 1979—1982 年全国第二次土壤普查数据估算，我国自然土壤开垦后耕地土壤耕层有机碳库的总损失约为 2Pg。李长生根据 1990 年的数据利用 DNDC 模拟表明我国农业生态系统中土壤有机碳每年丢失 73.8Tg。20 世纪 90 年代以来，我国农田土壤有机碳含量增加，逐渐发挥碳汇功能。2001—2017 年我国陆地生态系统的碳源汇转换面积为 1.06×10⁶km²，从碳源转化为碳汇的面积占 93.47%，从碳汇转化为碳源的面积占 6.53%[10]。2004—2013 年的土壤采样和文献调研结果显示，全国土壤有机碳总平均含

量为 (14.59±6.29)g/kg，水田耕层土壤有机碳含量 (18.26±7.06)g/kg，显著高于旱地土壤 (11.63±5.65)g/kg[11]。农田土壤表层（0～20cm）年固碳量在 9.6～25.5Tg 之间，30cm 深度在 11～36.5Tg 之间。从空间分布格局来看，有机碳含量由高到低的区域顺序为华南＞西南＞东北＞华东＞华北＞西北，其中，华北、华东、西南农田表土有机碳含量显著增加；华东地区有机碳增加的农田面积占全国农田比例最大，东北最小。

（4）农业碳汇的补偿机制研究

生态补偿作为调整利益相关方在生态环境利用、保护和建设中关系，维护和改善生态系统服务的一种手段，越来越受到世界各国的关注，生态补偿的理论研究和实践已成为 21 世纪研究的热点问题[12]。农业生态补偿就是利用财政、税收、市场等经济手段，鼓励农民维护农业生态系统服务功能，调节农业生态保护者、受益者和破坏者之间的利益关系，使农业生产活动产生的外部成本内部化，保证农业产业可持续发展的制度安排[13]。碳补偿源自生态补偿，定义为碳排放主体通过经济方式（资金、实物）或非经济方式（政策、技术）对碳汇主体给予补偿[14]。虽然碳补偿研究在我国起步较晚，但由于农业生态系统具有巨大的固碳潜力，研究其补偿机制对生态文明建设、发展低碳农业具有重要的意义。

以粮食作物为例进行的农业碳汇及其补偿机制，涉及粮食作物碳汇功能和低碳种植模式碳汇两种补偿机制。政府依据我国粮食作物的碳汇功能，对种植粮食的农民进行补偿，从而扶持我国粮食产业发展；同时将低碳种植模式，如秸秆还田、化肥减量增效、稻田甲烷减排等运用于农业种植业和粮食生产，进而减少温室气体排放和改善生态环境，但有时会造成粮食产量的下降，从而减少粮农收入，因此需要政府进行补偿[15]。财政生态补偿对生态环境治理具有直接的积极影响，通过低碳种植模式可以加强粮食作物的碳汇功能，有效增加农田土壤固碳量[16]。此外，研究学者指出，在对秸秆综合利用的生态价值进行分析和经济补偿时，需要明确补偿的总体目标、选择合理的补偿途径、加快相关制度建设、落实补偿资金，进而建立保障秸秆综合利用补偿机制的框架体系[17]；还需完善土壤碳汇补偿法律法规、建立土壤碳库数据信息系统、建立碳基金和完善国内碳交易市场来化解土壤碳汇补偿困境[18]。但是，在进行经济补偿时，补偿主体和补偿标准的确定存在一定的困难。农业碳汇补偿主体和标准可以依据生态补偿的方法进行确定，即采用生态足迹（EF）和生态系统服务价值（ESV）计算水平生态补偿标准，引入生态补偿权重计算水平生态补偿支付或接受值（HECVs），确定补偿主体和补偿对象[19]。这种横向生态补偿方式通过 ESV 迁移可以调节利益相关者之间的关系，解决"谁补偿谁""补偿多少"的实际问题，为发展中国家横向生态补偿方案的制定提供了强有力的技术支持。

4.1.3　我国农业碳汇潜力预测

我国农业领域的碳排放量占到了全国碳排放量的 25%[20]，农业固碳减排对中国实

现 "双碳" 目标至关重要。通过对 "十三五" 期间我国农业碳汇潜力进行评估，发现我国农业碳汇潜力呈现增长趋势，但是整体来看依然处于较低水平[21]。利用情景分析方法对 "十三五" 期间我国主要省份的农业碳汇潜力进行评估，得到以下结论：我国各省份未来 10 年的农业碳汇增势均呈增长趋势，其中，东部地区表现为增长趋势的区域面积占全国总区域面积比例最高，中部地区次之，西部地区和东北地区表现为增长趋势的区域面积均最少[22,23]。中国科学院可持续发展战略研究组对中国农业碳汇潜力进行了评估，认为中国具有巨大的农业碳汇潜力，未来 15 年内将增加约 40 亿吨碳储量。未来一段时间内，应进一步提高对我国农业碳汇潜力的认识，优化完善农业碳汇管理体制机制。根据国际温室气体清单指南，未来我国农业温室气体排放趋势如下：

（1）基于对我国 1985—2017 年农业碳排放驱动因素的考察及筛选，根据因素贡献差异设置了不同的动态政策情景。在高速发展的情景下，农业的碳排放量持续增长速度较快且未达到峰值；在政策规制情景下，农业碳排放量将在 2024—2026 年前后达到峰值；而在绿色低碳情景下则是在 2020—2022 年前后达到峰值[24]。

（2）对我国各省的农业源非 CO_2 温室气体达峰情况进行预测，结果表明 2018—2050 年在发展增速高的情境下和发展增速适中的情境下，中国农业源非 CO_2 温室气体排放量整体趋势相似，逐步攀升且到 2050 年仍未达到峰值；在发展增速低的情景下，非 CO_2 温室气体排放量逐年降低，并于 2018 年达到 7.3 亿吨的峰值[25]。

（3）综合考虑农产品低自给率和温室气体减排技术提高的情境下，农业活动温室气体排放量将呈下降趋势，2021 年达峰，峰值为 6.28 亿吨，随后则保持逐年降低的趋势，到 2030 年将降至 5.26 亿吨，到 2060 年降至 3.91 亿吨，与 2020 年相比降低 37.2%[26]。

4.2　农业碳汇研究方法与影响因素

4.2.1　农业碳汇评估方法

农业碳源/汇估算方法按照研究对象可分为农作物生物量评估、土壤有机碳评估和农田生态系统碳汇评估，评估方法的总结和适用范围如表 4.1 所示。

农作物生物量评估方法主要有统计分析、遥感模拟和生态过程模型模拟[26]。统计分析方法主要是利用作物产量数据、作物经济产量、经济作物含水率和收货系数进行估算；遥感模拟主要依赖于植被指数、净初级生产力等；生态过程模型充分考虑作物生长、环境与人为管理，包括作物生长模型、作物表面模型等，常见的作物生长模型包括WOFOST 模型、DSSAT 模型、CERES 模型、APSIM 模型、CCSODS 模型和 AquaCrop

模型等。

　　土壤有机碳评估方法包括 Meta 分析、土壤调查数据差减和土壤有机碳模型[27]。Meta 分析作为一种整合分析方法，可以综合对比以往研究结果，在区域或全球尺度得到一个相对普遍的结论。土壤调查数据差减依据国家 1958—1960 年、1979—1985 年开展的全国土壤普查，空间分辨率高，数据翔实，但缺少年份更新，难以厘清年际变化特征。基于过程的土壤有机碳模型考虑土壤生态生理过程，识别关键影响因素，可预判未来土壤有机碳变化，较好服务于土壤管理。

　　农田生态系统碳汇评估方法包括涡度相关法、静态箱-气相色谱法、大气反演法、生态系统模型法等[28]。涡度相关法利用感应器测定植被上方的三维风速、温度、湿度和 CO_2 浓度，根据雷诺原理计算 CO_2 垂直通量，通过观测 NEE 得到农田生态系统碳收支。其优点在于可连续、直接测定 NEE，对农田不会产生损害，适用于测定较大尺度的下垫面通量；缺点是灵敏度低、操作烦琐，观测对环境条件要求较高，例如需要平坦的下垫面，并且大气边界层内湍流剧烈且湍流间歇期不宜过长。静态箱-气相色谱法将静态箱罩在所要测量的样本上，每隔一段时间抽取箱中气体，利用气相色谱仪测定温室气体的浓度，并求出 CO_2 浓度随时间的变化率。其优点是能够对低矮作物呼吸进行观测，弥补涡度相关法夜间弱湍流交换情况下通量观测不足和白天通量组分难以区分的问题，通过多点观测可评价生态系统呼吸的空间变异规律。大气反演法可以动态评估区域尺度上的碳源汇分布，缺点是大气 CO_2 浓度观测站分布不均，发展中国家站点较少；受人为 CO_2 排放估算精度影响，人为排放高估，则陆地碳汇也会高估。基于过程的生态系统模型有利于进行归因分析，估算不同因子的贡献率，可预测未来碳源/汇。例如，改变模型输入中 CO_2 浓度，可得到植被生长对 CO_2 浓度上升的敏感性。但简化复杂的生态过程会增加结果的不确定性，同时参数、驱动因子等模型输入数据也会增加不确定性。

表 4.1　农作物生物量、土壤有机碳和农田生态系统碳交换研究方法[11]

研究对象	方法	含义	优势	缺点	适用范围
农作物生物量	统计分析	利用作物产量数据、作物经济产量、经济作物含水率和收货系数进行估算	原理简单、数据易获取，大尺度估算便捷	依赖于秸秆系数，经济产量数据存在滞后性，空间分辨率较低	省域、市域等
	遥感模拟	借助植被指数、净初级生产力等	空间分辨率高、快速准确对多尺度农作物进行估计	依赖于作物相关指数，其生理生态过程模拟不足	多尺度
	生态过程模型	作物生长模型、作物表面模型等	基于作物生理生态过程机理，充分考虑作物生长阶段、环境和人类影响，可进行预测	模型复杂，调整参数困难	中小尺度模拟效果较好

续表

研究对象	方法	含义	优势	缺点	适用范围
农田土壤有机碳	Meta 分析	采用已发表文献中的 SOC 数据,计算 SOC 变化速率	整合分析,消除异常结果	依赖于以往研究	区域、全国甚至全球尺度
	土壤调查数据差减	通过两期土壤调查采样的 SOC 实测数据直接差减计算变化速率	数据准确	时间限制高	乡村、地市、全国尺度
	土壤有机碳模型	采用 SOC 周转机理模型,在气候、土壤、农业管理措施等因子驱动下,实现 SOC 变化速率估算	充分考虑环境和土壤本地条件,可进行特定时间内的 SOC 变化和未来预测	模型较复杂,且不统一	中小尺度模拟效果较好
农田生态系统	涡度相关法	感应器测定植被上方风速、温度、湿度和 CO_2 浓度脉动,根据雷诺原理计算 CO_2 垂直通量	不需要特定经验参数;连续测定生态系统尺度上植被与大气之间的净 CO_2 交换量	夜间弱湍流交换情况下会造成碳通量低估	适用于测定较大尺度的下垫面通量
	静态箱-气相色谱法	静态箱罩在样本地上,每隔一段时间抽取箱中的气体,利用气相色谱仪测定温室气体浓度	简单、快捷、经济	影响因素较多,如箱内外温差、箱内气压状况和箱内气体混合程度	小尺度低矮植被
	大气反演模型	基于大气中 CO_2 浓度变化,结合大气传输模型及人为和自然碳排放强度量化区域碳汇	原理简单	反映陆地生态系统的净碳汇强度,无法揭示陆地碳汇的形成过程	区域或全球尺度
	生态系统模型	用数学方法模拟农业生态系统转化过程机理	有利于进行归因分析,估算不同因子的贡献率	依赖参数生态过程可增加结果的不确定性	区域或全球尺度

4.2.2　农业碳汇研究方法

农业碳汇的研究首先需要界定研究的系统边界,然后利用生命周期的方法(碳足迹、氮足迹)估算一定时间内(如农作物的一个生长周期,从种子到果实的一个生长过程)区域农业生产活动中农作物通过光合作用同化空气中的碳,最后再减去作物呼吸作用产生的碳排放量。如基于生命周期评价方法,设置特定的系统边界,估算不同施肥策略下苹果园的碳足迹(carbon footprint,CF)和氮足迹(nitrogen footprint,NF)。此评价系统的边界包括前景界面和田间界面(图 4.1),其中生产过程中原材料的投入(肥料、农药、纸袋、人工)和柴油消耗是前景界面的组成部分;SOC 的固存、N_2O 和

CH_4 排放、活性 N 的残留均属于田间界面。CF 组成包含肥料、农药、纸袋、人工、柴油、SOC 固存和 CO_2 排放；NF 组成包括肥料、农药、柴油、N_2O 排放和活性 N 残留。由于苹果园施肥深度为 20cm，观察期内氨挥发极低，故未纳入氨挥发损失数据。

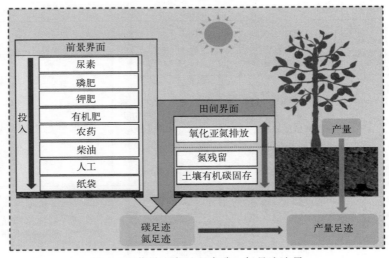

图 4.1　苹果生产过程中碳、氮足迹边界

对于农田生态系统 CO_2 净通量的估算一般用生态系统碳净交换（NEE），即作为整体的生态系统获得或损失的碳，在数值上等于不包含在净初级生产力（NPP）中的所有碳损失，即异养呼吸作用（R_h）减去 NPP[29]。

$$NEE = R_h - NPP$$

式中，R_h 为不种植作物的农田土壤呼吸碳量，可以采用静态暗箱法进行测定[30]。

作物生态系统不仅吸收固定 CO_2，而且排放 CH_4（吸收）、N_2O、CO_2。本研究用全球增温潜势（GWP）来表示作物生态系统 3 种温室气体的综合作用。

$$GWP(kgCO_2/hm^2) = NEE + 25 \times CH_4 + 298 \times N_2O$$

式中，CH_4 和 N_2O 分别为 CH_4、N_2O 的排放量。

而对于长期定位试验，可以用土壤有机碳固定速率（TSOCSR）替代 NEE[31,32]。

$$GWP(kgCO_2/hm^2) = 25 \times CH_4 + 298 \times N_2O - 44/12 \times TSOCSR[tC/(hm^2 \cdot a)]$$

GWP 是负值表示该系统是温室气体的汇；正值表示是温室气体的排放源。

农业碳汇的估算即碳足迹按照以下公式进行计算：

$$E = E_m + E_k = E_m + \sum T_i e_i$$

$$E_m = A_m B + W_m C$$

$$CF = E + GWP$$

式中，E 为农业碳排放总量；E_k 为农业生产要素碳排放总量；i 为农业生产要素类型（化肥用量、农药用量、地膜用量、灌溉面积、农事活动等）；T_i 为农业生产要素 i 的使用量；e_i 为碳排放系数[33]；E_m 为农用机械的碳排放量；A_m 为农作物种植面积；W_m 为机械总动力；转换系数 B 与 C 分别为 $16.47kg/hm^2$ 和 $0.18kg/kW$；CF 为农作物碳汇总量。

而对于 N_2O 排放来讲，除了有施肥导致的直接 N_2O 排放，还有间接排放，计算公式如下：

$$GHG_{N_2O} = (N_2O_{direct} + N_2O_{indirect}) \times 298$$

$$N_2O_{direct} = (F_{SN} + F_{CR}) \times \delta_{1N} \times \frac{44}{28}$$

$$F_{CR} = (Straw_i + Root_i) \times N_{C(i)}$$

$$N_2O_{Indirect} = [F_{SN} \times FRAC_{GASF} \times \delta_{2N} + (F_{SN} + F_{CR}) \times FRAC_{LEACH} \times \delta_{3N}] \times \frac{44}{28}$$

式中，GHG_{N_2O} 表示 N_2O 排放总量；298 是 N_2O 的全球增温潜能值；N_2O_{direct} 表示氮肥和秸秆还田氮投入引起的 N_2O 的直接排放量；F_{SN} 表示氮肥施用量；F_{CR} 表示作物秸秆还田（秸秆和根系）的氮投入量；$Straw_i$ 和 $Root_i$ 分别表示小麦秸秆和根系的量；$N_{C(i)}$ 表示小麦秸秆和根系的含氮量；δ_{1N} 表示直接排放系数；$N_2O_{indirect}$ 表示氮肥以 NH_3 和 $NO_x\text{-}N$ 形式挥发后沉降的 N_2O 以及氮肥和秸秆还田氮投入因淋溶和径流产生的 N_2O 总和，为间接排放量；$FRAC_{GASF}$ 表示氮肥挥发比例；δ_{2N} 表示氮肥挥发的排放系数；$FRAC_{LEACH}$ 表示氮肥和秸秆还田氮投入淋溶和径流的损失比例，δ_{3N} 表示淋溶和径流的排放系数；44/28 是 N_2 转化为 N_2O 的系数[34]。

上述是针对农业生产过程中碳汇的分析，而对于农业全产业链（农产品的加工、流通和消费）的研究目前还较少。图 4.2 是农业全产业链碳足迹边界，涉及了农产品的生产、运输、初加工以及再加工过程。

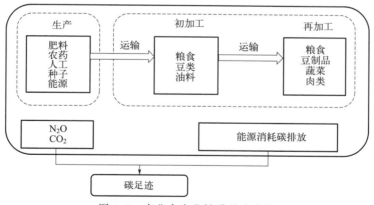

图 4.2 农业全产业链碳足迹边界

$$CF_P = CF_{in} + CF_{N_2O}$$

$$CF_{in} = \sum_{i=1}^{n} In_i \times ef_i$$

式中，CF_P 表示生产阶段单位面积碳足迹（$kg\ CO_2/hm^2$）；其中 CF_{in} 是第 i 项农业投入（化肥、农药、柴油等）碳排放总和，In_i 表示某种农资的消耗量，对于化肥、农药、柴油的单位是 kg，对于灌溉耗电，单位是 kWh；ef_i 为第 i 种农资投入的排放因子。各项农资投入的温室气体排放因子见表4.2。

$$CF_{N_2O} = N \times \partial \times 44/28 \times 298$$

式中，CF_{N_2O} 表示由于化肥施用引起的 N_2O 直接排放产生的碳足迹；N 为氮肥施用量（kg/hm^2）；∂ 是氮肥投入引起的 N_2O 直接排放的排放因子；44/28 为 N_2O 与 $N_2O\text{-}N$ 分子量之比；298 是 100 年内 N_2O 相较于 CO_2 的全球增温潜势（GWP）。

土壤 N_2O 排放采用 2006 年 IPCC 国家温室气体清单指南进行估算，计算过程中的排放因子和参数均来源于 2006 年 IPCC 国家温室气体清单指南。

表 4.2 农资投入的温室气体排放因子

项目	排放因子/($kgCO_2/kg$)
氮肥(N)	8.3
磷肥(P_2O_5)	1.63
复合肥	1.77
农药	13.7
灌溉耗电	$1.23kgCO_2/kWh$
柴油	0.89
人力	$0.86kgCO_2/(人/d)$
小麦种子	0.58
玉米种子	1.93

注：磷肥、电力和柴油的排放因子来源于中国生命周期数据库（CLCD 0.7）。

$$CF_T = \sum_{a=1}^{n} (G_a S_a O_a EF)$$

$$CF_{pp} = \sum_{b=1}^{n} (y_b ef_b)$$

$$CF_{rp} = \sum_{c=1}^{n} (y_c ef_c)$$

$$E_{pp} = y_b P_b$$

$$E_{rp} = y_c P_c$$

式中，CF_T 是 a 种运输方式碳排放总和；a 是不同运输方式（货车或火车）；G_a 是 a 种运输方式的运输质量，kg/hm^2；S_a 是第 a 种运输方式的运输距离，km；O_a 是 a 种运输方式的耗油量，$kg \cdot km/L$，EF 为柴油排放因子，$kg\ CO_2/kg$；CF_{pp} 是 b 种初级加工食品的碳排放总和；b 是初加工食品种类（谷物类、豆类等）；ef_b 为 b 种粮食作物初加工的排放因子，$kg\ CO_2/kg$，y_b 为初加工质量，kg/hm^2；CF_{rp} 是 c 种食品再加工碳排放总和；c 是再加工食品种类；ef_c 是 c 种食品再加工的排放因子，$kg\ CO_2/kg$；y_c 是 c 种食品再加工质量，kg/h[35]；P_b 为 b 种食品初加工单位质量能耗；P_c 为 c 种食品再加工单位质量食品能耗（表 4.3）。不同类型食物再加工排放因子的估算见表 4.4。

表 4.3　食品加工运输温室气体排放因子和能耗[35,36]

项目		排放因子/(kg CO₂/t)	能耗
食物初加工	粮食	7.74	9.11kWh/t
	植物油	30.35	35.71kWh/t
	豆制品	155.80	183.30kWh/t
运输	汽车	21.18kg CO₂/(100t·km/L)	7.76kWh/(100t·km/L)
	火车	74.18kg CO₂/(10000t·km/kg)	25.00kWh/(10000t·km/kg)
食物再加工	粮食	892.50	1050.00m³/t
	豆制品	55.74	26.67m³/t
	蔬菜	55.74	26.67m³/t
	肉类	1114	533.30m³/t
	蛋类	696.60	333.30m³/t
	家禽	278.60	133.30m³/t
	水产品	278.60	133.30m³/t

表 4.4　不同类型食物再加工排放因子[35]

项目	用量/(g/次)	时间/min	能耗系数	能耗	排放因子
粮食	500	35	900W	0.525kWh	0.85kgCO₂/kWh
蔬菜	500	2	0.4m³/h	0.013m³	2.09kgCO₂/m³
豆类	500	2	0.4m³/h	0.013m³	2.09kgCO₂/m³
肉类	500	40	0.4m³/h	0.267m³	2.09kgCO₂/m³
家禽	1000	20	0.4m³/h	0.133m³	2.09kgCO₂/m³
水产	1000	20	0.4m³/h	0.133m³	2.09kgCO₂/m³
蛋类	200	10	0.4m³/h	0.067m³	2.09kgCO₂/m³

4.2.3　农业碳源/汇的影响因素

　　农田生态系统碳汇的影响因素包括气候条件（温度、降水）、土壤条件（土壤微生物、pH、温度、湿度、质地、有机碳等）、农作物特征（种类、品种和长势）、土地利用方式（种植制度、耕作、土壤改良）以及生产方式与水平（施肥、机械化程度和灌溉）（图 4.3）。以土壤水分、氮肥施用和耕作为例介绍各个因素对农业碳汇的影响。

（1）土壤水分

　　土壤水分主要通过影响土壤通气状况来改变土壤中微生物数量、活性及种群结构，进而影响有机质的微生物降解能力以及农田生态系统温室气体产生和排放能力。土壤水分是影响稻田 CH_4 排放的重要因素之一。水稻生长期一直保持淹水状态，其 CH_4 排放

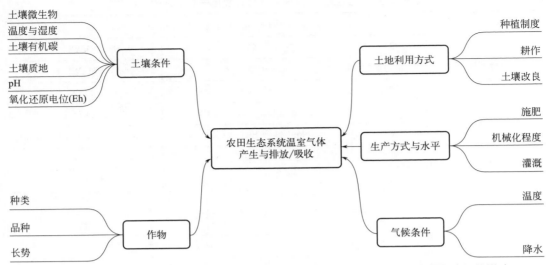

图 4.3   气候条件、土壤条件、作物、土地利用方式及生产方式与水平对农业碳汇的影响

量高于其他农田，如果水稻种植之前将田地连续长时间晒干，可以有效降低 CH_4 排放量。也就是说，土壤湿度和湿润期长短均可以影响稻田 CH_4 排放。有研究显示，在连续浇灌条件下，我国稻田 CH_4 年排放量为 860 万～1600 万吨；若采用生长期烤田措施，稻田 CH_4 年排放量将减少 27.5%～59.3%。可见，水管理措施通过影响土壤水分，能显著改变稻田 CH_4 排放量。

土壤水分可影响硝化和反硝化等氮转化过程以及 N_2O 的扩散与还原速率，进而影响 N_2O 产生和释放。研究显示，土壤含水量为 45%～75% 时，硝化细菌和反硝化细菌均可作为 N_2O 的生产者，进而促进农田 N_2O 的产生。土壤干湿交替也能激发 N_2O 产生与排放，主要原因是土壤干燥时加快微生物死亡，导致土壤有机质含量增加，氧的存在又促进硝化作用；土壤湿润时反硝化作用占主导地位，N_2O 产生速率比还原速率快，导致 N_2O 积累并使 N_2O 扩散排放成为可能。

（2）氮肥施用

外源氮肥的施用可以促进作物生长，增加作物产量，并能够通过增加土壤碳输入达到固碳的效果。我国化学氮肥施用总量在 1207 万～4276 万吨，农田土壤的固碳潜力可以达到 12.1～94.1Tg/a[37]。但是氮肥施用会直接或间接地影响农田温室气体的排放，2018 年我国主粮作物生命周期生产过程的碳排放总量为 6.7 亿吨 CO_2。其中，稻田 CH_4 排放占比 38%，氮肥生产施用占比 45%[38]。

氮肥施用对 CO_2 排放的影响极其复杂。有研究表明氮肥的施用抑制了白腐真菌的活性，并且降低了酚氧化酶的活性（如木质素降解酶的活性），导致土壤微生物的呼吸减少[39]。然而，有的研究学者却认为氮肥施用可以增加土壤微生物的呼吸。可见，氮肥施用对农田 CO_2 排放的影响的认识尚不统一。

氮肥对稻田 CH_4 排放的影响也极其复杂，稻田施用氮肥后可以在植物/生态系统、微生物群落以及生物化学水平上影响土壤 CH_4 的产生与排放[40]。首先，氮肥可以促进农作物生长，为 CH_4 产生提供前体基质，同时提高农作物向大气传输 CH_4 的能力，从而促进 CH_4 的排放。其次，在微生物群落水平上，氮肥可促进甲烷氧化菌的生长和活性，从而减少 CH_4 的排放。然而，当土壤有效氮供应不足时，施用氮肥不仅可降低低分子有机酸的积累，还可促进产甲烷菌的生长，导致 CH_4 产生与排放[41]。另外，在生物化学水平，NH_4^+ 对 CH_4 的氧化有竞争作用，从而促进 CH_4 的排放。可见，氮肥施用对稻田 CH_4 产生和排放的促进和抑制效应并存。

　　土壤中 N_2O 主要是由微生物主导的硝化和反硝化过程产生，大气中的 N_2O 有90%来源于这两个过程。我国每年由肥料直接导致的 N_2O 排放由20世纪80年代115.7Gg/a 增加到90年代的210.5Gg/a，其增加速率为 9.14Gg/a[42]。施用无机氮肥能明显促进土壤 N_2O 排放，这是由于氮肥进入土壤后可以增加土壤氮素含量，为硝化和反硝化过程提供底物 NO_3^- 和 NH_4^+。氮肥还能刺激作物根系生长和根系分泌物增加，进而影响到土壤中微生物的生长及其活性，最终影响到 N_2O 的产生与排放。此外，施肥可通过影响水稻等农作物的传输作用进而影响 N_2O 的排放。依靠施用氮肥增加有机碳，将会导致更多的温室气体的排放。施用氮肥的温室气体排放将抵消 184%～552% 的土壤固碳效益[37]。

（3）耕作

　　耕作是影响农田温室气体排放的重要农业生产方式。传统耕作导致的农田碳排放显著高于免耕，其原因主要有：耕作机械的燃油消耗直接导致碳排放；耕作改善土壤通气情况，提高土壤中微生物活性及其有机质分解能力，进而引起碳排放量增加。频繁耕作会导致有机碳大量损失，碳排放量增加。例如，在黄土高原旱地春小麦成熟期，常规耕作的碳排放通量比免耕高 9.74%。可见，改善耕作方式可有效提高农业碳汇功能。

4.3　农业碳中和技术

4.3.1　种植碳减排技术

　　非 CO_2 温室气体减排是控制农业温室气体排放的关键。稻田和施肥产生的主要温室气体分别为 CH_4 和 N_2O，其排放量分别占我国农业温室气体总排放量的 43% 和 20%。本节主要介绍稻田 CH_4 减排和土壤 N_2O 减排等种植碳减排技术。

（1）稻田甲烷减排技术

　　我国是水稻种植大国，稻田是 CH_4 的主要排放源之一。

稻田 CH_4 的排放是土壤 CH_4 产生、再氧化及排放传输三个过程综合产生的结果。稻田 CH_4 是产甲烷菌在厌氧环境下利用根部有机物转化而来，这部分贡献 $70\%\sim80\%$ 的 CH_4 排放；产生的 CH_4 大约有 $19\%\sim97\%$ 在输入大气前被土壤甲烷氧化菌氧化，这个过程主要发生在水稻根际及土壤-水交界面两个区域；CH_4 的传输方式有扩散和通过植被排放，其中 95% 以上的 CH_4 通过水稻植株排放，剩余部分则以扩散的方式排放。

目前，稻田 CH_4 减排技术主要包括合理的水分管理措施、选择适宜的水稻品种、合理的田间管理方式及合适的施肥措施。

① 水分管理。稻田常规淹水发生时，CH_4 的排放量会大量增加，因此采用合理的水分管理措施技术可以显著降低稻田 CH_4 排放。采用季节中期排水和间歇性灌溉而不是连续供水可以减少排放，特别是在中国西南地区，采用间歇灌溉模式减少 CH_4 排放量高达 59%。

② 新品种选育。不同水稻品种种植的稻田 CH_4 排放量差异较大。一般来说，稻田 CH_4 排放与水稻生物量成反比，水稻生物量越大，可以把更多的碳固定在植株中，从而减少 CH_4 排放。中国科学院研究发现，与普通水稻相比，杂交水稻的 CH_4 排放率低 $5\%\sim37\%$。通过现代水稻育种可减少水稻种植过程中 $7\%\sim10\%$ 的 CH_4 排放。

③ 覆膜栽培技术。覆膜栽培技术是在稻田开沟作厢后，在厢面上覆盖塑料膜，然后打孔便于移栽水稻。灌溉需要在厢面无水且沟内有水的情况下进行，进而保证土壤水分充足。此技术可以做到 CH_4 减排的原理主要有：

a. 在塑料膜的覆盖下，稻田土壤的表层温度升高，土壤湿度适宜，进而使得土壤中微生物的生物含碳量增加；在覆膜栽培过程中，土壤微生物活性较高，在与产甲烷菌竞争消耗土壤有机质中处于优势地位，从而减少 CH_4 的产生和释放。

b. 塑料膜可以将 CH_4 截留，留存在稻田土壤中，加快 CH_4 消耗，从而降低 CH_4 排放。

c. 覆膜栽培技术可以在非稻田耕种季节将淹水稻田最大程度排干，进而有效降低 CH_4 排放。

(2) 土壤氧化亚氮减排技术

土壤中 N_2O 排放可以分为直接排放和间接排放。N_2O 的生成主要由硝化作用和反硝化作用完成。在有氧条件下，NH_4^+ 在土壤微生物作用下被氧化为 NO_2^- 和 NO_3^-，其中 NO_2^- 可以经化学作用分解为 N_2O。在缺氧或厌氧状态下，NO_2^- 和 NO_3^- 在微生物作用下被还原为 N_2O。此外，氮肥和有机肥的使用是农田 N_2O 产生和排放的重要影响因素。肥料施用将直接影响土壤中的氮素水平，进而影响土壤 N_2O 的产生。在 N_2O 年排放总量中，外源氮肥的使用和土壤微生物的固氮作用导致的 N_2O 排放量达到一半以上。

土壤 N_2O 减排需要从降低 N_2O 产生量、外源氮肥减量使用以及提高氮肥利用率等方面进行，主要有以下减排措施。

① 减少氮肥施用量。氮肥的利用率为 $30\%\sim35\%$，农田土壤中氮无法充分利用，

导致我国外源氮肥使用量持续增加，但粮食产量增加却较为缓慢。所以，在减少氮肥施用量的同时提升氮肥利用率，可以有效减少 N_2O 排放。一般情况下，在氮肥减量施用时，农田系统有可能转为碳汇，对碳中和目标的实现具有推动作用。

②　施用氮抑制剂。在偏酸性土壤中减少氮肥施用量，并投入氮抑制剂，如生物炭、石灰等改良剂，有利于土壤中 N_2O 减排。例如，在酸性土壤中施加缓释氮肥，同时投入脲酶抑制剂或亚硝酸盐抑制剂（如二氰胺和 3,4-二甲基膦酸盐）和改良剂，可有效降低 N_2O 排放量（28%～48%）。

③　施用缓释氮肥。目前常用的碳酸氢铵和尿素等氮肥肥效短、易挥发且氮素利用率低。缓释氮肥的施用既可以提高氮肥利用率，也可以降低温室气体排放。与普通氮肥相比，缓释氮肥可降低 50% N_2O 排放量。

④　测土配方施肥。测土配方施肥技术是以土壤测试和肥料田间试验为基础，根据作物需肥规律、土壤供肥性能和肥料效应，在合理施用有机肥料的基础上，提出氮、磷、钾及中、微量元素等肥料的施用数量、施肥时期和施用方法[43]。该技术的核心是调节和解决作物需肥与土壤供肥之间的矛盾，有效降低氮肥施用量，大力提高氮肥利用率，进而减少土壤 N_2O 排放。

该技术包括"测土、配方、配肥、供应、施肥指导"五个核心环节以及"田间试验、土壤测试、配方设计、试验校正、配方生产、示范推广、宣传培训、效果评价和技术创新"九项重点内容。

a. 田间试验。田间试验是获得各种作物最佳施肥量、施肥时期、施肥方法的根本途径，也是筛选、验证土壤养分测试技术、建立施肥指标体系的基本环节。通过田间试验，可掌握各个施肥单元不同作物优化施肥量，基、追肥分配比例，施肥时期和施肥方法；摸清土壤养分校正系数、土壤供肥量、农作物需肥参数和肥料利用率等基本参数；构建作物施肥模型，为施肥分区和肥料配方提供依据。

b. 土壤测试。土壤测试是制订肥料配方的重要依据之一。随着我国种植业结构的不断调整，高产作物品种不断涌现，施肥结构和数量发生了很大的变化，土壤养分库也发生了明显改变。通过开展土壤氮、磷、钾及中、微量元素养分测试，可了解土壤供肥能力状况。

c. 配方设计。肥料配方设计是测土配方施肥工作的核心。通过总结田间试验、土壤养分数据等，划分不同区域施肥分区；同时，根据气候、地貌、土壤、耕作制度等的相似性和差异性，结合专家经验，提出不同作物的施肥配方。

d. 试验校正。为保证肥料配方的准确性，最大限度地减少配方肥料批量生产和大面积应用的风险，在每个施肥分区单元设置配方施肥、农户习惯施肥、空白施肥 3 个处理，以当地主要作物及其主栽品种为研究对象，对比配方施肥的增产效果，校验施肥参数，验证并完善肥料配方，改进测土配方施肥技术参数。

e. 配方生产。配方落实到农户田间是提高和普及测土配方施肥技术的最关键环节。目前不同地区有不同的模式，其中市场化运作、工厂化加工、网络化经营是最主要的也是最具有市场前景的运作模式。这种模式适应我国农村农民科技素质低、土地经营规模小、技物分离的现状。

f. 示范推广。为促进测土配方施肥技术能够落实到田间，既要解决测土配方施肥技术市场化运作的难题，又要让广大农民亲眼看到实际效果，这是限制测土配方施肥技术推广的"瓶颈"。建立测土配方施肥示范区，为农民创建窗口，树立样板，全面展示测土配方施肥技术效果，是推广前要做的工作。推广"一袋子肥"模式，将测土配方施肥技术物化成产品，也有利于打破技术推广"最后一公里"的"坚冰"。

g. 宣传培训。测土配方施肥技术宣传培训是提高农民科学施肥意识、普及施肥技术的重要手段。农民是测土配方施肥技术的最终使用者，迫切需要向农民传授科学施肥方法和模式；同时还要加强对各级技术人员、肥料生产企业、肥料经销商的系统培训，逐步建立技术人员和肥料商持证上岗制度。

h. 效果评价。农民是测土配方施肥技术的最终执行者和落实者，也是最终受益者。要检验测土配方施肥的实际效果，及时获得农民的反馈信息，不断完善管理体系、技术体系和服务体系。同时，为了科学地评价测土配方施肥的实际效果，必须对一定的区域进行动态调查。

i. 技术创新。技术创新是保证测土配方施肥工作长效性的科技支撑。重点开展田间试验方法、土壤养分测试技术、肥料配制方法、数据处理方法等方面的创新研究工作，不断提升测土配方施肥技术水平。

4.3.2　农田土壤固碳增汇技术

农田土壤固碳增汇技术以高产、低排、高效为目标，以增汇、减排、低能、促循环为思路，从作物品种、种植模式、耕作方式、管理措施等方面协调农田系统的碳源和碳汇，主要措施包括保护性耕作、有机肥施用、复合种养、节水灌溉和秸秆还田（图4.4）。

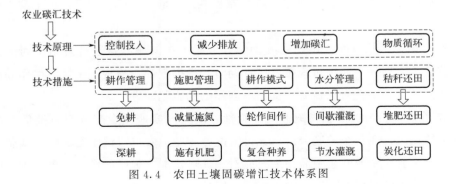

图4.4　农田土壤固碳增汇技术体系图

（1）保护性耕作

耕作可以影响土壤温度、透气性，增加土壤有效表面积，进而改变土壤的物理化学性质和土壤微生物区系结构组成，影响土壤产生 CH_4 的能力。土壤耕作还可影响到稻田土壤 CH_4 的氧化进而影响 CH_4 的排放。甲烷氧化菌对环境扰动极为敏感，而耕作可破坏土壤原有结构，使得甲烷氧化菌原有生存环境受到扰动，减弱土壤氧化 CH_4 的能力[44]。可采用保护性耕作（如免耕、深耕）来代替常规的耕作措施，减少对土壤的扰动，降低表层土壤碳排放。

免耕可以有效降低微生物的呼吸作用，降低土壤有机质矿化度，增加有机碳储量，减少土壤碳排放。同时，免耕还可减少机械耕作引起的碳排放，达到间接减排的效果。研究发现，免耕可减少 7.7%～41.3% 的土壤碳排放。

深耕因打破犁底层、有效促进作物根系生长、提高水分利用效率而被广泛应用。如在黄土高原地区种植玉米时，深耕可使土壤 CO_2 日排放速率显著低于其他耕作方式，这可能是由于深耕增加了土壤孔隙度、增强了通气性，使得土壤温度快速降低，致使表层土壤微生物呼吸速率降低，利于土壤固碳减排。

（2）有机肥施用

有机肥代替化肥施用是有效降低水稻产生温室气体的手段之一。如在常规施肥下，稻田表现为碳源，其温室气体（CO_2 当量）净排放量为 $203kg/(hm^2 \cdot a)$；而施用有机肥时，稻田温室气体（CO_2 当量）排放速率为 $-311kg/(hm^2 \cdot a)$，表现为碳汇。有机肥施用处理较化肥施用处理可减少温室气体排放，主要体现在：有机肥处理下可显著提高土壤微生物活力，促进养分的循环及转化，为作物提供更多的有效养分，增加作物碳储量；有机肥处理可降低 N_2O 排放，化肥处理下稻田 N_2O 排放是有机肥处理的 5 倍左右；化肥处理模式下的运输成本是有机肥处理的 6 倍；有机肥处理可通过增加有机物的输入，增加土壤有机碳储量；与化肥处理相比，有机肥处理降低了对外部投入的依赖；用有机肥可显著提高土壤黏粒含量，一般土壤黏粒含量越高，越利于土壤碳的储存。因此，有机肥种植可提高碳稳定性。

（3）秸秆还田

秸秆直接还田是当前土壤改良的有效途径之一。秸秆还田不仅可以将农作物废弃物充分利用，还可以促进土壤有机质的积累，进而提升农业固碳能力。但是，秸秆还田可以为微生物生长代谢提供充足碳源，促进有机质碳化，导致温室气体排放量增加。可见，秸秆还田既具有碳汇潜力，又是重要的碳排放源。

基于全球秸秆投入的 3452 组数据进行数据整合分析，研究全球尺度秸秆投入对农田温室气体排放、土壤性质、水肥利用效率、作物产量和综合增温效应总体影响并进行定量评估[45]。秸秆投入对农业系统中有机碳储量和作物生产力具有净效益。秸秆投入可以显著提高氮肥利用效率、水分利用效率和作物产量。但是，秸秆投入还会增加 CO_2、CH_4 和 N_2O 的排放，从而导致全球增温潜能值（GWP）和温室气体排放强度（GHGI）增加。另外，秸秆还田还可以显著增加土壤有机碳储量，从而抵消农田温室气体排放量，最终导致净增温潜势（NGWP）降低。通过优化其他的田间管理措施，如降低秸秆投入量、秸秆覆盖、秸秆长期投入和免耕减少温室气体排放，降低 GWP。

对于水旱轮作系统，秸秆在旱季还田可以减少对 CH_4 排放的促进作用，降低 GWP[45]。

传统固碳减排措施的集成，比如增加秸秆还田比例＋氮肥优化管理＋稻田间歇灌溉，仅能够将总碳排放从 6.7 亿吨降低至 5.6 亿吨，主要原因在于稻田秸秆还田对 CH_4 排放的促进效应远大于固碳效应。如果进一步将秸秆碳化为生物炭还田＋氮肥优化管理＋稻田间歇灌溉，能够将总碳排放从 5.6 亿吨降低至 2.3 亿吨，减排幅度高达 66%，但仍然无法实现碳中和。为此，研究学者创建了一套"生物质热解多联产物"系统，将生物炭生产过程中的生物油和生物气纯化后发电（"能源捕获"），进行能源替代减排。在生物炭集合的基础上耦合能源捕获效应，我国农田生态系统可以进一步实现从源到汇的转变，实现碳中和[46]。

秸秆还田的主要方式有直接还田、堆肥还田及炭化还田。

① 秸秆直接还田。秸秆直接还田是将收获的农作物秸秆直接投入到农田土壤中，可以分为翻压还田、覆盖还田、留高茬还田。翻压还田是将秸秆机械粉碎，随后翻入农田土壤中；覆盖还田是将粉碎后的秸秆或者不粉碎的完整秸秆直接覆盖在农田土壤表层；留高茬还田是指在收割农作物，将秸秆保留为一定高度，然后通过耕地等措施将其翻入农田土壤中。

秸秆在土壤微生物的作用下逐渐被分解。为加快秸秆腐烂，秸秆直接还田需要与施用氮肥或者使用改良剂等措施相结合。秸秆直接还田可以有效增加土壤有机质、改善氮素组成，提高土壤碳量，进而增加农业碳汇功能。此外，秸秆直接还田可以降低秸秆搬运中人力、机械燃油引起的温室气体排放。

② 秸秆堆肥化还田。堆肥是农林废弃物处理的有效技术，也是减少温室气体排放的有效手段之一。堆肥是在微生物作用下将有机质分解为腐殖质，同时释放大量有效 N、P、K 等养分供给作物生长。堆肥可将秸秆转化为相对稳定的有机肥和土壤改良剂，并添加到土壤中，转化为稳定的土壤碳，可减少有机废弃物中的碳降解率，达到减排的目的。

③ 秸秆炭化还田。秸秆炭化还田是将秸秆在完全或部分缺氧且温度相对较低（<700℃）条件下，经热裂解炭化产生炭粉，然后经加工处理为炭基肥并施用于土壤的一种技术，主要流程为秸秆收集、造粒、炭化、加工制炭基肥、还田等环节。秸秆炭化还田是有效的农田固碳措施，其固碳增汇原理主要有：增加农田土壤中顽固性碳含量，抵抗微生物对有机碳分解，进而使有机碳长期留存于土壤中；生物炭的孔隙结构发达，比表面积较大，可以吸附包裹有机碳；可以与土壤和有机质形成稳定的团聚体；抑制土壤呼吸，降低土壤碳矿化；降低重金属、农药等的毒害作用，提高作物生物量。2019 年 2 月，全国农业技术推广服务中心"秸秆炭化还田改土培肥"绿色农业生产试验示范项目正式启动。目前，已在河北、内蒙古、黑龙江等八省（自治区）部分粮食主产区和主要农作物优势产区，优选玉米、水稻、小麦等作物，开展了总面积 27 万公顷的绿色农业生产试验示范。2020 年，秸秆生物炭增效技术被农业农村部公布为农业十大引领性技术。

4.3.3 农业碳汇市场的作用

农业碳汇市场是一种新型的市场机制，是通过市场机制促进农村地区增加农业碳汇来实现减排目标的。农民将他们在农业生产中所产生的碳汇量出售给符合条件的企业，从而实现碳减排目标。据估算，农业碳汇市场可以帮助农民每年增收超过 5 亿美元，对于企业来说则可以通过碳减排获得更高的收益[47]。碳汇市场提供了一个碳交易市场机制，有助于形成一个全国统一、多层次的碳交易体系。农业碳汇市场的作用具体有：

① 农业碳汇市场通过提供额外的减排机会，增加农民收入；

② 通过促进低碳农业发展，增强农村地区的可持续性；

③ 通过增加农民在气候适应方面的能力，提高农村社区的环境质量；

④ 通过减少化肥、农药和塑料等产品对环境和人类健康的负面影响，减少温室气体排放。

作为一项新兴的市场机制，农业碳汇市场在美国、欧盟、韩国等多个国家和地区已经开始启动。目前，我国已经进入工业化中后期阶段，农业部门成为我国工业经济运行中最大的碳排放源。为实现"双碳"目标，我国于 2021 年启动了全国碳排放权交易试点工作。我国已开展碳交易试点的省市包括广东、北京、天津、上海、湖北、重庆、四川以及深圳，农业碳汇可以为碳市场带来增量减排机会[48]。

目前我国的农业碳汇市场还在起步阶段，农业碳汇市场的发展需要在完善碳汇核算方法、明确减排边界的基础上开展相关工作[49]。我国碳核算方法学与碳排放权交易规则以及相应的数据核算基础标准之间存在一定差距[50]，需要统一行业标准，提供碳计量方法学，以确保农业碳汇市场可以帮助农村居民增加碳汇收入，并帮助企业减少温室气体排放。随着农业碳汇市场发展，还需要建立一套统一、透明、有效的管理机制。这要求政府和企业提供有关技术信息、政策指导及资金支持等方面的服务。从长期效应来看，农业碳汇市场对农民增收、改善农村环境都有积极作用。

思考题

在线题库
参考答案

1. 简述农业碳中和的定义。

2. 农业碳增汇的技术措施有哪些？

3. 如何理解农业碳汇补偿？

4. 农业碳汇研究存在的问题有哪些？

5. 农业系统的"固碳减排"对实现我国"双碳"目标的作用与意义有哪些？

6. 阐释有机肥替代化肥对于农业系统碳增汇的作用。

参考文献

[1] 李亚宁. 持续强化农业碳交易,助力"碳达峰和碳中和"[J]. 中国发展,2022,22(06):93-94.

[2] 曾大林,纪凡荣,李山峰. 中国省际低碳农业发展的实证分析[J]. 中国人口·资源与环境,2013,23(11):30-35.

[3] Frank S,Havlik P,Stehfest E,et al. Agricultural non-CO_2 emission reduction potential in the context of the 1.5℃ target[J]. Nature Climate Change,2019,9(1):66-72

[4] 邹才能,吴松涛,杨智,等. 碳中和战略背景下建设碳工业体系的进展、挑战及意义[J]. 石油勘探与开发,2022,50(01):190-205.

[5] 王轶虹,王美艳,史学正,等. 2010年中国农作物净初级生产力及其空间分布格局[J]. 生态学报,2016,36(19):6318-6327.

[6] 孙金珂,牛海鹏,袁鸣. 中国陆地植被生态系统NPP空间格局变迁分析[J]. 农业机械学报,2020,51(6):162-168.

[7] 赵明月,刘源鑫,张雪艳. 农田生态系统碳汇研究进展[J]. 生态学报,2022,42(23):9405-9416.

[8] 梁二,蔡典雄,代快,等. 中国农田土壤有机碳变化:Ⅰ驱动因素分析[J]. 中国土壤与肥料,2010,6:80-86.

[9] 吴乐知,蔡祖聪. 基于长期试验资料对中国农田表土有机碳含量变化的估算[J]. 生态环境,2007,16(6):1768-1774.

[10] Zhang D,Zhao Y,Wu J. Assessment of carbon balance attribution and carbon storage potential in China's terrestrial ecosystem. Resources [J]. Conservation and Recycling,2023,189,106748.

[11] 李金全,李兆磊,江国福,等. 中国农田耕层土壤有机碳现状及控制因素[J]. 复旦学报(自然科学版),2016,55(02):247-256,266.

[12] Jiang Y,Guan D,He X,et al. Quantification of the coupling relationship between ecological compensation and ecosystem services in the Yangtze River Economic Belt,China[J]. Land Use Policy,2022,114:105995.

[13] 金京淑. 中国农业生态补偿研究[D]. 吉林:吉林大学,2011.

[14] 葛颖. 云南省农田生态系统净碳汇及其补偿机制研究[D]. 昆明:昆明理工大学,2017.

[15] 李颖. 农业碳汇功能及其补偿机制研究[D]. 泰安:山东农业大学,2014.

[16] Cao H,Li M,Qin F,et al. Economic development,fiscal ecological compensation,and ecological environment quality[J]. International Journal of Environmental Research and Public Health,2022,19(8):4725.

[17] 王伟,马友华,石润圭,等. 秸秆综合利用的生态价值及其经济补偿机制研究——以安徽为例[J]. 生态经济(学术版),2010,2:350-352.

[18] 黄强,卓成刚,张浩. 2013. 土壤碳汇补偿困境及对策研究[J]. 生态经济,2013,270(08):51-55.

[19]　Yang Y，Zhang Y，Yang H，et al. Horizontal ecological compensation as a tool for sustainable development of urban agglomerations：Exploration of the realization mechanism of Guanzhong Plain urban agglomeration in China［J］. Environmental Science & Policy，2022，137：301-313.

[20]　许勤华. 中国能源国际合作报告［M］. 中国人民大学出版社，2021.

[21]　金欢欢. 我国碳足迹的多维测度、分解与优化研究［D］. 杭州：浙江工商大学，2022.

[22]　董雪兵，周谷平. 中国西部大开发发展报告［M］. 中国人民大学出版社，2020.

[23]　孙久文，夏添，张静. 中国区域经济发展报告［M］. 中国人民大学出版社，2019.

[24]　李阳，陈敏鹏. 中国省域农业源非 CO_2 温室气体排放的影响因素分析与峰值预测［J］. 环境科学学报，2021，41（12）：5174-5189.

[25]　叶兴庆，程郁，张玉梅，等. 我国农业活动温室气体减排的情景模拟、主要路径及政策措施［J］. 农业经济问题，2022，2：4-16.

[26]　王渊博，冯德俊，李淑娟，等. 基于遥感信息的农作物生物量估算研究进展［J］. 遥感技术与应用，2016，31（3）：468-475.

[27]　董丽，史学正，徐胜祥，等. 基于 Meta 分析研究不同管理措施对中国农田土壤剖面有机碳的影响［J］. 土壤，2021，53（6）：1290-1298.

[28]　郑泽梅，于贵瑞，孙晓敏，等. 涡度相关法和静态箱/气相色谱法在生态系统呼吸观测中的比较［J］. 应用生态学报，2008，19（2）：290-298.

[29]　张阿凤. 秸秆生物质炭对农田温室气体排放及作物生产力的效应研究［D］. 南京：南京农业大学，2012.

[30]　Raich J，Tufekcioglu A. Vegetation and soil respiration：Correlations and controls［J］. Biogeochemistry，2000，48（1）：71-90.

[31]　He L，Zhang A，Wang X，et al. Effects of different tillage practices on the carbon footprint of wheat and maize production in the Loess Plateau of China［J］. Journal of Cleaner Production，2019，234：297-305.

[32]　Zhang A，Cheng G，Hussain Q，et al. Contrasting effects of straw and straw-derived biochar application on net global warming potential in the Loess Plateau of China［J］. Field Crops Research，2017，205：45-54.

[33]　曹执令，黄飞，伍赛君. 中国农业生产碳汇效应与生产绩效的时空特征［J］. 经济地理，2022，42（09）：166-175.

[34]　He Q，Tan S，Xie P，et al. Re-assessing vegetation carbon storage and emissions from land use change in China using surface area［J］. Chinese Geographical Science，2019，29（4）：601-613.

[35]　吴燕，王效科，逯非. 北京市居民食物消费碳足迹［J］. 生态学报，2012，32（05）：1570-1577.

[36]　程辞. 兰州市居民食品消费碳足迹研究［D］. 兰州：兰州大学，2013.

[37]　逯非，王效科，韩冰，等. 中国农田施用化学氮肥的固碳潜力及其有效性评价［J］. 应用生态学报，2008，（10）：2239-2250.

[38]　Xia L，Cao L，Yang Y，et al. Integrated biochar solutions can achieve carbon-neutral staple crop production［J］. Nature Food，2023，4：236-246.

[39]　Frey S，Knorr M，Parent J，et al. Chronic nitrogen enrichment affects the structure and func-

tion of the soil microbial community in temperate hardwood and pine forests [J]. Forest Ecology and Management，2004，196（1）：159-171.

[40] Schimel J. Rice，microbes and methane [J]. Nature，2000，403：375-376.

[41] Shan Y，Cai Z，Han Y，et al. Organic acid accumulation under flooded soil conditions in relation to the incorporation of wheat and rice straws with different C：N ratios [J]. Soil Science and Plant Nutrition，2008，54（1）：46-56.

[42] Zou J，Lu Y，Huang Y. Estimates of synthetic fertilizer N-induced direct nitrous oxide emission from Chinese croplands during 1980-2000 [J]. Environment Pollution，2010，158：631-635.

[43] 徐洋，杜森，钟永红，等. 测土配方施肥项目十五年进展与展望 [J]. 中国土壤与肥料，2023（03）：236-244.

[44] 邓佳玉. 耕作和残茬处理对稻田生长季温室气体排放及碳足迹影响研究 [D]. 长春：吉林大学，2022.

[45] Li P，Zhang A，Huang S，et al. Optimizing management practices under straw regimes for global sustainable agricultural production [J]. Agronomy，2023，13（3）：710.

[46] Zhao Y，Wang M，Hu S，et al. Economics- and policy-driven organic carbon input enhancement dominates soil organic carbon accumulation in Chinese croplands [J]. Proceedings of the National Academy of Sciences，2018，115（16）：4045-4050.

[47] 林宣佐. 基于绩效评价的我国森林碳汇支持政策体系研究 [D]. 哈尔滨：东北农业大学，2019.

[48] 钟莹. 我国碳交易市场运行对区域碳排放效率的影响及作用路径研究 [D]. 吉林：吉林大学，2022.

[49] 连升. 中国制造业碳汇交易价值研究 [D]. 上海：东华大学，2022.

[50] 闪涛. 论完善我国碳排放权交易的行政监管制度 [D]. 中南财经政法大学，2020.

第5章

新材料在碳中和发展中的作用

学习目标

1. 掌握生物质基新材料的性质及制备技术。
2. 掌握以二氧化碳合成高性能材料的方法。
3. 熟悉废弃物材料回收和循环利用的碳减排技术。

5.1 "双碳"目标下新材料的机遇与挑战

5.1.1 新材料的研究现状

材料科学技术的发展不仅关系着经济社会和国防事业的发展，同时也和人们日常生活密切相关。改革开放以来，我国在材料领域取得了举世瞩目的成就，随着材料领域人才队伍的不断壮大，材料科学迎来了日新月异的变化与发展。据《中国新材料产业发展报告（2018）》统计，我国材料领域有 115 万余名研发科技人才、220 余名两院院士、每年毕业本硕博学生 5 万余人[1]。2009 年哥本哈根世界气候大会召开后，低碳经济概念应运而生，并逐渐成为全球关注的焦点。

新材料产业是低碳经济的重要内容之一，也是我国战略性高端制造及国防安全的支撑产业。研发新材料已成为当今科技的主攻方向之一，涉及日常工业化生产、国防科技、高端技术以及新兴产业，旨在获得具有特殊结构或性质的新材料。现今，在全球科学技术发展的大背景下，新材料产业发展呈现出一种稳中求进的趋势。2018 年全球新材料的产业规模超过了 3 万亿美元，年均增长速度达 15％。我国新材料产业规模同样高速增长，从 2010 年不足 6500 亿元人民币，到 2020 年增长到约 6 万亿元人民币。材料科学基础研究也在高速发展，其中，热点研究领域主要有生物医学材料、能源和催化材料、有机聚合物材料、功能陶瓷和量子拓扑材料等。尤其是在低维材料、功能陶瓷、金属合金和能源催化材料等领域。

近年来，我国新材料在《国务院关于加快培育和发展战略性新兴产业的决定》《中国制造 2025》《"十三五"国家战略性新兴产业发展规划》《新材料产业发展指南》等若干政策文件扶持下得到了快速的发展。在政策指引下，我国新材料行业发展强劲，2020 年新材料总产值达到约 6.0 万亿元人民币，预计到 2025 年产业总产值将达到 10 万亿元人民币，年均增长 20％以上。但是针对目前我国新材料发展来看，我国只是材料大国，并没有达到强国行列，特别是在一些尖端技术、高端设备及高端新材料方面依旧依赖进口。

5.1.2   "双碳"背景下新材料的发展方向、机遇与挑战

制造强国，材料先行，新材料作为第四次工业革命的基础，是我国传统产业升级和战略性新兴产业发展的基石。在新一代信息技术、新能源、智能制造等新兴产业迅速崛起的背景下，化工新材料在低碳发展过程中发挥着越来越重要的作用。伴随材料增长而增长的还有 CO_2 年排放量。随着生产生活中对能源需求量的增加，寻求新的洁净能源和实现废弃能源的回收利用成为实现我国低碳目标的迫切任务。"双碳"目标的提出给当代新材料的研究发展提出了具体的目标要求，同时给我国新型产业的发展指明了方向。在低碳能源和煤油能源改革等多方面影响下，开发新材料及新能源技术对高端化工能源、材料合成技术和新型工业化技术等提出了更高的和更迫切的需求。

为了满足经济稳定增长和生态环境的可持续发展原则，全周期性高利用率及环境友好型新材料的研发成为当今世界实现"双碳"目标的必经之路。新材料研究在追求优异性能的同时，必须满足生产和使用过程的绿色、低碳、环境友好的要求。因此，世界各国积极将发展新材料与绿色发展相结合，高度重视新材料与资源、环境、能源的协调发展。在材料开发过程中，寻求基础学科突破、多学科交叉、多技术融合快速推进新材料的研发和性能提升；针对现有研发思路和方法的局限性，以高通量计算、高通量制备、高通量表征、数据库与大数据等技术为支撑，大幅度缩减新材料的研发、设计和制造周期以及研发成本，加快推进与绿色发展相关的新材料的开发和应用。利用化工新材料生命周期评估从原材料的提供、生产合成、合成产物利用到消费产物的回收利用，全环节对材料进行分析，进而评价原材料在上述过程中对环境的影响。

5.2　生物质基新材料

生物质能是指处于自然界的生物质将太阳能通过能量转换或转移的方式存储于自身内部的能量，是仅次于传统化石能源（煤炭、天然气、石油）的第四大能源。我国的生物质资源储备量大、品类多，常见的生物质资源如农林废弃物、城市生活垃圾、动物排泄物、水生植物等。和化石燃料相比较，生物质具有可再生性、资源量占比大、污染小等特征，属于优质清洁能源。在我国，生物质转化能约占一次能源的 $10\%\sim14\%$[1]。目前，生物质原料主要用于生物质基材料和新型能源开发等领域。

5.2.1　生物质基碳材料

(1) 生物质基碳材料的性质

由于具有较高的比表面积、丰富的官能团以及热化学稳定性等优势，碳材料已经被广泛研究。传统的碳材料主要通过焦炭、煤炭等化石燃料进行制备，但此方法能耗较高、成本高昂且会造成环境污染。随着世界各国逐渐重视碳减排，为实现"碳中和"目标，亟须寻求绿色环保的碳材料制备方法。

近年来，可再生生物质材料制备功能碳材料得到了广泛关注。生物质基碳材料的优点主要包括以下几点：

① 可再生性：生物质基碳材料是用可再生生物质材料进行制备的，通过简便的生物模板法即可大量生成。原材料的可再生意味着生物质基碳材料具有可再生性。

② 丰富的孔隙结构：生物质基碳材料的多维结构（零维、一维、二维、三维）使其具备丰富的孔隙，为电解质离子提供较大的比表面积和通畅的转移路径[2]。

③ 元素丰富度较高：通常生物质包含 N、S 和 P 等元素，在新材料制备过程中实现杂原子自掺杂，形成额外的活性位点。

(2) 生物质基碳材料的结构

① 零维结构

零维（0D）碳材料是指纵横比为 1 的球形碳颗粒，主要包括多孔碳球（PCS）和碳点（CDs）。目前，合成孔隙发达的微介孔碳球受到了广泛的关注。与其他材料相比，一方面，多孔碳球（PCS）兼具多孔碳材料以及流动性和分散性更好的球形胶体碳的优点，具有更短的离子传输距离和节省空间的封装结构，有利于提高碳材料的体积性能；另一方面，可以通过杂原子掺杂增加其电导率、表面润湿性和表面活性位点，从而提高材料的电化学性能。碳点作为碳家族的新成员,它是一类直径通常小于 10nm 的球形碳纳米颗粒,包括石墨烯量子点(GQDs)、碳纳米点(CNDs)和碳化聚合物点(CPDs)。CDs 具有以下优点:优异的导电性;体积小,官能团丰富,可以增强电极材料的表面润湿性,从而促进电极与电解质之间的电化学反应;良好的分散性,有利于其在碳素材料中的均匀分布。

② 一维结构

一维(1D)碳材料具有纤维结构或空心管状结构。纤维结构具有一维线性通道,有利于离子的快速传输;表面含有丰富的活性基团,通过这些基团易于对材料进行化学改性;具有高纵横比的纳米纤维素纤维,例如从高等植物中提取或由细菌分泌的纤维,形成一个纠缠网络,可用于制造坚固的薄膜/气凝胶基底,以进一步开发柔性储能器件。空心管状结构具有以下优点:一方面,中空管状结构可以用作电解质的缓冲池,并且这种结构比纤维结构具有更高的比表面积,这可以提供更多的活性接触位点,并确保电解质和电极表面之间的有效接触;另一方面,中空区域可以作为填充其他材料的空间,从而实现多功能应用。

③ 二维结构

二维(2D)碳材料因其优异的电化学性能近年来受到广泛的关注。与其他类型的碳材料相比,二维碳材料具有独特的层状结构、丰富且可及的催化活性位点、比表面积高、离子传输电阻低和离子扩散距离短等优点。典型的二维碳材料包括石墨烯和多孔碳纳米片。

④ 三维结构

由生物质前体制备的三维(3D)碳材料包括分级多孔碳和碳气凝胶,广泛应用于能源转换和储存领域,并表现出优异的电化学性能。三维结构 BFCs 具有以下优点:发达的连续分级多孔结构,确保其与电解质离子的良好接触,从而实现快速的离子传输;较大的比表面积,增加了离子吸附的活性位点;相对较高的电导率。

(3) 生物质基碳材料的合成方法

目前生物质基碳材料的合成方法主要包括高温分解法、活化法、水热碳化法和模板法等[3]。

① 高温分解法

热解是生物质基碳材料碳化制备的最常用方法。生物质通常具有复杂的成分,这些成分在不同热解条件下发生着不同的变化。根据升温和停留时间划分,通常分为慢速热解、快速热解、闪速热解。

高升温速率会促进生物质的热裂解,从而产生液体和挥发物,会产生较多含量的生物油,不利于碳材料表面与外界的接触,会降低有效比表面积。

② 活化法

物理活化发生在气相内,主要涉及以下两个过程。首先是热解,前体材料在惰性气体环境中加热升温至 400~1000℃,进一步去除前体中挥发性物质,同时也会产生无组织碳,堵塞生物碳的孔隙,降低其比表面积;其次是气化,在 700~1200℃ 环境中通入物理活化剂，降低前体孔隙内焦油等产物含量，以增加孔隙度和比表面积，并暴露出更多的活性位点。

化学活化是特殊环境中由动力学控制的化学反应，通常将活化剂分为酸性活化剂、碱性活化剂和金属活化剂。

酸性活化通常是在低温下与生物质碳材料混合。以磷酸为例，磷酸不仅可以形成碳-氧-磷键，使生物聚合物片段相互连接，而且可以通过脱水反应促进键断裂和交联反应，且有利于磷元素掺杂。研究表明酸性活化可以提高生物质碳材料的比表面积和孔隙率且现有弱酸性材料存在获取成本低的优势，使其在碳材料制备过程中也逐渐受到重视。

碱性活化通常是在低温下将生物质碳材料浸泡在一定浓度的碱性溶液中。目前研究已经证实，氢氧化钾作为一种强碱，可以促进孔隙的形成，并产生非常高的比表面积。

金属活化剂的典型代表为氯化锌，作为一种强脱水剂，其不仅能有效抑制焦油的形成，还不与碳反应，在高温条件下，还展现出了脱氧效果，从而增加产物产量。

③ 水热碳化法

水热碳化法主要包括水解、脱水、脱羧、聚合和芳环化等五个步骤，反应条件温和，反应温度一般在 160～350℃。

该方法具有可持续、低成本等特点，但易产生副产物，且具有有限的孔隙度和不充分的化学性质，限制了其广泛应用。因此，研究者会加入模板或添加物等进行改进。此外，水热碳化可以与原子掺杂结合起来以得到更为理想的产品。

④ 模板法

模板法是一种以多孔材料作为模板，以含碳的生物质小分子作为碳源，通过一定的方法将碳源注入模板的孔道中，使其聚合、固化，然后通过高温碳化形成碳和模板的混合体，最后除去模板而得到生物质碳的方法。

模板法一般来说可分为软模板法和硬模板法，但两种模板法都有一定的缺点。软模板法制备的碳材料的有序性较差，而硬模板法虽然具有较高的稳定性和良好的空间限定性，但其工艺相对复杂，成本较高且消耗较大。

（4）生物质基碳材料的应用

① 环境修复

生物质基碳材料具有孔隙率高、比表面积大以及稳定性好等优点，在环境污染物去除方面具有广泛的应用前景。一些含有金属和非金属矿物的生物炭可以直接充当吸附剂。碳质载体具有优异的吸附能力，可以为污染物提供大量的吸附位点，进而去除环境污染物。例如，高效去除大气中的 H_2S、NO_x 和挥发性有机物（VOCs）等污染物；吸附废水中的金属离子、抗生素、农药以及其他有机污染物等[4]。

此外，生物质基碳材料因其可控的导电性和丰富的官能团，还可以设计为催化剂和催化剂载体。富含磷的生物质可以在不额外添加磷源的基础上直接制备出金属磷化物纳米颗粒，并表现出优异的电催化性能。得益于生物质衍生碳材料的多样性和可再生性，它们在开发低成本双功能电催化剂以实现高效的整体水分解方面具有巨大潜力，从而有望实现廉价、大规模和可持续的可再生能源转化。

② 能源存储

高效储能系统，如超级电容器、金属离子电池和燃料电池等，在人类日常生活中发挥着重要作用。超级电容器是新型储能装置，具有电容器的快速充放电特性和电池储能特性，其主要由集流体、电极、电解质及隔膜等几部分组成，基于其电解质和电解液之间界面电荷分离形成的双层电容来储存电能。由生物质制备的碳点、碳球、碳纳米管、碳纳米纤维、石墨烯、碳纳米片、分级多孔碳和其他碳材料均为理想的超级电容器电极材料。如重庆师范大学用废弃薏苡仁壳制碳材料用于超级电容器，展现优异电化学性能[5]；安徽理工大学以生物质丝藻制硫掺杂多孔碳材料，比表面积高、比电容大且循环稳定性好[6]。

钾离子电池（PIBs）作为下一代储能技术，由于其与锂离子电池相似的电化学性能和丰富的钾资源，受到人们的广泛关注。生物质衍生的硬碳具有短程有序和长程无序的特点，其结构可以容纳钾离子，并缓冲电池组在充放电过程中的大体积变化[7]。

近年来，微生物燃料电池（MFCs）作为一种可再生能源受到了广泛关注。MFCs是一种将化学能转化为电能的装置，由阳极室和阴极室组成，阳极室和阴极室由质子交换膜隔开。MFCs使用微生物作为催化剂，可用于废水处理和发电。微生物燃料电池具有低能耗和环境友好的优点使其在能源存储领域受到欢迎。

5.2.2　生物质基塑料

(1) 生物质基塑料的性质

生物质基塑料是指生产原料来源于玉米、甘蔗、竹子以及其他植物纤维等生物质的新型塑料产品。

相对于传统的石油基塑料，生物质基塑料以可再生资源为生产原料，不再依赖于化石燃料，减少了 CO_2 等温室气体的排放，具有优异的碳减排能力。部分生物质基塑料具有可降解性，在自然界中可以分解为水和 CO_2 等无机物，减轻了对环境的污染和破坏[8]。此外，生物质基塑料无毒无味，不含重金属、增塑剂等有害物质，可应用于食品包装领域。

生物质基塑料根据其降解性能可以分为可生物降解生物塑料和不可生物降解生物塑料。可生物降解生物塑料主要包括聚乳酸（PLA）、聚羟基烷酸酯（PHA）、聚丁二酸丁二醇酯（PBS）和聚氨基酸等[9]。不可降解生物塑料主要以多元醇聚氨酯、生物基聚乙烯（PE）、生物基聚丙烯（PP）、生物基聚对苯二甲酸乙二醇酯（PET）为代表。

(2) 生物质基塑料的制备技术

本小节以 PLA 为例介绍生物质基塑料的制备方法。

PLA 是以乳酸为原材料进行合成，合成方法主要包括乳酸直接聚合法、丙交酯开环聚合法、固相聚合法等[9]。

① 乳酸直接聚合法

直接聚合法早在 20 世纪 30～40 年代就已经开始研究，但是由于涉及反应中的水脱除等关键技术还不能得到很好的解决，所以其产物的分子量较低，强度极低，易分解，实用性不强。

直接法的主要特点是合成的聚乳酸不含催化剂，因此缩聚反应进行到一定程度时体系会出现平衡态，需要升温加压打破反应平衡，反应条件相对苛刻。

② 丙交酯开环聚合法

丙交酯开环聚合法是生产高分子量聚合物最常见的方法。该方法以乳酸或乳酸酯为原料，在一定温度（约 130℃）和真空条件下，乳酸分子在缩聚催化剂作用下经脱水生成低聚乳酸，然后低聚乳酸在较高的温度下（150～180℃）解聚得到单体丙交酯；最后，丙交酯在催化剂作用下，分子中的酰氧基键断裂开环聚合得到聚乳酸。该方法生产PLA 的工艺难点是高纯度丙交酯的制备。

③ 固相聚合法

将直接聚合法得到的低分子量树脂在减压真空、温度在 T_g～T_m 之间的条件下进行聚合反应得到，以提高其聚合度，增加分子量，从而提高材料强度和加工性能。

（3）生物质基塑料的应用

目前生物基塑料已经在包装、农业、医疗器械、汽车等多个领域得到了广泛应用[10]。聚乳酸与 PE、PVC 和 PP 等材料相比，具有良好的生物可降解性、优良的抑菌和抗霉特性。采用 PLLA-PVA-PCL 复合膜及加了乳酸链球菌素的包装材料对冷鲜肉进行真空包装，包装的肉品货架期远远长于 PE 保鲜膜包装的冷鲜肉，且肉品保持相对良好的色泽和品质。

生物基塑料薄膜可以用于农田覆盖，起到保持土壤湿润、控制杂草生长和提高作物产量的作用。生物基塑料不仅对环境友好，其对肌体的适应性也非常好，可以用于制造手术器械、可被肌体吸收的术后缝合线、组织工程支架、骨折内固定材料、医用注射器和输液器等医疗用品，其具有良好的生物相容性和可降解性，不会对人体造成损害。

5.2.3　生物质基复合材料

近些年，除生物质多孔碳材料外，性能优异的生物质复合材料的合成也在不断地探索中。生物质复合材料的研发一方面减少了碳排放；另一方面实现了对生物质能源的最大化利用，在一定程度上减少了对化石能源的利用。因此生物质复合材料的研发在实现"双碳"目标方面具有重要的经济和社会意义。利用稻壳制备的碳硅复合负极材料[11,12]，以木质素为基体制备的木质素-二氧化硅复合微球[13,14]，基于生物质制备的高强度和伸展性的聚乳酸-生物质复合材料[15,16]，超强韧性的生物基树脂和竹/麻纤维增强AESO 复合材料等[17]；这些基于生物质制备的具有特殊性能或功能的材料为新材料的合成提供了一种新的制备技术和途径。

5.3 CO_2 制备高性能材料

"双碳"目标目前主要从"少碳、无碳和用碳"等三方面来实现。其中，"少碳"主要是利用技术及科学手段在源头上来减少"碳"的排放；"无碳"主要是开发出新型洁净能源，如风能、潮汐能、生物质能等；"用碳"是采用 CO_2 捕集、利用与封存 （carbon capture utilization and storage，CCUS）技术消耗利用已产生的 CO_2。基于短期内能源结构难以发生根本性变革的前提下，以"用碳"为目的的 CCUS 技术将是保障中国实现"碳达峰"和"碳中和"目标最重要的策略之一[18]。其中，CCUS 技术路线图展示于图 5.1。

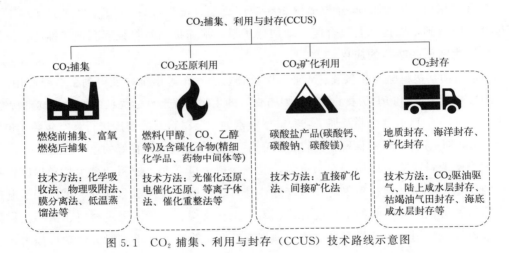

图 5.1 CO_2 捕集、利用与封存（CCUS）技术路线示意图

目前，高性能材料的制备大多是以煤、石油、天然气为基础的。利用 CO_2 制备高性能材料不仅可以节约化石资源，实现碳减排、低污染，更是促进了 CO_2 绿色应用新技术的发展。

5.3.1 CO_2 制备可降解塑料

（1）制备原理

CO_2 基塑料指数均分子量高于 100kg/mol 的脂肪族聚碳酸酯材料，即聚碳酸亚丙酯（简称 PPC），是由 CO_2 和环氧化物共聚合成的脂肪族聚酯（图 5.2）[19]。在聚合过程中，需要使用特殊的催化剂使碳原子和氧原子之间的双键断开，放出电子，随后

CO_2 即可与环氧化物结合成可降解塑料。以 CO_2 为原料已经实现了尿素、水杨酸及其他一些含有碳酸酯基团材料的工业化合成，尤其是 CO_2 基塑料还具有生物降解的性能，使得 CO_2 基塑料具有利用废弃资源合成环保材料的独特优势。

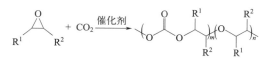

图 5.2　CO_2 与环氧化物的共聚反应

（2）关键技术

CO_2 制备可降解塑料主要包括催化剂制备、聚合、凝聚、分离和干燥步骤（图 5.3），该过程中需要注意的关键技术主要包括：

① 高效稀土催化剂制备技术。催化剂的活性需要达到 140g 聚合物/g 催化剂，且具备毒性低、选择性好的特点。

② 低温低能耗干燥技术。采用低温低能耗干燥技术，在保证产品品质的前提下，降低单位产品的能耗。

③ 全自动生产控制。生产线自控率大于 95%，提高运行稳定性，有效减少运营人数和运营人员的劳动量。

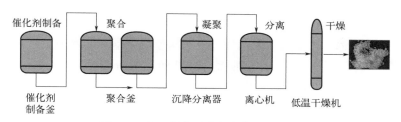

图 5.3　CO_2 制备可降解塑料的流程图

（3）技术优势

① 来源广、成本低、能耗少。CO_2 基塑料中 CO_2 含量占到 31%～50%。制备原料所采集的 CO_2 可以来自空气，也可以来自工业生产中的废气。与常规聚合物相比，不仅原料成本降低，对石油的消耗也大大减少，能够降低化石能源的消耗。

② 反应温和、环境友好。从反应过程来说，反应条件温和，且不涉及有害气体，环境友好，对设备要求较低。

③ 产品性能好、可降解。所合成的 CO_2 基塑料强度高、刚性好，而且具有优良的阻水阻氧性，一个月即可降解 30% 以上。

（4）推广与应用前景

作为新型环保塑料产品，CO_2 基聚合物具有良好的发展前景。目前我国在 CO_2 基聚合物研发领域已走在世界前列，随着装备规模的扩大和原料成本的降低，全生物 CO_2 基降解塑料将迎来全新的发展机遇。预计到 2030 年，CO_2 制备可降解塑料技术的推广比例将达到 20%，项目年产可降解塑料总规模将达到 50 万吨，可形成年碳减排能力 21 万吨 CO_2。

上海交通大学生命科学技术学院食品与环境生物技术团队（FEMlab）使用合成生物学技术开发了新一代可降解塑料 PLA 的"负碳"生产技术[20]。他们在光驱动蓝细菌平台上使用代谢工程和高密度培养的组合策略，在国际上首次以 CO_2 为原料，直接合成可降解塑料 PLA。该技术不仅可解决塑料污染、PLA 生产的非粮原料替代问题，还能在合成 PLA 的过程中直接捕获 CO_2，助力"碳中和"和"碳达峰"。

CO_2 基可降解塑料主要应用于一次性医用品、食品包装材料、薄膜、可降解泡沫塑料、一次性餐具等，其中一次性医用品、食品包装材料、薄膜为其主要的消费领域。

5.3.2　CO_2 制备石墨烯

石墨烯是一种由碳原子以 sp^2 杂化轨道组成的六角形呈蜂巢晶格的二维碳纳米材料，具有电子传输速度快、机械强度高、热导率高等特点，被认为是一种未来革命性新材料，广泛应用于电子、信息、环境和能源等领域。

石墨烯制备方法主要分为"自下而上"和"自上而下"路线。"自下而上"是通过化学途径将碳分子链接成石墨烯，常见方法有外延生长法和化学气相沉积法等。"自上而下"方法是以石墨为原料通过物理或化学手段剥离成薄层石墨烯，主要包括液相剥离法、超临界 CO_2 剥离法和氧化还原法等。氧化还原方法具有低成本、批量生产等优势，但该方法会严重破坏石墨烯的导电性能，造成严重的环境污染。相比之下，超临界 CO_2 剥离法不仅能够制备高纯度和晶体结构完整的石墨烯，而且整个过程绿色环保、方法简单，具有广阔的应用前景。

（1）超临界二氧化碳剥离法制备石墨烯的原理

超临界流体（supercritical fluids，SCF）具有类似气体的扩散性质，其界面张力为零，容易实现石墨插层；具有类似液体的溶解能力。将高温高压下的超临界流体插层到天然的鳞片状石墨中，使石墨膨胀突破石墨层间的范德华力进而对石墨烯进行剥离、分散。超临界流体剥离制备石墨烯法实现了对石墨烯层数的可控制备，且工艺简单、成本低、设备要求不高，在大规模生产石墨烯时具有极好的潜力。常用的超临界 CO_2 的临界条件温和（临界温度 31.1℃，临界压力 7.38MPa），且 CO_2 具有无毒、惰性、价廉以及与产物易于分离等优点，在纳米复合材料制备方面的应用非常广泛，将其应用于直接剥离法制备石墨烯，避免了使用大量有机溶剂，且经过简单的泄压操作即可实现产物分离[21]。

石墨是片层结构，可以看作是单层的石墨烯通过范德华力一层层堆叠而形成，超临界 CO_2 的高分散性和强渗透能力使其易于进入石墨层间，形成插层结构；当快速泄压时，超临界 CO_2 发生显著膨胀，释放大量能量克服石墨层间作用力，得到单层或少层的石墨烯。这种方法操作简单，条件容易实现，制备过程中未使用强酸强碱，绿色环保。

（2）过程强化技术辅助超临界 CO_2 剥离法

一些新的强化手段可以提高超临界 CO_2 剥离法制备石墨烯的能力，包括流体剪切法、超声法、球磨法、超声耦合剪切法、有机分子辅助法等强化技术，极大地增强了超临界 CO_2 分子在石墨片层间的剥离扩散过程，使最终得到的石墨烯产率和质量都有了较大的提升。

高速剪切混合策略处理石墨晶体，当局部剪切速率超过 $104s^{-1}$ 时，可实现无缺陷石墨烯纳米片的高效剥离，这也为流体剪切在石墨烯制备中的应用提供了新的方向。超临界 CO_2 分子插层进入石墨层间后，利用超声产生的空化气泡破裂带来的高速流体微射流作用，在促进 CO_2 分子挤压进入石墨层间的同时使石墨剥离为少层石墨烯。以球磨辅助超临界 CO_2 剥离法制备石墨烯的工艺，实现了石墨烯的剥离制备和改性，得到了良好亲水性的石墨烯，为石墨烯的多功能应用奠定了基础，但后续应该对球磨作用在超临界 CO_2 体系中的机理进行更深入的探讨，包括球磨剪切力的具体作用机制、球磨强度影响等。

（3）石墨烯的应用

① 石墨烯复合材料。

石墨烯由于其疏松多孔的结构、高导电率和高材料强度，可以和其他不同性质的材料结合，形成性能更佳的复合材料。

② 石墨烯电子元器件。

石墨烯的超高电子迁移率、比表面积和机械性能表明，它是一种非常理想的纳米材料，特别是用于晶体管和集成电路等的微电子元件。

③ 石墨烯储氢材料。

氢能被认为是一种环保、高效且无污染的新型能源，氢的特点有质量轻、导热性好、普遍存在和热值高等，尤其是在化石能源日益枯竭的今天，对于储氢方面的研究显得尤为重要。石墨烯因其优良的性能、较大的比表面积和超高的力学强度，被认为是一种理想的储氢材料。

④ 其他方面。

石墨烯在医学方面的应用主要是以石墨烯衍生物的形式，在生物元件、疾病诊断和药物运输等领域，拥有非常广阔的应用前景。采用聚乙二醇修饰的石墨烯来作为难溶性抗癌药物的载体，经过石墨烯改良后，该药物在正常生理条件下可以正常发挥作用，对人体不会造成任何影响。

石墨烯涂料不仅具有环氧富锌涂料的阴极保护性和玻璃鳞片涂料的屏蔽性，而且还有着优良的附着性、防水性和韧性。因此，石墨烯涂料的防腐性优于现有的任何重防腐涂料，是一种性能优良、有着广阔应用前景的涂料。

5.3.3　基于 CO_2 合成碳纳米管

碳纳米管是一种六边形结构的一维纳米材料，碳原子以 sp^2 杂化为主，是世界上拉伸强度最高的物质，也是导电、导热最好的材料。它是一种神奇的纳米材料，其结构类似于石墨烯，但呈管状。由于其独特的物理和化学性质，碳纳米管被誉为"崛起的千亿级新材料"。

（1）制备技术

目前，以 CO_2 合成碳纳米管的方法主要包括激光蒸发技术、电化学还原技术、催化还原-气相沉积技术。

① 激光蒸发技术

激光蒸发技术是基于石墨电弧法发展出来的一种制备方法。该技术利用高能 CO_2 激光照射石墨靶，在这个过程中石墨会产生气态碳，进而在撞击的过程中形成单壁碳纳米管和单壁碳纳米管束，管径可由激光脉冲来控制。研究人员发现激光脉冲间隔时间越短，得到的单壁碳纳米管产率越高，而单壁碳纳米管的结构并不受脉冲间隔时间的影响。激光蒸发技术的主要缺点是单壁碳纳米管的纯度较低、易缠结。

② 电化学还原技术

电化学还原技术，也称为熔盐电化学 CO_2 还原技术，是一种缓解环境危机和生产高附加值产物的有前途的策略。该技术原理是高温熔盐（主要是 Li、Na、K 的混合碳酸盐）作为电解质吸收并电解 CO_2，进而生成碳材料。

结合 CO_2RR 与 MO_x 粉尘还原熔盐反应制备高功能金属/碳可以实现直接利用工业含 CO_2 烟气制备高附加值产品，这不仅实现了 CO_2 的有效利用，而且也显著降低了 CO_2 电解的成本。武汉大学肖巍、西安交通大学王章洁和宁晓辉等报道了一种 CaO 诱导的阳极-阴极协同策略，以原位捕获将 CO_2 转化为先进碳纳米管材料。

③ 催化还原-气相沉积技术

催化还原-气相沉积技术的生产原理是首先将 CO_2 催化还原转化为 CH_4 或 CO，进一步使含碳气体（一般为 CH_4）在高温和催化剂的作用下产生碳原子，并形成碳纳米管。该方法易于控制、管长、产率高、纯度高，而且可以通过催化剂颗粒的尺寸来控制碳纳米管的尺寸，生产成本低，适用性强。

（2）性能优势

强大的力学性能：碳纳米管具有极高的拉伸强度和韧性，实验数据显示，其强度可达 50～200GPa，远高于传统材料。这使得碳纳米管在复合材料、结构件等领域具有巨大应用潜力。

优异的电学性能：碳纳米管具有良好的导电性，其导电性能随着管径和壁厚的增加而提高。碳纳米管被认为是未来电子器件、能源存储和传感器等领域的理想材料。

高热导率：碳纳米管的热导率非常高，实验测量数据显示，单根多壁碳纳米管室温下热导率可达到 $3000W/(m \cdot K)$，分子动力学模拟预测单壁碳纳米管的轴向热导率室温下可达到 $6600W/(m \cdot K)$。这使得碳纳米管在散热领域具有广泛的应用前景。

高比强度：连接碳纳米管中碳原子的共价键是自然界最稳定的化学键。碳纳米管有极高的抗拉强度和弹性模量，与此同时，碳纳米管的密度却只有钢的 1/6，是目前可以制备出的具有最高比强度的材料。

独特的光学性能：碳纳米管具有优异的光学性能，如在可见光和红外光区域具有高透射率，同时在紫外光区域具有强的光吸收能力。

（3）碳纳米管的应用

碳纳米管已在能源、交通运输、电子信息和生物医学等多个领域取得显著的应用成果[22]。

① 能源领域：用于锂电池、超级电容器等能源存储设备，提高其性能。目前，商业化且大规模应用的领域，主要集中于锂电池导电剂和导电塑料。据测算，目前碳纳米管超过 75% 的需求来自锂电池导电剂领域。

② 交通运输领域：碳纳米管增强的复合材料可用于飞机、汽车等交通工具，提高其强度和减轻重量。若以其他工程材料为基体与碳纳米管制成复合材料，将给复合材料的性能带来极大的改善。此外，碳纳米管的硬度与金刚石相当，却拥有良好的柔韧性，可以拉伸。碳纳米管因而被称为"超级纤维"。

③ 电子信息领域：碳纳米管可用于柔性显示器、透明导电薄膜等，拓宽电子产品的应用范围。

④ 生物医学领域：碳纳米管可用于药物输送、生物成像等，推动生物医学的发展。

5.4　废弃物材料回收和循环利用的碳减排

5.4.1　塑料废弃物的回收与利用技术

目前，塑料制品凭借其耐腐蚀、质轻、抗菌、易加工、成本低等诸多优点，已广泛应用于人们的日常生产生活中。在给人类生产活动带来巨大便利的同时，塑料污染问题也逐渐引起全球的重视。研究表明，每年全球固体塑料年产量的一半，即 1.5 亿吨塑料都将作为垃圾被扔掉。如果人们还是随意使用塑料制品，到 2040 年会有 12.7 亿吨塑料垃圾被倾倒在陆地或海洋中，造成严重的白色污染和破坏。因此，废旧塑料的妥善处理已经成为亟须解决的关键科学问题。传统的塑料处理方法主要有填埋、集中焚烧等，但填埋会对土壤及地下水造成严重污染，焚烧会释放大量有毒气体，污染空气。随着对塑料污染研究的日益深入，人们发现通过有效的技术手段将废旧塑料资源回收再利用是解决塑料污染问题的科学方法。废旧塑料的回收利用是建设环境友好型和经济节约型社会发展的需求。主要的回收技术有以下几种：

（1）物理回收技术

采用物理方法来实现废塑料的循环利用，根据废旧塑料的种类、来源，可将物理回收技术分为直接熔融再生技术和复合熔融再生技术。其中，直接熔融再生技术是将塑料生产过程中产生的废弃边角料直接进行熔融再生；复合熔融再生技术是在混合的废弃塑料中加入添加剂后再进行熔融处理。在进行熔融再生前，需要将废弃塑料清洗归类，保持废弃塑料种类、颜色一致，不能混入其他杂质和异物。

（2）化学回收技术

根据聚合反应的不同，塑料可分为加聚类塑料和缩聚类塑料。加聚类塑料是在加热和催化剂条件下，以小分子烯烃或烯烃取代衍生物为原料，通过加成反应得到的高分子聚合物，主要包括聚乙烯（PE）、聚丙烯（PP）等聚烯烃类塑料和聚苯乙烯（PS）、聚氯乙烯（PVC）等。缩聚类塑料是多官能团单体经多次缩合而成的高分子缩聚物，其副产物有水、氨、醇或氯化氢等，缩聚类塑料主要包括聚酰胺（PA）、聚对苯二甲酸乙二酯（PET）、聚氨酯（PU）、聚碳酸酯（PC）等。回收加聚类塑料的化学方法为裂解法，回收缩聚类塑料的化学方法为解聚法。

裂解法是将加聚类塑料分解为小分子物质或单体的化学回收方法，主要有热裂解和催化裂解两个方向。具体包括以下方法：

① 气化裂解技术是将废旧塑料在高温下（高于 $1500℃$）裂解成 CO、CO_2、H_2 等，产生的这些气体可以作为燃料，用于燃气蒸汽联合循环电站发电和供暖，也可以作为原料，生产甲醇、合成氨等。

② 微波热解技术是将大分子的废塑料在无氧或缺氧的情况下，用热能裂解为小分子的化学品或燃烧气体，因此，该技术需要大量的热能。相对于传统热解，微波热解具有独特的传热和传质特性，加热更均匀，热解过程、温度以及最终产物的控制更加容易，能够缩短反应时间，设备热惯性小。

③ 加热裂解法又叫干馏法，是指在无氧条件下加热固态有机物，使其分解产生可燃气、液态油和固态碳。按反应温度的不同可分为高温热解（大于 $900℃$）、中温热解（$600\sim900℃$）、低温热解（小于 $600℃$）。

④ 共混裂解法是基于热裂解的原理，将不同种类的废弃塑料、有机物等混合起来进行热裂解处理。种类不同的废弃塑料和有机物的性质各不相同，在热裂解过程能够起到协同作用，从而改善产品品质。不同种类的废弃塑料之间，废弃塑料与煤、生物质、废矿物油等有机物之间都可以进行共混裂解。

⑤ 超临界水法是在一定温度和压力下，用超临界水将废旧塑料转化为轻油、重油和蜡，其中超临界水不仅是溶剂和热载体，还起到微催化作用。

⑥ 加氢裂解法是在催化裂解的基础上进行改进，加入氢气，使加氢和催化裂解相结合的方法，催化裂解反应和烃类加氢反应同时进行。

⑦ 催化裂解法在催化剂的作用下使原料中的碳原子裂解成小分子物质，然后通过冷却或加热把它们转移到反应器里，这样可以大大减少原料所需量。由于这种过程不需要氧气，所以叫催化裂解。该方法能有效加快反应速率、提高油品质量，获得具有多异构化、芳构化的油品。

解聚法是指缩聚或共缩聚塑料在酸、碱、水、醇等介质中进行物理或化学改性，以解决原料来源和应用问题，如 PVC 可通过添加催化剂（双氧水等）和助熔剂（碳酸钠、碳酸氢钠等）进行缩聚反应；PP 可通过加入催化剂或添加剂（双氧水等）实现共缩聚反应；PET 可通过加入乙二醇作为溶剂使黏度降低，得到对苯二甲酸乙二醇酯。由于解聚法具有许多优点，因此其应用范围越来越广。常见的解聚法包括有水解、醇解、糖醇解、胺解等。

水解法是用水作为溶剂，在一定温度、压力、催化剂存在时，将缩聚类塑料水解成单体，有酸性水解、碱性水解及中性水解等三种类型。醇解法是在有机合成中，将有机溶剂（乙醇、丙酮、乙醚等）在一定条件下，与有机化合物反应生成相应的中间产物，而日常生活废弃的缩聚类塑料可以在醇解反应下获得单体，便于后期的合成利用。准确地来说，醇解法和糖解法利用的溶剂均为醇类物质，其中醇解法利用的是一元醇，而糖解法利用的溶剂则是二元醇甚至是多元醇。混合型废弃塑料并不适合用解聚法，原因有二：①要严格选择所用的试剂；②解聚法要求废弃塑料种类单一，并且要求保持干净、干燥的状态。所以，相比混合的废弃塑料，单一品种和干净无污染的废弃塑料更适合使用化学分解法进行处理。混合塑料的回收也可以使用化学分解法，只是处理工艺相对烦琐。目前常用的化学分解法处理的塑料种类主要包括聚氨酯、热塑性聚酯、聚酰胺等极性类废旧塑料。

（3）生物法循环回收利用

废弃塑料分布广泛、种类繁多，因此，仅靠一种回收方法很难提高回收效率。所以，综合多种废塑料回收方法，将物理、化学回收方法与微生物学、物理学、计算机学、应用化学等学科相结合，构建多元化、个性化、交叉化的塑料回收利用新途径，开创从"应对产业链末端的塑料垃圾污染治理"到"建设可持续发展的废旧塑料资源化再利用"的新局面，应是未来废塑料治理的重要发展方向。

① 生物-物理联用技术。塑料是使乙烯、氯乙烯、苯乙烯、对苯二甲酸（TPA）等单体通过加聚或缩聚反应形成的高分子化合物。由于其稳定的化学结构、高的结晶度，对水、气有良好的阻隔作用，极大地阻碍了塑料与降解菌或解聚酶的有效接触，降低了塑料与酶的结合能力，从而严重影响了塑料的生物降解。因此，目前常用的方法之一是利用机械粉碎、超声波处理、高温熔融等物理方法进行预处理来提高塑料生物解聚效率（图 5.4）。

② 生物-化学联用技术。目前常用水解、醇解、热解、催化裂解等化学方法对废塑料进行处理。高聚合的塑料经过化学处理转化为小分子的低聚物或单体，微生物对其进行降解和吸收代谢更加容易（图 5.5）。聚烯烃塑料，如 PE、PS、PP 等，结构致密，C—C 键能垒高，利用化学技术将聚烯烃塑料裂解为中短碳链的烃类混合物，再耦合生物法将这些混合解聚物进行高值转化是聚烯烃废塑料回收的另一种有效途径。

③ 生物-信息联用技术。塑料生物降解中起关键作用的是塑料降解微生物和具有降

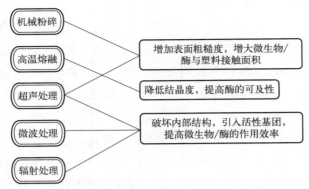

图 5.4　塑料物理预处理方法及处理效果

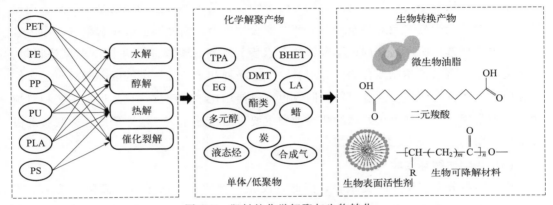

图 5.5　塑料的化学解聚与生物转化

解作用的生物酶。目前已经发现了许多种类的塑料降解微生物及生物酶，但大多的降解效果都不理想，还有很多种类的降解效果、降解机理尚不明确。因此，怎样高效地从种类繁多的微生物及生物酶中筛选出降解效果好的菌株，从分子层面设计出高降解效率的酶活性位点，是急需解决的难题。塑料降解微生物筛选的一般方法是从塑料堆放地附近的土壤中进行菌种筛选、分离、鉴定，如垃圾填埋场、塑料回收站等，这种方法的缺点是时间长、针对性差、筛选范围窄。同时，当前对于塑料生物降解研究的重点还是微生物资源的发掘，对于分子层面的机理和微生物酶的研究还比较少，因此，利用基因工程来改善塑料的生物降解效果还需进一步研究。随着信息技术的迅速发展，海量数据的处理能力得到了极大的提升，对于大量复杂的塑料降解微生物基因组、代谢组、降解功能酶等数据，可以利用大数据进行分析，指导目标降解微生物的发现与改进，降解路径的分析与设计，解聚酶的表征与改造，将极大地提升塑料生物降解的研究速度。

5.4.2　金属废弃物的回收与利用技术

关键金属是指对低碳能源、信息通信、航空航天、军事科技等战略性新兴产业具有重要作用但面临较大供应风险的金属，主要包括稀有、稀土、稀散和稀贵金属。在"双碳"目标的带动下，我国关键金属的需求量将持续快速增长。从金属废弃物中回收得到关键金属，能够节约和替代原生关键金属，降低关键金属在生产环节的碳排放和环境污染，还能缓解关键金属的供应风险，对实现"双碳"目标具有重要作用。

日常生活中，电子/金属废弃物主要由家用电器及随身通信设备这两部分产生，其中家用电器主要包括座机、电视机、电脑、冰箱、空调、电饭/热锅等，通信设备主要是智能手机、智能手表等电子（气）设备及仪表显示元件等。据相关数据指出，电子废弃物中铁（Fe）含量占据近一半比重（48%），塑料占比有 21%，而铜（Cu）占比相对较少（7%）；除此之外还包含有 6% 的金（Au）、铂（Pt）、钯（Pd）、银（Ag）、锂（Li）、钽（Ta）及稀土等稀贵金属。根据相关数据（表 5.1）估计得出，平均每吨回收的废手机中含有约 2.3 万美元的金属价值；而废电脑中金属价值约为 1.7 万美元/t；与前两者相比废电视的回收价值相对较低，约为 0.23 万美元/t；此外虽稀贵金属含量较少，但价值比例却占据总价值的很大部分[23]。

因此，从电子废弃物中回收稀贵金属不仅能降低电子废弃物对环境的污染，还可获得较高的经济价值。

表 5.1　不同来源电子废弃物中的金属成分[23]

元素	废手机		废电脑		废电视	
	含量/%	价值占比/%	含量/%	价值占比/%	含量/%	价值占比/%
铜	12.8	3	20	6.9	10	23.2
铝			5	0.5	10	6.9
铁	6.5	0.1	7	0.2	28	4.8
铅	0.6	<0.1	1.5	0.2	1	0.7
镍	1.5	0.7	1	0.6	0.3	1.3
锡	1	0.7	2.9	2.6	1.4	9
银	0.36	7.6	0.1	2.8	0.03	5.8
金	0.0347	54.3	0.025	53.2	0.0017	26.3
钯	0.0151	33.5	0.011	33	0.001	22
总价值/（美元/t）	23000		16900		2300	

电子废弃物中稀贵金属的回收分为预处理、回收和提纯三个阶段，流程见图 5.6。预处理阶段的作用是分离电子废弃物中的金属和非金属，初步富集其中的金属。预处理工艺包括拆解、破碎、分选、常规热解和微波热解等。回收阶段是提取富集预处理阶段中富集金属中的稀贵金属，以便精炼提纯。回收阶段的工艺包括火法冶金回收、

湿法冶金回收、生物冶金回收和超临界流体冶金回收技术等。提纯阶段是利用火法精炼、电解精炼和化学精炼等方法对回收阶段得到的富集金属进行提纯，得到高纯度的稀贵金属。

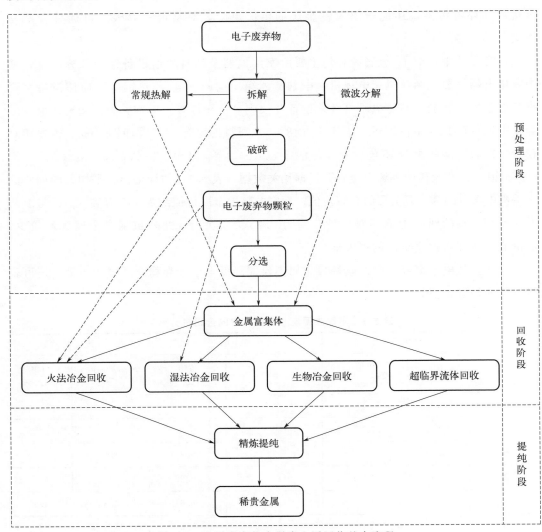

图 5.6 电子废弃物中稀贵金属回收基本流程

（1）预处理技术

物理处理包含拆解、破碎和分选等，拆解又包括常规热解和微波热解。

常规热解是在缺氧或无氧情况下将电子废弃物在焚化炉内进行高温热解，使电子废弃物中的非金属物质转化为气、液、固态物质，从而实现金属和非金属的分离以及金属的富集。

微波热解是利用微波加热使非金属组分转化为气体、液体和固体物质，从而实现金属组分的富集。

（2）回收技术

① 火法冶金回收稀贵金属技术。火法冶金回收稀贵金属技术是在冶金炉内通过高

温将电子废弃物中的非金属组分转化为气态或者固态物质，金属组分熔化呈合金状态流出，所得到的产物为粗合金；或者加热熔化固体碱，使非金属组分以及两性金属（Sn、Pb 等）与熔融碱性化合物相熔，稀贵金属等还是固态，得到的产物为粗合金；得到的粗合金再通过火法精炼、电解精炼等方法进行提纯。

②　湿法冶金回收稀贵金属技术。湿法冶金回收稀贵金属技术是将预处理得到的金属富集体与硝酸、王水、氰化物、硫脲、硫代硫酸盐等水溶性介质反应，将稀贵金属转入液相，再通过吸附、萃取、沉淀、离子交换和电解等富集和分离液相中的稀贵金属，最终稀贵金属以金属或化合物的形式被回收。

③　生物冶金回收稀贵金属技术。生物冶金回收稀贵金属技术可分为生物浸出和生物吸附两大类。

生物浸出（直接浸出）是指利用微生物直接对稀有金属、贵金属进行浸取的方法，该法主要有细菌浸出、酶浸出等方法。在不改变矿石化学组成条件下，利用微生物将稀贵金属元素从矿石中分离出来，再经沉淀分离、洗涤纯化和萃取回收等过程得到产品。这是生物冶金的基本技术路线，在自然界中存在许多微生物类群，能够从多种矿物中高效地提取稀贵金属。目前，氧化硫杆菌、氧化亚铁硫杆菌等已经在生物冶金领域得到广泛应用，它们的主要作用是从矿物和电子废料中提取铜，并能将锌、镍、铝、钴等元素浸出。在稀贵金属的回收利用方面，生物浸出技术尚未得到广泛应用。目前针对稀贵金属的回收主要是利用产氰细菌生成的 CN^- 将废弃金属中的 Au 等金属元素溶解从而实现回收利用。与传统的湿法冶金方法相比，生物冶金具有生产成本低（不需要使用昂贵的贵金属试剂）、不产生废物、对环境污染小以及操作简便等优点。

生物吸附是利用离子交换、络合、静电吸附、氧化还原等方法吸附溶液中的稀贵金属离子到生物体内，再将其从生物体内提取出来，可以用活细菌、真菌和藻类等对金属离子进行吸附，也能用植物残体、壳聚糖、纤维素等。

④　超临界流体回收稀贵金属技术。超临界流体技术是指在一定压力和温度下，将一定成分的液态（如水、醇等）与气态（如二氧化碳、硫化氢等）混合后，使其形成一种新的状态或一种新的特性，从而获得不同于常规溶剂和气体的特殊性质，这种新状态或新特性通常称为超临界流体。该技术有两个主要特点：溶解度降低到与传统溶剂相当；可以在很低压力和温度下进行操作。该技术最早由 Kharnasova 提出——将超临界流体和化学反应结合起来分离气体和液体中的有机化合物，于 1910 年在瑞典被发现并开始使用，并于 1930 年在美国被发现并应用于工业生产中。目前超临界流体技术已成为当今世界上最热门的研究领域之一，在电子废弃物、有机材料污染降解以及废弃金属回收等领域得到了广泛应用。

5.4.3　废旧建筑材料的回收与利用技术

"双碳"目标对高耗能、高排放的建筑行业的节能和环境保护提出了更高的要求，提升建筑材料绿色化水平是建材行业科研与发展的重要方向。新型绿色建材主要有水泥、混凝土、绿色墙体材料、保温隔热材料和绿色装饰材料等。混凝土作为一种重要的建筑材料，在生产过程中会产生大量温室气体，被列为温室气体排放重点监控行业之一。除了从源头上对混凝土和水泥等材料进行绿色生产外，废旧建筑材料的回收与利用也是减轻碳排放的一条战略途径。

随着新型城镇化的加速推进，新建、改建、扩建、拆除等活动产生了大量的建筑固废。据统计，近几年来，我国每年产生大约70亿吨的固体废物，占到了城市废物的40%。大量的固体废物在城市中堆积，不仅污染环境，占用土地，而且存在着严重的安全隐患。在"无废城市"建设进程中，固体废物的资源化处置已成为当务之急。废弃混凝土是建筑固体废物的主要部分。废旧混凝土经粉碎后可制成再生骨料和再生微粉，再生骨料可用于路基工程、透水混凝土、高强再生骨料混凝土、免烧砖等，再生微粉可以替代水泥。

（1）现有骨料回收技术

目前国内外现有的骨料回收技术主要包括破碎分级法、酸浸法、低温煅烧法、机械破碎法、剥壳法等。破碎分级法是将混凝土进行破碎、研磨、筛分，按照最终筛分得到的颗粒粒径回收粗细骨料。低温煅烧法是将混凝土在300℃左右的温度下煅烧1h以上，再将其进行研磨破碎，剥离外包裹的砂浆，获得再生骨料。酸浸法就是通过聚乙烯醇溶液等化学试剂将破碎后的混凝土块浸泡、淋洗、干燥，以获得再生粗骨料。机械破碎法是通过多层破碎使部分骨料和砂浆分离，然而骨料表面的砂浆附着性强，难以分离，且反复的机械破碎会对骨料的性能造成损伤，并产生二次污染。目前，各种骨料回收技术中存在和亟待解决的问题如图5.7所示。

（2）微波辅助混凝土骨料分离技术

随着各种科学技术的发展，骨料回收技术也取得了一定的进展。微波辅助混凝土骨料分离技术是目前新兴起来的一种绿色骨料分离技术。微波加热技术效率高、污染少、容易控制，在食品加工、木材干燥、陶瓷加工制造和采矿等行业都广泛应用。近年来，有许多研究和实践将微波加热技术应用于混凝土工业，例如加速固化、去除表面污染、钻孔及熔化、水泥和混凝土结构的高性能无损检测和测量、微波加热选矿等。与传统的骨料回收方式相比，微波加热辅助混凝土骨料回收不用添加辅助材料，且机械损伤程度低，对环境污染小，安全性和自动化程度更高，应用前景非常广阔。研究表明，通过"微波＋机械"破碎法，可以实现混凝土高效、绿色、低能耗的破碎过程。

微波对混凝土进行加热时，微波电磁场与混凝土的不同成分互相耦合，形成各种功率耗散，使微波能转化为热能。从亚微观上来看，混凝土内部除了砂浆、骨料以外，还含有不同形状的孔隙、存在各种形态的水分。水是混凝土的一种重要组成成分，对微波辅助混凝土破碎有重要作用，在受力之前，存在的多种状态的水及水化作用会使混凝土内部产生许多微小的裂纹。混凝土材料在微波场中所产生的热量大小与混凝土介电特性

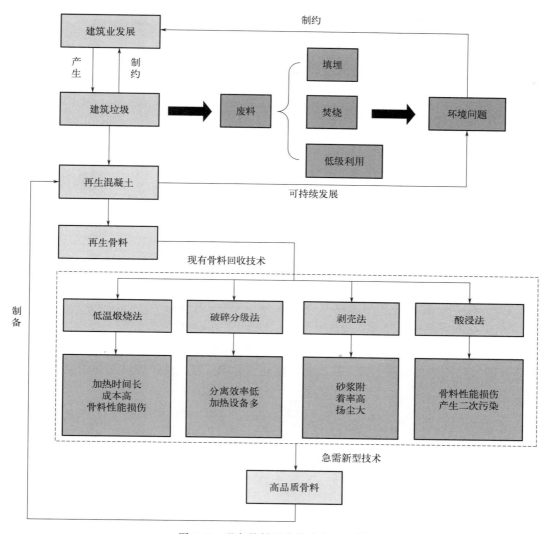

图 5.7　现有骨料回收技术存在问题

及内部物理化学反应过程有着密切关系。

　　混凝土各组分的介电常数不同，会随温度、频率等因素的变化而变化，且粗骨料的矿物组成成分、矿物体积占比等因素也会对混凝土的介电常数产生影响。骨料与砂浆的介电常数差异明显，此外二者的热学性能也存在较大差异（见表 5.2），在微波作用下，骨料和砂浆产生不同的热膨胀，加上水分的蒸发及扩散作用，致使砂浆首先发生破碎，有效分离出再生粗骨料。

表 5.2　混凝土各组分物理性能[24-26]

混凝土组分	相对介电常数	损耗因子	膨胀系数 /(μm/℃)	比热容 /[J/(kg·℃)]	弹性模量 /GPa	密度 /(kg/m³)
骨料	5~20	0.08~0.2	6~13	740~920	50	2320~2700

续表

混凝土组分	相对介电常数	损耗因子	膨胀系数/(μm/℃)	比热容/[J/(kg·℃)]	弹性模量/GPa	密度/(kg/m³)
砂浆	3～5	0.48	18～20	1550～1600	25	1290～1540
水	80	12	210	4200	—	1000

思考题

在线题库
参考答案

1. "双碳"目标下新材料的发展面临着什么样的挑战?

2. 简述生物质基新材料的种类与性质。

3. 简述生物质基新材料的制备技术与应用前景。

4. 你认为利用 CO_2 制备高性能材料有什么优势,对实现"双碳"目标有何作用?

5. 试论述以 CO_2 为原料制备的高性能材料的应用前景。

6. 你认为废弃物材料回收和循环利用过程是如何实现双碳目标的?

7. 随着双碳目标的提出,我国对于再生资源的回收利用更加重视,目前中国的再生资源回收利用存在哪些问题? 从政府、企业、居民来看,应该怎样加强再生资源的回收利用?

8. 新材料在生产过程中是如何达到碳减排的? 碳中和背景下未来化工企业应该如何发展?

参考文献

[1] OCDE. World Energy Balances 2019 [M]. Paris：Éditions OCDE，2019.

[2] 张高月，王傲，应浩，等. 储能用生物质基先进碳材料的研究进展 [J]. 现代化工，2023，43 (09)：24-28＋32.

[3] 李鑫蕊，张金才，宋慧平，等. 生物质基碳材料的制备及其在超级电容器中的研究进展 [J]. 功能材料，2024，55 (03)：3051-3063.

[4] Chatir M E，Hadrami E A，Ojala S，et al. Oxygen and phosphorus-enriched mesoporous bio-waste-based carbonaceous material：A sustainable solution for efficient removal of diclofenac and chromium (Ⅵ) from polluted water [J]. Inorganic Chemistry Communications，2024，165：112540.

[5] Liu L，Zheng H，Wu W，et al. Three-Dimensional Porous Carbon Materials from Coix lacryma-jobi L. Shells for High-Performance Supercapacitor [J]. Chemistry Select，2022，7 (10)：e202104189

[6] Liu S，Chen K，Wu Q，et al. Ulothrix-Derived Sulfur-Doped Porous Carbon for High-Performance Symmetric Supercapacitors [J]. ACS omega，2022，7 (12)：10137-10143.

[7] Wang S，Yang S，Li M，et al. A hierarchical porous structure and nitrogen-doping jointly enhance the lithium-ion storage capacity of biomass-derived carbon materials [J]. International Journal of Hydrogen Energy，2024，68：1229-1239.

[8] Mafat H I，Surya V D，Sharma K S，et al. Exploring machine learning applications in chemical production through valorization of biomass，plastics，and petroleum resources：A comprehensive review [J]. Journal of Analytical and Applied Pyrolysis，2024，180：106512.

[9] Lalit R，Brijesh G，Kumar S M，et al. Critical Review on Polylactic Acid：Properties，Structure，Processing，Biocomposites，and Nanocomposites [J]. Materials，2022，15（12）：4312-4312.

[10] 杨森. "禁塑"时代生物塑料的应用及其发展 [J]. 塑料科技，2020，48（02）：149-152.

[11] 程俊华，吕文晏，张健，等. 稻壳制 C/SiO₂ 微粉的特性及其增强环氧树脂 [J]. 材料科学与工程学报，2012，30（6）：862-866.

[12] 刘树和，董鹏，姚耀春，等. 稻壳制备硅/碳复合材料及储锂性能 [J]. 材料导报，2015，29（22）：47-51.

[13] 徐永建，刘燕，雷凤，等. 竹浆黑液碳化法制备木质素-二氧化硅复合材料 [J]. 陕西科技大学学报，2019，37（5）：7-12.

[14] 张晓君，赵明珠，赵志海，等. 稻草制浆黑液中木质素/二氧化硅复合材料的制备 [J]. 吉林大学学报：理学版，2015，53（2）：340-343.

[15] 韩青，杨革生，于敏敏，等. 玉米秸秆纤维素增强聚乳酸复合材料的制备及其界面改性 [J]. 纤维素科学与技术，2019，（1）：17-22.

[16] 孙东宝，路琴，陆鑫禹，等. PLA/稻壳粉复合材料界面改性方法及性能研究 [J]. 中国塑料，2021，35（6）：80-84.

[17] Liu W，Chen T，Fei M，et al. Properties of natural fiber-reinforced biobased thermoset biocomposites：Effects of fiber type and resin composition [J]. Composites Part B：Engineering，2019，171：87-95.

[18] 阳平坚，彭栓，王静，等. 碳捕集、利用和封存（CCUS）技术发展现状及应用展望 [J]. 中国环境科学，2024，44（01）：404-416.

[19] 郑智康，陈家伟，王湫，等. 聚碳酸亚丙酯生物降解性能的表征、评价及研究进展 [J]. 塑料工业，2023，51（03）：19-25.

[20] Chunlin Tan C L，Tao F，Xu P. Direct carbon capturefor the production of high-performance biodegradable plastics by cyanobacterial cell factories [J]. Green Chemistry，2022，24：4470-4483.

[21] 朱宏跃. 超临界 CO₂ 及其包离子液体微乳液剥离制备石墨烯过程基础研究 [D]. 大连：大连理工大学，2021.

[22] 张迎晓，周帆，赖陈，等. 碳纳米管材料的制备及其应用研究进展 [J]. 稀有金属材料与工程，2024，53（06）：1781-1796.

[23] Tickner J，Rajarao R，Lovric B，et al. Measurement of gold and other metals in electronic and automotive waste using gamma activation analysis [J]. Journal of Sustainable Metallurgy，2016，2（4）：296-303.

[24] Haque K E. Microwave energy for mineral treatment processes—a brief review [J]. International journal of mineral processing, 1999, 57 (1): 1-24.

[25] Shi Y, Dong Y, Zhang L, et al. Study on Characteristic Parameters of Artificial AggregateUsed for Hydraulic Concrete [J]. Water Power, 2013, 39 (10): 89-92.

[26] Sengwa R J, Soni A. Low frequency dielectric dispersion and microwave permittivities of Indian granites [J]. Indian Journal of Radio and Space Physics, 2005, 34 (5): 341-348.

第 6 章

交通运输领域碳中和与低碳转型

学习目标

1. 了解我国交通运输领域碳排放现状及碳减排面临的严峻形势。
2. 熟悉交通领域低碳发展政策与关键路径。
3. 掌握交通领域实现碳中和可以采取的关键技术措施。

6.1 交通运输发展和碳排放现状

6.1.1 我国交通运输发展现状

根据交通运输部发布的《2021 年交通运输行业发展统计公报》可知，我国交通运输领域正处于快速发展阶段，即我国交通基础设施、运输装备和运输量的发展均呈现持续发展状态，具体发展现状如下：

（1）交通基础设施

我国交通基础设施建设稳步推进，其中铁路、公路和航道里程数、桥梁座数、港口生产用码头泊位以及民用航空运输机场数均处于增长阶段。截至 2021 年末，全国铁路营业里程数达到 15.0 万公里，公路总里程数达到 528.07 万公里，桥梁增加至 96.11 万座、7380.21 万延米，内河航道通航里程为 12.76 万公里，全国港口万吨级及以上泊位 2659 个，颁证民用航空运输机场达到 248 个。

（2）运输装备

我国运输装备保有量处于快速增长阶段。截至 2021 年末，全国公路营运汽车达到 121.96 万辆，比上一年末增加 5.2%，其中载客汽车和载货汽车分别占 4.76% 和 95.24%。2021 年末，包括内燃机车和电力机车在内的铁路机车总量达到 2.2 万台；铁路客车和铁路货车分别达到 7.8 万辆和 96.6 万辆。水上运输船舶在 2021 年末为 12.59 万艘，比上年末下降 0.7%。2021 年末，城市客运中的运输装备包括城市公共汽电车、轨道交通配属车、巡游出租车、客运轮渡船舶等，分别达到 70.94 万辆、5.73 万辆、139.13 万辆和 196 艘。按燃料类型区分，纯电动车占比达到 59.1%，比上一年提高 5.4%，天然气车和混合动力车的比例分别达到 15.7% 和 12.2%，但是柴油车和汽油车的占比持续下降。

（3）运输服务

在货运方面，我国 2021 年完成 521.60 亿吨的营业性货物运输量，较上一年增长 12.3%；完成 218181.32 亿吨公里的货物周转量，与上一年相比增长 10.9%。公路、铁路、水路、航空等运输方式的货物运输量分别占总运输量的 75.04%、9.15%、15.80% 和 0.01%。

在客运方面，我国 2021 年完成 83.03 亿人的营业性客运量，同比减少 14.1%，完成 19758.15 亿人公里的旅客周转量，与上一年相比上升 2.6%。公路、铁路、水路、航空等运输方式的客运量分别占总客运量的 61.27%、31.46%、1.96% 和 5.31%。

6.1.2　交通运输领域碳排放现状

交通运输是人们日常生活和社会生产中不可缺少的关键环节，是经济发展的基础性产业。由于人类对交通运输的需求不断增加，交通运输业在促进经济增长、方便人类生活的同时，也造成了过多的能源消耗和过量的碳排放。交通运输领域碳排放是指道路机动车、铁路机车、船舶、飞机等运输装备在使用过程中燃烧化石燃料造成的 CO_2 排放。作为经济活动和社会连通的关键推动因素，交通运输领域的能源消耗和 CO_2 排放量一直处于加速增长阶段。交通运输曾经几乎完全依赖液态化石燃料（柴油、汽油等），但随着交通电动化的发展，电力消费正在逐步提高。

全球交通运输行业碳排放总量在 2000—2018 年间（除 2009 年外）呈逐年上升趋势，且增长速度相对快速。碳排放总量从 2000 年的 5.64Gt 增加到 2018 年的 8.09Gt，交通领域碳排放量从 2019 年开始呈下降趋势，并在 2021 年回升至 7.50Gt（图 6.1）。

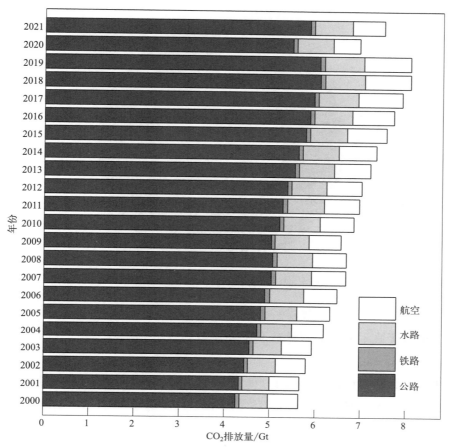

图 6.1　2000—2021 年全球不同交通运输方式产生的 CO_2 排放量

2020 年我国交通运输行业 CO_2 排放量约为 9.5 亿吨，占全国能源系统碳排放总量的 9% 左右，交通运输碳排放量略低于 2019 年[1]。从交通运输方式来看，以 2020 年为例，我国公路、水路、铁路、航空碳排放量分别占总排放量的 78.1%、11.2%、1.2%、9.5%（图 6.2）。公路运输碳排放量占比最高，其中公路货运碳排放量占交通领域碳排放总量的一半以上，这主要是由运输结构所决定的，与公路运输所消耗的能源结构也有直接关系[2]。例如，柴油和汽油等的不合理使用，使得公路运输碳排放量增长迅速。水路运输业 CO_2 排放量总体上较为平稳。尽管我国民航起步较晚，但以煤油为主要燃料的航空运输发展较快，碳排放量增长也较快。由于近年来铁路运输对电力能源比较依赖，铁路运输中的碳排放量增长较小，排放总量也最小。从运输方式的碳排放强度来看，航空的碳排放强度最高，其单位换算周转量碳排放因子为 899.48g/(t·km)，分别约为公路、铁路和水路碳排放因子的 8 倍、80 倍、100 倍。鉴于铁路和水路的碳排放强度较低，可以适度引导客运由民航向铁路转移[3]。

此外，我国交通运输行业碳排放在空间上也呈现显著变化。利用莫兰指数分析我国交通运输领域碳排放的空间变化规律发现，我国交通运输的碳排放总量和人均碳排放量

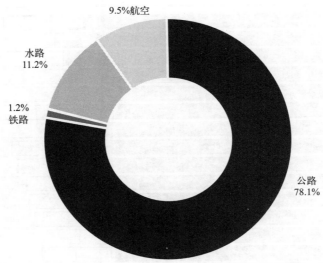

图 6.2   2020 年不同交通运输方式产生的 CO_2 排放量

均表现为"东高西低",而碳排放强度则呈现出"东低西高"的趋势[4]。袁长伟等[5] 也研究发现我国交通运输行业碳排放总量和排放强度分别呈现"东中西"递减和递增趋势。

根据 IEA 预测,在我国承诺的目标情景下,交通运输碳排放量在短期内将继续增长,在 2030 年达到峰值(略高于 10 亿吨),之后逐步下降,到 2060 年将降至 1 亿吨左右,较 2020 年下降近 90%。2060 年交通运输中的碳排放大部分将来自航空、航运以及远程公路货运领域。随着国家经济活动的繁荣,人员和货物流动性将持续增加,在未来不到四十年内,我国交通零碳目标的实现将聚焦于道路交通,其中推动碳减排的关键因素是汽车的电动化和交通运输系统的高效协同。

6.1.3   我国交通运输领域碳减排面临的严峻形势

(1) 交通运输需求持续增长

交通运输支撑着居民出行和物流行业的发展。随着经济的快速发展和居民生活水平的日益提高,交通运输需求也日益增加,从而导致碳排放总量的控制难度不断加大。《国家综合立体交通网规划纲要》指出,在高品质、多样化、个性化需求不断增强的情况下,未来旅客出行需求将稳中有升,预计 2021—2035 年间旅客出行量(含小汽车出行)年均增长 3.2% 左右。高铁、民航、小汽车出行比例不断上升,城市群旅客出行需求更加旺盛;我国出行需求最为集中的地区仍将是东部地区,中西部地区将是出行需求增长较快的地区;货物运输需求平稳上升,尤其对于价值高、批量小、时效强的运输需求快速上升,全社会货物运输量预计在 2021—2035 年,将以年均 2% 的速度增长,邮政快递业务量以年均 6.3% 的速度增长；外贸货物运输也将在较长时间保持增长态势，大宗散货运量在未来几年内仍将高位运行；东部地区货运需求仍保持较大规模，中部和西部地区增速较东部地区更为迅速。因此，运输总需求的上升将导致交通运输中碳排放的上升。

（2）交通领域碳减排资金需求量大

政府间气候变化专门委员会第六次评估报告（IPCC AR6）认为，交通运输行业碳减排成本显著高于工业、建筑业和其他行业。目前采取的减排措施，如"公转铁""公转水"以及淘汰老旧柴油货车、配套能源供应体系等，需要投入大量资金，且收获的经济效益较低，地方政府、运输企业、个体运输户内生动力不足。

（3）交通领域碳减排涉及利益方众多

交通运输在实现"双碳"目标的进程中涉及的领域较多，涵盖多种交通运输方式（营业性车辆、船舶、铁路、民航以及非营业性车辆、私人小汽车），需要进一步完善工作机制，强化统筹和协调。社会车辆的碳排放量取决于保有量、车辆能效、新能源替代等因素，政府主管部门针对这些因素可采取的运输管理手段十分有限，需要生态环境、工信、公安、交通运输等多个部门协同发力，在数据共享、装备研发、标准规范制定等方面加强对接，共同推进交通运输行业的碳减排工作。

6.2　交通运输领域低碳发展政策与关键路径

6.2.1　交通运输领域碳中和目标

为了响应 2℃ 的温控目标，我国交通运输部门制定了以下目标[6]：

① 交通运输部门 CO_2 排放量在 2025 年至 2030 年达峰，到 2050 年较 2015 年水平下降约 80%；

② 推动整个交通运输部门向低碳能源转型，包括电能、可持续生物燃料和氢能；

③ 制定综合交通运输体系规划，向能源利用效率高、低碳运输方式转变；

④ 在交通基础设施和车辆中，广泛应用大数据、5G、人工智能、区块链、超级计算等新技术，构建电气化、智能化和共享的交通运输体系。

6.2.2　交通运输领域低碳发展政策

作为指导交通强国建设的纲领性文件，《交通强国建设纲要》和《国家综合立体交通网规划纲要》均对低碳交通发展做出了擘画。《交通强国建设纲要》提出了"强化节能减排""打造绿色高效的现代物流系统"等战略方向，《国家综合立体交通网规划纲要》明确了"促进交通能源动力系统低碳化""优化调整运输结构"等实施要求。为实现交通低碳发展，要从交通能源结构和交通运输方式低碳化两个重要方向着手。

交通运输领域的碳减排不仅在于交通运输本身，还涉及交通行业的全产业链条，包括载运工具自身的能源经济性和能耗强度、交通运输结构与组织管理的优化、交通基础设施的低碳建设、交通装备的能耗降低以及绿色能源供给等，需要在顶层设计上做好相关工作。

2021 年 10 月发布的《中共中央　国务院关于完整准确全面贯彻新发展理念做好碳达峰碳中和工作的意见》（以下简称《意见》）和《2030 年前碳达峰行动方案》（以下简称《方案》）为我国实现"双碳"目标指明了方向和路径。在交通运输方面，《意见》指出，要优化交通运输结构，推广节能低碳型交通工具，积极引导低碳出行，进而加快推进低碳交通运输体系建设；《方案》提出，要以建设绿色高效交通运输体系、加快推进绿色交通基础设施建设为抓手，推进交通运输工具装备低碳转型。随后，国家相关部委也陆续印发相关文件，主要聚焦促进新能源发展、鼓励绿色出行、推动新能源基础设施建设等方面（表 6.1）。

表 6.1　近年来国家交通运输领域碳减排的主要相关政策

发布时间	发布部门	政策名称	相关内容
2022 年 9 月	财政部、税务总局、工业和信息化部	《关于延续新能源汽车免征车辆购置税政策的公告》	购置日期在 2023 年 1 月 1 日至 2023 年 12 月 31 日期间内的新能源汽车免征车辆购置税
2022 年 5 月	国家发展改革委、国家能源局	《关于促进新时代新能源高质量发展实施方案的通知》	创新新能源开发利用模式，加快构建适应新能源占比逐渐提高的新型电力系统，完善相关政策支持，促进新时代新能源高质量发展
2021 年 12 月	财政部、工业和信息化部、科技部、发展改革委	《关于 2022 年新能源汽车推广应用财政补贴政策的通知》	2022 年，新能源汽车补贴标准在 2021 年基础上退坡 30%，城市公交、道路客运、出租（含网约车）、环卫、城市物流配送、邮政快递、民航机场以及党政机关公务领域符合要求的车辆，补贴标准在 2021 年基础上退坡 20%
2021 年 10 月	工业和信息化部	《关于启动新能源汽车换电模式应用试点工作的通知》	决定启动新能源汽车换电模式应用试点工作。纳入此次试点范围的城市共有 11 个，其中综合应用类城市 8 个（北京、南京、武汉、三亚、重庆、长春、合肥、济南），重点特色类 3 个（宜宾、唐山、包头）。预计推广换电车辆 10 万辆以上，换电站 1000 座以上
2021 年 10 月	交通运输部、国家标准化管理委员会、国家铁路局、中国民用航空局、国家邮政局	《交通运输标准化"十四五"发展规划》	以推进绿色集约循环发展，建设绿色交通，落实"碳达峰"目标任务为着力点，严格执行国家节能环保强制性标准，着力推进绿色交通发展有关新技术、新设备、新材料、新工艺标准制修订，促进资源节约集约利用，强化节能减排、污染防治和生态环境保护修复

续表

发布时间	发布部门	政策名称	相关内容
2021 年 9 月	中共中央、国务院	《关于完整准确全面贯彻新发展理念做好碳达峰碳中和工作的意见》	加快推进低碳交通运输体系建设。要优化交通运输结构，推广节能低碳型交通工具，积极引导低碳出行
2021 年 8 月	工业和信息化部、科技部、生态环境部、商务部、市场监管总局	《新能源汽车动力蓄电池梯次利用管理办法》	加强新能源汽车动力蓄电池梯次利用管理，提升资源综合利用水平，保障梯次利用电池产品的质量，保护生态环境

6.2.3　交通运输领域低碳发展关键路径

（1）促进交通运输方式结构变革，打造低碳综合交通运输体系

实现交通运输碳中和的重要路径之一是优化运输结构。坚持把交通运输结构调整作为交通运输低碳发展的主攻方向，以建设低碳排放为特征的现代综合交通体系为统领，充分发挥各种运输方式的比较优势和组合效率，加快发展水运、铁路等绿色运输方式，最大限度地发挥运输结构减排效应。

目前货运以公路运输为主，实现大宗货物和中长距离货物运输的"公转铁""公转水"需要加快步伐。具体实施措施主要有：改扩建既有铁路路线，使铁路干线货运能力得到释放；加快铁路物流基地、铁路集装箱办理站、港口物流枢纽、航空转运中心、快递物流园区等的规划建设和升级改造；完善集疏港铁路项目建设，加快改造港区铁路装卸场及配套设施，使得港区集疏港铁路与干线铁路及码头堆场完美衔接，进而使得铁路、水路更为通达便利；建设水泥、煤炭、建材等大型企业铁路运输网，全面提高工矿企业绿色运输比例[7]。

（2）提升运输装备能效，实现低碳交通治理体系和治理能力现代化

提升能源效率是交通运输低碳发展的重要举措，需要从能效标准、老旧淘汰、节能技术开发、驾驶技术等方面进行完善。适时提高车辆的燃料消耗量限值标准，完善交通运输部、工业和信息化部之间关于燃料消耗量限值标准的沟通机制；推动高耗能老旧运输装备限制使用政策的制定，鼓励高耗能运输装备的改造升级或提前退出，加速淘汰落后技术和高耗低效运输装备；推广应用运输装备节能优化技术，加大轻型材料、光伏发电、颠覆性技术等在交通运输领域的应用研究和示范；普及节能驾驶技术，在交通枢纽场内作业中推广节能操作技术，在驾驶员（船员）培训和考试内容中，纳入节能驾驶和节能航行等内容[8]。

（3）促进低碳技术能源变革，增加交通运输综合能效和减排效率

在交通运输领域重视低碳技术创新与能源转型相结合，着力推广清洁能源，有序推动燃料替代技术的规模化应用，充分挖掘交通运输各个环节的技术减排潜力[9]。具体实施举措有：按照"先公后私，先轻型后重型，先短途后长途，先局部后全国"的思路，加快推进新能源装备的全面替代工作，加快普及新能源汽车的步伐；推动货运领域纯电动和氢燃料电池车辆的示范应用，积极探索电气化公路以解决重型货车的远距离续航问题；促进可再生能源在铁路运输中的大规模化应用；鼓励船舶利用岸电、混合动力等辅助能源，在港口生产作业中不断增加可再生能源的利用比例。

（4）促进智慧交通模式变革，打造高效运输模式

促进交通运输实现碳中和的关键路径还包括运输组织效率的提升，促进智慧交通的发展，促使运输组织模式高效运转。推动交通数据的智能收集、分析和运算，及时反馈于系统管理员及驾驶员，进而平衡交通资源，改善交通拥堵；将物联网、大数据等技术应用到货物运输中，以达到智能分拣、输送和装卸；利用网络平台发展物流运输，提升物流运输的组织化、集约化水平，进而实现货物有序高效运输；继续优化城市绿色货运配送相关政策，探索地下物流配送，发展城市共同配送、统一配送、集中配送、分时配送等集约化模式，与干线甩挂运输实行一体化运营；充分利用自动驾驶、智慧出行、共享出行技术，重构未来客运和货物运输场景，创造性提升客运和货运系统效率。

（5）推动交通消费理念变革，打造绿色出行服务体系

鼓励绿色出行是实现交通运输领域碳中和的最佳辅助措施，要进一步为居民营造良好的出行环境，持续地强化市场激励措施，鼓励居民绿色低碳出行。深入实施公交优先发展战略，构建以城市轨道交通为骨干、以常规公交为主体的城市公共交通系统，因地制宜构建快速公交、微循环等城市公交服务系统；加强城市步行和自行车等慢行交通系统建设，合理配置停车设施，开展人行道净化行动，因地制宜建设自行车专用道，鼓励公众绿色出行。基于智慧交通基础设施网络和城市路网智慧管理基础，开展出行即服务系统设计，构建以公共交通为核心的一体化全链条便捷出行服务体系，减少对小汽车出行的依赖。开展预约出行等智慧出行系统设计。建立碳积分模式，促使群众选择公共交通出行，并减少以家庭为单位的高碳出行。

6.3　交通运输领域实现碳中和的关键技术

6.3.1　替代燃料技术

通过使用低碳或无碳的燃料可从源头减少交通运输领域的碳排放，替代燃料主要包括生物燃料、液化天然气等清洁燃料。

（1）生物柴油

生物柴油是指以油脂为原料，与醇类经转酯作用获得的单烷基脂肪酸酯，它的热值、燃烧功效等物化性质使其可以作为石化柴油的替代燃料用于发动机系统。生物柴油在燃料性能、润滑性能、再生性等方面比普通石化柴油更具优势，同时也可以显著降低有毒物质的排放，如温室气体、硫和芳烃等（表 6.2）。在 19 世纪的英国，生物柴油面世，经过多年的研究和探索，生物柴油的制备技术在能源安全和低碳减排的驱使下逐渐走向成熟，在全球"双碳"政策持续推进的情况下，生物柴油由于具有可再生性及高效碳减排作用，逐渐成为交通领域能源结构调整的关注点。

表 6.2　生物柴油和石化柴油在特性上的比较

	特性	生物柴油	石化柴油
物化特性	20℃的密度/(g/mL)	0.88	0.83
	闭口闪点/℃	>100	60
	十六烷值	≥56	≥49
	热值/(MJ/L)	32	35
	燃烧功效（柴油为 100%）/%	104	100
	排放物	生物柴油	添加 20% 生物柴油的石化柴油
有毒物质排放	一氧化碳	−47%	−12%
	碳氢化合物	−67%	−20%
	颗粒物质	−48%	−12%
	硫酸盐	−97%	−20%
	臭氧破坏物质	−50%	−20%
	多环芳香族烃	−80%	−13%

数据来源：《生物质能源——生物柴油研究进展》。

生物柴油技术不断迭代，第一代已经被广泛应用，第二代逐渐商用，第三代是未来趋势。目前，第一代生物柴油脂肪酸甲酯和第二代生物柴油氢化动植物油是目前生物柴油的主流产品。

① 第一代生物柴油的技术已经相对成熟，应用较为广泛，但有添加比例限制。第一代生物柴油是由脂肪酸甘油三酯与低分子的醇发生酯交换反应，生成脂肪酸甲酯，产生的初代生物柴油具有热值低、凝固点高、成本低的特点，且在使用中受限于温度和添加比例。

② 第二代生物柴油的生产工艺主要是催化加氢，产品的性能更为优良且向产业化迈进。第二代生物柴油克服了添加比例限制，具有更好的发动机兼容性和环保性，逐渐实现产业化，但目前我国的生产商较少，主要以欧美地区为产能区[10]。

③ 第三代生物柴油具有更为宽广的原料选择范围，由于技术成本较高正处于研发中。目前主要有非油脂类生物质气化和微生物油脂制生物柴油两种制备方式。第三代生物柴油提取分离难度较大，生产成本较高，全球占比不足 2%，但具有较高碳减排效应

且原材料不占用耕地、不受规模限制，是一种具有长期发展潜力的替代燃料[11]。

（2）液化天然气

液化天然气（LNG）被公认为地球上最干净的化石能源，是一种低温液体，主要由甲烷（96%以上）和乙烷及少量 $C_3 \sim C_5$ 烷烃组成，具有无色、无味、无毒、无腐蚀性的特点[12]。LNG 的形成过程基本为：天然气通过岩层间隙渗透，直到形成储气地层，也就是我们常说的天然气气田；无论是在陆地还是在海上平台，已经探明的气田都能通过钻井泵吸获得天然气；获取的天然气经过预处理后，经管道输送至岸上的天然气液化工厂，经过净化处理（即脱水、脱烃、脱酸性气体）后，将甲烷通过节流、膨胀和外加冷源制冷的工艺转化为液体，最终实现天然气液化。

LNG 主要有以下优点：

① 安全可靠。LNG 的燃点比汽油高 230℃，比柴油更高；LNG 爆炸极限是汽油的 2.5~4.7 倍；LNG 相对密度约为 0.43，汽油约为 0.7，比空气轻，即使稍有泄漏，也能迅速挥发扩散，不至于自燃爆炸或形成遇火爆炸的极限浓度。因此，LNG 是一种安全能源。

② 清洁环保。根据采样分析对比，LNG 作为一种汽车燃料，比汽油、柴油的综合碳排放量降低了约 85%，其中 CO 排放量降低 97%、碳氢化合物降低 70%~80%、NO_x 降低 30%~40%、CO_2 降低 90%、微粒排放降低 40%、噪声降低 40%，而且无硫化物、铅、苯等毒性物质的释放，具有十分优越的环保性能。因此，LNG 是一种清洁能源。

③ 经济高效。LNG 的体积与气态天然气相比，缩小了 600 多倍，储存成本也减少为气态天然气的 1/70~1/6，具有投资省、占地少、储存效率高的优点。此外，LNG 所携带的能量能够得到充分的循环利用。

鉴于 LNG 的上述优势，已经被全球多个国家所重视并推广。俄罗斯在 LNG 应用方面积累了大量经验，并实现了在公路、铁路、水路和航空等多个运输领域中的应用；英国多数运输公司将 LNG 用作汽车燃料[13]。

6.3.2　节能减排技术

交通运输领域的节能减排技术主要是通过提升发动机热效率、降低重（质）量和阻力等手段减少油耗，从而实现能效提升、节能减排。

（1）电气化道路技术

电气化道路系统（electric road system，ERS）被定义为车辆在运动时接收动态电力传输的运输系统。在 ERS 中，道路运输不再是仅依靠化石燃料，还可以依赖可再生能源。ERS 与现有道路设施结合，为行驶在 ERS 上的车辆持续供电，由内燃机等驱动的传统车辆不需要连接到 ERS，也可在 ERS 中正常行驶；使用 ERS 的车辆备有小型电池和内燃机，也可以在普通道路上行驶。ERS 包括技术系统（车辆和基础设施）、操作系统（运营商和客户）、支付系统、通信系统、能源系统、生产系统和维护系统[14]。

ERS 电路的传输路径是通过高压输电线将电路传递到接触网，受电弓从接触网取电传递给牵引电动机或汽车的其他用电部分。电力传输的方式主要包括传导式和感应式。传导式电力传输是将道路和车辆之间进行物理连接，感应式是一种无线电力传输方式，主要是利用道路和车辆之间的磁场通量进行无线连接。目前，用于电力传输系统的常见技术主要有以下三种：

① 架空式技术。架空式技术已经发展得较为成熟，且在多个国家建立了试验段。架空式技术无需大量改造原有道路基础设施，只需要改造车辆上的受电弓，便可与架空导电线相连 [图 6.3(a)]。但这种技术对车辆高度有一定的要求，所以目前仅在卡车和公共汽车中应用广泛。

② 轨道式技术。轨道式技术是将导电轨设于道路上，机械臂将车辆与轨道连接，电力随机械臂由轨道传送至车辆 [图 6.3(b)]。机械臂的安装是轨道式技术发挥作用的重要环节。ERS 道路上行驶的车辆通过机械臂自动连接到导电轨上，在行驶中可以水平移动。机械臂在 ERS 道路结束时会自动断开。

③ 感应式技术。感应式技术是一种无线电力传播方式 [图 6.3(c)]，利用 ERS 和车辆之间的交流磁场进行无线电力传输。该技术将铁芯分为两部分，一部分安装在车辆中，另一部分以道路作为其延伸。

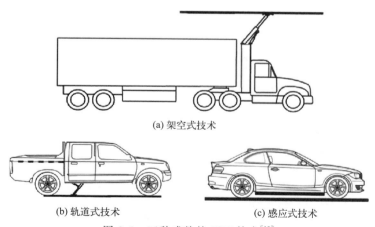

(a) 架空式技术

(b) 轨道式技术　　　　(c) 感应式技术

图 6.3　三种成熟的 ERS 技术[15]

ERS 系统主要有以下技术优势：

① 运营成本低。相对于汽油或者柴油，电力更为便宜，就算考虑能耗成本以及车辆、道路改造成本，ERS 车辆的运行成本也相对较低。黄少雄等[16] 将传统柴油车辆、蓄电池车辆和电气化公路车辆进行成本比对，结果如表 6.3 所示。其中电气化公路车辆百公里能耗成本比传统柴油车辆和蓄电池车辆分别降低了 53% 和 55%。

表 6.3　三种车辆运输成本对比[16]

参数	传统柴油车辆	蓄电池车辆	电气化公路车辆
总质量/t	18	18	18
额定载质量/t	10	9	9.5
电池容量	—	172.8	—
标称续航/km	—	230	—
满载百公里能耗	24.3L	75.kW·h	71.3kW·h
能耗费用	6.5元/L	2元/(kW·h)	1元/(kW·h)
百公里能耗成本/元	158	150	71
百吨公里能耗成本/元	15.8	16.67	7.47

② 绿色低碳。ERS 系统的应用可以有效减少汽油和柴油等燃油的消耗，进而减少 CO_2、NO_x 和颗粒物的生成和释放，为我国货运和客运等低碳发展奠定基础。

③ 提升驾驶安全性。高速公路电气化可以以架空电线以及电网支架作为参照物，为机动车的自动驾驶奠定发展方向，推动自动驾驶系统的发展，减少事故发生概率。

④ 实现远距离输送。ERS 还可以解决电池容量和里程焦虑问题。与柴油卡车相比，重型卡车的 ERS 解决方案显著降低了能源消耗，并且使其生命周期成本更具有竞争力。因此，将 ERS 应用于货物运输中是实现货运电气化的关键手段。图 6.4 为基于电气化公路的新型货运构架。在新型货运构架中，ERS 设于高速公路的最右侧道路上，混合动力卡车通过双受电弓获得电能，当卡车驶出高速公路时，可以利用蓄电池或者内燃机等动力行驶。高速路口设有物流仓库、充电桩、加油站等，为到达目的地提供保证。故而，ERS 的应用可以克服使用可再生能源汽车进行长途运输的困境。

图 6.4　基于电气化公路的新型货运架构[17]

（2）混合动力技术

混合动力是指在车辆动力系统中应用两种不同动力来源的技术，泛指油电混合动力。目前混合动力技术已经应用于汽车、船舶等运输工具中，下面以混合动力汽车为代表介绍混合动力技术在交通运输领域碳减排中的应用。

① 混合动力汽车分类：

a. 混合动力汽车按动力系统的连接方式进行划分，可分为串联、并联和混联式混合动力汽车[18]。串联式混合动力汽车是由发动机、发电机和发电电动机串联组成驱动系统，在需要动力较少的情况下，可以关闭发动机，仅通过发电电动机驱动汽车。并联式混合动力汽车的发动机和电动机既能共同驱动，又能独立驱动车辆正常行驶。混联式混合动力汽车将串联式和并联式混合动力汽车的多种优点进行结合，驱动方式多样化，可以根据道路条件和行驶需要自由选择驱动方式。

b. 根据动力分配比例可分为重度、轻度、轻微度混合动力汽车。重度混合动力汽车由电动机和发动机驱动，电动机能够独立驱动车辆正常行驶。与重度混合动力汽车不同，轻度混合动力汽车主要采用启动/发电一体电机驱动，而非单纯依靠电机驱动。轻微度混合动力汽车是以引擎驱动为主要动力源，电力驱动作为辅助。三种不同混合程度在汽车具体使用过程中呈现出不同的节能与减排效果。

② 混合动力汽车的关键技术。在发展混合动力汽车的过程中，提升混合动力系统燃油经济性和动力性能需要加强相应关键技术的研发。

a. 高能量密度电池。混合动力汽车需要提高电池功率和能量密度，才可以在爬坡、加速等过程中具有较大的峰值功率。随着我国汽车轻量化革命的不断深入与有效推进，为进一步提升油电混合动力汽车的整体性能，需要在混合动力汽车上配置高效电池管理系统和高能量密度电池。具体而言，插电式混合动力汽车的油耗水平与电池容量密切相关，而对于非插电式混合动力汽车，需要对电池系统采取相关控制策略（如浅充浅放等），以延长车辆电池的使用寿命，但这会使电池的能量密度降低，与汽车轻量化的相关发展要求不符。因此，不管是采用磷酸铁锂电池、三元锂电池、镍氢电池中的哪一种，在油电混合动力汽车的未来发展过程中，都要应对有效提高电池能量密度的问题[19]。此外，还需要对电池使用开发出完善的状态监测管理系统，并配置在油电混合动力汽车上，进而在充分发挥电池性能的同时，有效延长电池的使用寿命。

b. 机械传动结构。在纯电动汽车的结构组成中不包含传统意义上的变速箱，但目前混合动力车辆往往还存在相应的机械传动环节，尤其是当利用混联式混合动力系统时，行星排和齿轮传动可以构成特定的动力耦合装置，其工作效率以及可靠性对整车性能具有决定性的影响。在对油电混合动力汽车系统进行改进与更新时，为了降低传动环节的磨损程度，也为了保证传动可靠性，对传动比的第二排行星传动进行相应改造，使其转变成平行轴齿轮传动。

c. 电机驱动技术。在油电混合动力汽车当中，电机除了可以作为驱动单元以外，还可以参与到能量转化过程当中，是实现能量转换的一项重要环节，这也使油电混合动力汽车在电动模式和发电模式下都能够保证运行的有效性。与此同时，在达到峰值功率时，电机还可以有效发挥制动回收、整车加速、电驱动以及启动发动等相关功能[20]。

目前，在混合动力汽车的实际使用过程当中，其电机类型具体包括四种，分别为异步电机、开关磁阻、直流永磁以及交流永磁同步。在选用电机时需要对其成本、效率、性能以及质量等因素进行充分考虑。所以，在油电混合动力汽车的未来发展过程当中，需要针对电机的质量改进、体积缩小和性能提升等方面有效开展研发工作。而想要实现电机的高效运转，需要合理采用相关驱动技术。在混合动力汽车行业的快速发展过程中，混合动力系统的电机功率明显增大，这也对驱动电路性能提出了全新要求，需要有效保证电路中功率放大模块的作用发挥[21]。除此之外，还需要对具体的控制算法进行合理优化，从而使电机转速以及转矩控制的稳定性、可靠性与精确性得到有效提高。

（3）轻量化技术

轻量化技术一般是指在保证交通运输工具强度和安全性能的前提下，尽可能地降低交通运输工具的整备质量，从而提高交通运输工具的动力性，减少燃料消耗，降低排气污染。以汽车为例，汽车轻量化的整车收益如图 6.5 所示。若新能源车减重 100kg，续航里程将提升 $10\% \sim 11\%$，同时降低 20% 的电池成本和日常损耗成本。因此，作为降低油耗的重要途径，预计在节能减排目标升级的推动下轻量化技术的渗透率将持续提升。轻量化技术可以分为材料轻量化、结构设计优化和先进制造工艺。

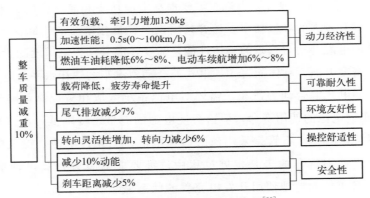

图 6.5   汽车轻量化的整车收益[22]

① 材料轻量化。汽车、飞机和船舶等运输工具的轻量化可以采用高强度钢、镁合金、铝合金、钛合金、增强塑料和复合材料等轻量化材料，进行运输工具的制造。轻量化材料分类如表 6.4 所示。王柱兴等[23] 实验研究得出轻量化的镁合金车轮相比于铝合金车轮而言质量降低 50%，机械性能更优的结论。Park 等[24] 用热塑性塑料制作汽车的挡泥板替代钢制挡泥板，质量减少 41%。ARRK Engineering 公司开发了使用碳纤维增强热塑性塑料制作的复合变速箱壳体，比之前采用的铝合金壳体轻了 30%。空客 A380 在中央翼盒使用复合材料，相比原有铝合金结构减重 1.5t。波音 787-8 飞机复合材料使用比例达到 50%，实际减重 20%，极大地减轻了飞机基本重量。材料轻量化的效果最为明显，但由于工艺、设计变化以及轻型材料的价格使得运输工具的制造成本增加，强度等机械性能也有可能下降。

表 6.4　汽车轻量化材料分类

分类	说明	种类
高强度钢材	比普通钢材的抗拉强度高 2 倍以上,同等性能下质量更轻	先进高强度钢材(AHSS)
		超高强度钢材(UAHSS)
铝	比钢材的比重轻 1/3,耐腐蚀性、热传导性好	5000 系合金
		6000 系合金
		7000 系合金
碳纤维复合材料	在高分子树脂中用碳纤维来加强的复合材料;质量相对更轻,热硬化性,热可塑性好	PAN 系列材料

② 结构设计优化。结构设计优化主要是指将运输工具以符合要求强度的最优结构进行设计,并保证材料使用最小化。优化方法主要包括尺寸优化、形状优化和拓扑优化。

尺寸优化指在保证结构件的整体性能的同时,对该结构件的截面面积以及厚度等进行优化,即在设计区域以及设计变量保持原状的状态下建立起以质量或体积等为目标函数的数学模型达到推进轻量化的目的。陆善彬等[25] 采用等效静态载荷法对某汽车的前端结构组件(保险杠、吸能盒以及前纵梁)进行了尺寸和形貌优化,建立整个前端质量最小化的目标函数,在实现预期抗撞性的同时减重率成功达到 7.03%。黄登峰等[26] 通过使用 optistruct 软件对某汽车的 C 梁进行尺寸优化并成功减重。

形状优化表示对结构件的整体或者局部的形状以及孔洞的形状进行优化改进,使材料达到更好的使用效果,减少受力不均现象。例如,将网络变形技术和灵敏度分析相结合,建立形状和厚度设计变量,并结合相关优化理论对车身性能进行多目标优化,可以得到较好的最优解集,以达到轻量化目的[27];将盘式制动盘进行变形预定义,并作为形状优化的设计变量,结合 optistruct 进行形状优化可以改善车身低阶动态特性[28]。

目前在汽车轻量化设计中,拓扑优化方法是最有潜力且研究较为广泛的结构优化方法,在产品的结构概念设计中应用居多。拓扑优化结构分为连续型结构和离散型结构两种,主要指的是先根据待优化结构件与其旁边构件的方位关系来划分设计区域,进而保证不干扰其他零件正常工作;然后在划分好的设计区域中根据材料的力学性能参数建立符合约束条件的目标函数,最后求得材料的最优分布状况和最佳传力途径,使得结构的某些性能指标达到最佳的一种创新性设计方法。因此拓扑优化相对于其他结构优化方法有一定的优势,可以大大提高设计效率、减少开发和验证时间、提高生产效率并降低成本。

③ 先进制造工艺。

a. 热冲压成型技术。热冲压成型技术是目前汽车制造中具有影响力的先进技术之一,专门用于高强度钢板冲压件成型,又被称为"冲压硬化"技术。首先加热高强度板,使其温度达到 880～950℃,然后利用具有冷却系统的模具冲压成型,并在保压状态下进行淬火冷却;在此过程中奥氏体转为马氏体,钢板强度大幅提升,使得冲压件强度达到 1500MPa 以上。热冲压工艺主要分为直接热冲压工艺和间接热冲压工艺两大类。间接热冲压工艺在加热前需要进行冷冲预成型，适用于形状较为复杂的零件。

热冲压成型技术可以有效降低车身零件所需材料的厚度，由于零件强度大，车身的加强板、加强筋大大减少，减少了车身的重量，可有效提高车身的防撞安全性，降低汽车的燃油消耗。程刚等[29] 以本田思域 2016 款车身结构为研究对象，采用超高强钢辊压成型三维管梁替换车身 A 柱、车顶纵梁内部热成型冲压加强板，新结构弯曲刚度和强度性能与原结构基本一致，且实现车身减重 3.23kg，轻量化效果明显。

b. 高强钢辊压成型工艺。辊压成型工艺是通过顺序配置的多道次轧，将卷材、带材等金属板带不断地进行横向弯曲，以制成特定截面产品（如图 6.6 所示）的一种新型塑性加工工艺[30]。主要成型特性有：生产效率高且速度快，适合大批量生产，与冲压、折弯工艺相比效率提高 10% 以上，制造成本大幅下降；加工产品长度基本不受限制，可连续生产；产品表面质量好，尺寸精度高；在辊压成型线上可以集成其他加工工艺，如冲孔、焊接、压花、剪切等，可简化工艺、降低成本；与热轧和冲压工艺相比，材料利用率高，能够节约材料 15%～20%；适合横截面形状复杂的零件，包括复杂的开口和闭口截面；与冲压工艺相比，投资费用较低；适合高强钢的成型；零件长度改变而不需要额外的模具投资费用；生产噪声低，无环境污染。

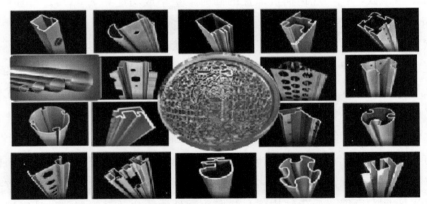

图 6.6　截面产品[30]

c. 弯管成型工艺。金属弯管件作为一种数量巨大、种类繁多的"出血"改造和承载的关键轻量化部件，在航空航天、船舶制造、汽车、能源、医疗等众多高科技行业中得到了越来越多的应用，从材料和结构两方面满足了当前对产品轻量化、高强高性能的需求。将管状材料弯曲成一定的弯曲半径、弯曲角度和弯曲形状，是管状塑性成型领域的一个重要分支，已成为上述行业急需的轻量化产品的重要制造技术。根据成型条件的不同，有常温冷弯和高温热弯。从加载条件来看，有纯弯曲、压缩弯曲、拉伸弯曲、轧辊弯曲、旋转拉伸弯曲和激光弯曲。在材料上有不锈钢管弯曲、铝合金管弯曲、铜管弯曲、镁合金管弯曲、钛合金管弯曲等。

d. 激光拼焊板。激光拼焊板技术是基于成熟的激光焊接技术发展起来的现代加工工艺技术，是通过高能量的激光将几块不同材质、不同厚度、不同涂层的钢材焊接成一块整体板再冲压生产，以满足零部件不同部位对材料不同性能的要求。目前，激光拼焊板已广泛应用在汽车车身的各个部位上，如侧围内板、门内板、前地板、前纵梁及保险杠等[31]。激光拼焊板技术主要优势有：在相同强度的情况下，激光拼焊板可以很好地减轻车辆质量；可以提高强度、疲劳时效性、防腐能力；通过材料的合理选择减少零件数量，降低采购成本；冲压件数量减少，省去部分焊接、装配流程；减少汽车厂的成本和设备投入，成型性能更加稳定（反弹），功能集成、工序简化，落料、冲压、总装设备投入减少（内部物流），利于汽车回收；量身定做，拼焊板焊缝可以一条，也可以多条，焊缝可以直线，也可以曲线。

6.3.3　颠覆性技术

在"双碳"目标背景下，科技创新要以高要求高标准进行发展，并逐渐向颠覆性技术靠近。颠覆性技术的创新性变革将为克服能源结构转型中的障碍性问题提供思路和理论指导，也为能效提升、生活方式高品质发展提供路径指引。在交通运输领域，汽车保有量增加、客运货运需求增加等导致交通拥堵、交通事故频发、能源浪费、尾气排放增加等。研究学者逐渐意识到交通、能源和环境三者密切相关。实现交通低碳发展，需要从能源结构转型和减少环境污染等方面着手。面对需求大于供给的城市交通现状，颠覆性技术的开发是未来智慧、绿色交通的有效途径之一[32]。目前有以下几项科技将为交通领域带来颠覆性变革，为实现绿色、低碳交通带来实质性帮助。

（1）无人驾驶车辆

传统汽车带来了资源浪费、效率低下、成本高昂、环境污染等问题，而无人驾驶新能源汽车则为这些问题的解决带来了可能。新能源、人工智能、互联网、大数据、共享经济等的发展，则为无人驾驶新能源汽车提供了技术基础。

无人驾驶新能源汽车不再依赖石油资源，其组成部分不再是内燃机、尾气排放系统等，而是以新能源驱动。兰德公司的一份报告指出：无人驾驶技术能提高燃料效率，通过更顺畅的加速、减速，能比手动驾驶提高 4%～10% 的燃料效率，极大地提高了资源利用效率，减少了碳排放。无人驾驶汽车需要的零部件数量也是传统汽车的十分之一，零部件不仅数量少，而且更容易制造。零部件数量的极大减少，不仅节约了成本，减少了资源浪费，而且免去了零件废弃时的处理问题。无人驾驶还能够大大减少交通事故的发生。据估算，无人驾驶可以将每年导致千万人死亡的交通事故减少 90%。同时，通过无人驾驶与大数据结合实现的共享经济，具有减排和节能的好处，可以进一步提高效率，降低能耗。2016 年，《纽约时报》曾指出，使用无人车共享系统不仅节约能源，还能减少各种污染物的排放。此外，无人驾驶与大数据结合带来的车辆精细化管理，使大面积的停车位不再被需要，这会使城市格局被重新规划——停车场将被重新规划为住宅、商业和绿化空间等，仅用目前私人车辆15％左右的自动驾驶车辆即可满足目前的出行需要。目前，汽车对石油依赖的能源问题、交通安全问题、气候变暖问题等，有望被无人驾驶新能源汽车的发展所解决。无人驾驶新能源汽车将带来交通系统的深度变革，带来交通环保的常态化。

新能源驱动技术的成熟、无人驾驶技术的发展、联网和共享服务的融合，为我们重新定义汽车行业和出行本身提供了契机。无人驾驶新能源汽车可以从根本上改变汽车的使用方式，帮助预防交通事故，减少污染。比如，无人驾驶新能源汽车在路面上以"鱼群"的队形行驶，排在中间位置的车辆会感受到空气阻力显著下降，这种队形行驶能够减少20％～60％的空气阻力，将对燃料消耗和排放产生重大影响。无人驾驶新能源汽车的广泛应用，可以使我们不再依赖石油，不再用大量土地作为汽车的停放空间，不再排放大量汽车尾气污染空气，不再废弃大量的汽车零件等。这一系列的变革，将改善空气质量，减少资源的浪费，减缓环境危机的恶化。此外，无人驾驶新能源汽车所蕴含的环保理念，可以为后续的技术发展提供新的思考方式。

（2）车联网

智能汽车服务网络，即车联网（internet of vehicle），是智慧交通发展的必然产物，指汽车和汽车连接组成车网，车网与互联网连接，保持人、路、车之间信息互通，通过对信息网络平台中的所有车辆动态信息进行有效利用，在车辆运行中提供不同的功能服务，进而实现智慧交通功能。车联网应用场景如图6.7所示。在车联网应用中，采用路侧单元（RSU）实时监视城市路况，采集包括行人位置、车辆信息、电子路牌等路面状况信息；获取信息后，通过互联网技术将信息传输至MEC服务器进行分析处理，并对关键信息进行识别和推送；为不同车辆计算出最佳路线、及时汇报路况和安排信号灯周期；当系统判断有发生事故的可能性时，则提示警告信息提醒司机进行刹车等紧急操作[33]。

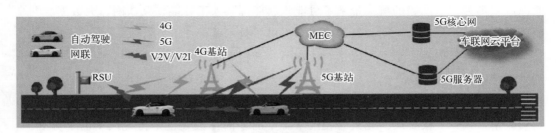

图6.7　车联网应用场景[33]

（3）智慧基础设施

在整个智慧城市理论体系中，智慧城市基础设施主要包括三方面内容：信息网络设施，包括有线宽带、无线宽带、物联网及三网融合等，是智慧城市的信息传输系统；信息共享基础设施，包括云计算平台、信息安全服务平台及测试中心等，是智慧城市的公共数据存储、信息交换及运营支撑平台；智慧化的传统基础设施，主要是对包括水、电、气、热管网，以及道路、桥梁、站点等在内的市政基础设施及其负载要素的数智化建设，从而形成高度一体化的新型智慧基础设施。通过智慧基础设施大量传感器采集的信息，可以实时地监控、测量、分析，并依据检测结果进行反应。智慧基础设施利用信息基础设施，为城市大脑决策提供信息支持。

① 智能充电桩：以城市为单位，建立充电桩（站）的基础信息、运营等数据应用服务一体化，以充电桩运营（监控）中心为支撑，在充电桩监管到运营业务开展的基础上，以服务的方式为各政府部门、车主、新能源汽车、能源汽车厂商提供信息资源综合服务。

② 智能灯杆：将传统功能单一的路灯灯杆升级为集供电、网络和控制于一体的智慧灯杆，实现多杆合一，打造智慧城市新载体与互联网新亮点，为无线城市、绿色减排、公共安全、公众服务等诸多领域提供新型设施和便利条件，实现城市决策、管理、服务智慧化升级。

（4）车辆共享商业模式

车辆共享商业模式最典型的例子是城市共享单车的兴起。2016 年下半年以来，共享单车迅速崛起，现在已经遍布国内各大中小城市的大街小巷，可与高速公路、支付宝和网购共同列为"新四大发明"，为"最后一千米"的交通接驳问题提供了解决方案，进而方便了人们的交通生活。

汽车共享则被认为是共享经济下的另一个主要应用。汽车共享的内容较为丰富，不仅包括汽车产品的使用共享（也就是现在流行的共享汽车），也包括研发、生产、制造、销售等各个环节的共享，甚至还涵盖基础设施、政策环境、汽车文化等领域的共享。这里提到的汽车共享，主要是指汽车产品的使用共享。分时租赁是共享汽车的一种典型应用形式，将汽车租赁的时间单位由传统的天数更改为小时、分钟，有效地改善了以往汽车租赁的局限性，也提升了用户使用汽车的便利性和灵活性。

未来汽车发展会带来诸多社会问题，例如出行成本高昂、交通拥堵等，而电动汽车和共享汽车的结合可以作为解决未来交通问题的最佳方案之一。在用户使用共享汽车时，无固定成本和后期维修成本的投入，只需支付每一次的使用成本即可，出行成本低廉；运营商和城市网点建设的增加，使得共享汽车数量增多，进而大幅度提升出行效率，节省出行时间。上海 Evcard 共享汽车项目的数据显示，Evcard 的出行优势加速了用户的卖车行为，其中 60％的用户在注册 Evcard 三个月内卖车，75％用户在注册半年内卖车，坚持购车中的 35％用户会延迟购车，这表明共享汽车的出现对减少汽车数量具有重要作用。此外，共享汽车的出现为应对汽车发展问题、实现健康可持续的低碳发展带来了新的解决方案。共享汽车以其自身独特的优越性，对缓解交通堵塞、提高通行效率、降低道路磨损、减少空气污染、降低对能源的依赖性等方面具有良好效果，深度的汽车共享对未来社会整体发展至关重要。

（5）出行即服务

出行即服务（mobility as a service，MaaS）是一种新型的出行服务模式，以数字化技术为支撑，以共享经济为经营理念，融合多种交通方式，为用户提供个性化的出行方案，以达到快捷方便、低碳高效的目的。MaaS 平台可根据用户需求和偏好，将相应交通方式所需时间和费用等信息提供给用户，并据此信息制订最优出行方案。MaaS 平台主要有以下特点：

① 以用户为中心：MaaS 平台可提供个性化、便捷、低碳、高效的出行解决方案，且方案的提出以用户需求和偏好为核心。

② 多元化交通选择：MaaS 平台融合了多种交通方式，包括公共交通、出租车、用于共享的单车和汽车等，用户可以根据自己的需求和偏好，选择最优出行计划。

③ 数字化平台运营：MaaS 平台基于数字化技术将信息查询、预订、支付等服务提供给用户，进而提升服务效率和用户体验。

④ 共享经济理念：MaaS 平台鼓励用户共享交通资源，在降低个人出行成本的同时，减少交通拥堵和环境污染。

⑤ 风险管理与收益分配：平台提供给用户的服务和功能会受到商业模式的影响。如"代理"模式下，平台运营商将要承担第三方服务的负债风险高，相较之下对用户体验的利好影响较小。而"独营"模式则可能会逐渐消失或者被其他运营商整合。"代理"模式终将随着 MaaS 概念的成熟而逐渐被"运营商"模式所替代。

思考题

1. 简述我国交通领域碳排放现状。

2. 我国交通运输领域实现"双碳"目标面临的挑战有哪些？

3. 交通运输低碳发展的关键路径有哪些？

4. 替代燃料技术对碳减排的贡献有多大？发展前景如何？

5. 电气化道路系统的优势有哪些？

6. 简述混合动力汽车的分类和特点，以及它在交通运输碳减排过程中的作用。

7. 试阐述如何实现汽车的轻量化。

8. 交通运输领域中的颠覆性技术有哪些？这些技术在低碳城市发展中起到何种作用？

在线题库
参考答案

参考文献

[1]　国家统计局. 中国统计年鉴 [M]. 北京：中国统计出版社，2021.

[2]　王庆一. 2020 能源数据 [R]. 北京：绿色发展创新中心，2021.

[3]　杜菲. 碳达峰背景下中国交通运输碳排放现状及其减排路径研究 [D]. 西安：长安大学，2022.

[4]　李玮，孙文. 省域交通运输业碳排放时空分布特征 [J]. 系统工程，2016，34（11）：30-38.

[5]　袁长伟，张倩，芮晓丽，等. 中国交通运输碳排放时空演变及差异分析 [J]. 环境科学学报，2016，36（12）：4555-4562.

[6]　能源基金会. 中国现代化的新征程："十四五"到碳中和的新增长故事 [R/OL]. (2020-12-10). https://www.efchina.org/Attachments/Report/report-lceg-20201210/Full-Report_Synthesis-Report-2020-on-Chinas-Carbon-Neutrality_ZH.pdf.

[7]　周伟，王雪成. 中国交通运输领域绿色低碳转型路径研究 [J]. 交通运输研究，2022，8（06）：2-9.

[8]　清华大学气候变化与可持续发展研究院. 中国长期低碳发展战略与转型路径研究 [M]. 北京：中国环境出版社，2020.

[9]　彭天铎，袁志逸，任磊，等. 中国碳中和目标下交通部门低碳发展路径研究 [J]. 汽车工程学报，2022，12（04）：351-359.

[10]　岳文强，赵耀平，张凯. 第二代生物柴油技术现状及发展趋势 [J]. 科技与创新，2023，224（08）：20-21，25.

[11]　陈冠益，夏晒歌，李婉晴，等. 面向碳中和的生物柴油制备及应用研究进展 [J]. 太阳能学报，2022，43（09）：343-353.

[12]　Stettler Marc E J，Woo M，Ainalis D，et al. Review of Well-to-Wheel lifecycle emissions of liquefied natural gas heavy goods vehicles [J]. Applied Energy，2023，333：120511.

[13]　郭彦鑫. 天然气液化技术与应用研究 [D]. 西安：西安石油大学，2011.

[14]　李齐丽，刘杰，毛宁，等. 电气化公路运输系统技术方案探索 [J]. 交通节能与环保，2022，18（02）：5-10.

[15]　夏群悦. 电气化道路技术综述 [J]. 新型工业化，2021，11（08）：43-44.

[16]　黄少雄，蒋海峰，杨文银，等. 电气化公路技术进展及在中国应用的可行性分析 [J]. 公路交通科技，2020，37（08）：118-126.

[17]　郑泽东，刘昊，李永东，等. 电气化公路技术研究 [J]. 中国公路学报，2019，32（05）：132-141.

[18]　张景轩，程子健. 基于混合动力技术的新能源汽车应用及发展趋势 [J]. 南方农机，2022，53（10）：152-155.

[19]　陈建文，令狐婷，吕良恺，等. 汽车混合动力技术发展现状及前景 [J]. 汽车零部件，2011，38（08）：75-76，80.

[20]　张金璐，刘敦威，刘婷婷，等. 混合动力汽车及其关键技术分析 [J]. 轻纺工业与技术，2019，48（08）：137-138.

[21]　肖京养. 油电混合动力汽车及其关键技术探讨 [J]. 汽车实用技术，2018，259（04）：15-16，43.

[22]　谢贵山，黄宗斌，赵肖斌，等. 汽车车身的轻量化设计探讨 [J]. 汽车零部件，2023，176（02）：80-84.

[23]　王柱兴，吕金旗，栗智鹏. 轻量化镁合金轮毂生产工艺研究 [J]. 汽车工业研究，2018，289（06）：52-55.

[24]　Park H S，Dang X P，Roderburg A，et al. Development of plastic front side panels for green cars. CIRP Journal of Manufacturing Science and Technology，2013，6（1）：44-52.

[25]　陆善彬，蒋伟波，左文杰. 基于等效静态载荷法的汽车前端结构抗撞性尺寸和形貌优化 [J]. 振动与冲击，2018，37（07）：56-61.

[26] 黄登峰，闫晓磊，钟勇. 基于拓扑和尺寸优化的汽车C型梁轻量化设计 [J]. 福建工程学院学报，2018，16（06）：526-529.

[27] 杜倩倩，陆善彬. 基于网格变形技术的车身改型多目标优化 [J]. 合肥工业大学学报（自然科学版），2016，39（08）：1031-1036.

[28] 陈再发，宋马军. 刹车制动系统形状优化的基频研究 [J]. 机械设计与制造，2018，324（02）：120-123.

[29] 程刚，于翔，宁普才. 三维管梁在汽车车身轻量化上的应用 [J]. 上海工程技术大学学报，2022，36（02）：176-181.

[30] 李燕，王三星，陈馨. 浅析先进高强钢辊压成型工艺 [J]. 汽车实用技术，2018，278（23）：273-275.

[31] 徐浩，陈媛媛，崔礼春. 浅谈激光拼焊板在车架纵梁上的应用 [J]. 金属加工（热加工），2019，809（02）：2-5.

[32] 吴滨，韦结余. 颠覆性技术创新的政策需求分析——以智能交通为例 [J]. 技术经济，2020，39（06）：185-192.

[33] 陈建辉，李怡飞. 国内车联网领域关键技术的发展现状及趋势 [J]. 汽车实用技术，2023，48（07）：200-204.

第 7 章

建筑领域碳中和

学习目标

1. 熟悉建筑领域碳排放分类及碳减排所面临的挑战。
2. 掌握绿色建筑相关概念及绿色建筑节能技术。
3. 了解国内外典型绿色建筑案例。

7.1 建筑领域碳排放

7.1.1 建筑领域碳排放分类

（1）从能源消耗的角度

建筑领域能源消耗包含建筑建造能耗和建筑运行能耗两大部分。

建筑建造能耗指的是由于建筑建造阶段所导致的原材料开采、建材生产、运输以及现场施工所产生的能源消耗[1]。建筑运行能耗指的是在住宅、办公建筑、学校、商场、宾馆、交通枢纽、文体娱乐设施等建筑内，为居住者或使用者提供采暖、通风、空调、照明、炊事、生活热水，以及其他为了实现建筑的各项服务功能所产生的能源消耗[2]。

（2）从温室气体排放的角度

按照产生的边界建筑碳排放可划分为三类[3]：

① 建筑直接碳排放：主要指建筑运行中直接通过燃烧方式使用燃煤、燃油和燃气这些化石能源所排放的二氧化碳。

② 建筑间接碳排放：主要指建筑运行阶段消耗的电力和热力两大二次能源带来的碳排放。建筑直接碳排放和建筑间接碳排放相加即为建筑运行碳排放。

③ 建筑隐含碳排放：指建筑的建造和维修耗材的生产和运输导致的碳排放。

以上全部三项之和可称为建筑全寿命周期碳排放。

7.1.2　建筑领域碳排放现状

2021 年，全球建筑建造（含房屋建造和基础设施建设）和建筑运行相关的终端用能占全球最终能源消费总量的 30%（如果算上与水泥、钢铁和铝生产相关的最终能源消耗，这一比例将升至 34%），其碳排放量占能源行业总排放量的 27%（其中 8% 是建筑直接排放，19% 来自建筑用电和供热生产的间接排放）。由于发展中国家能源可及性的改善、热带国家对空调的需求不断增长、高耗能电器拥有量和使用量的增加以及全球建筑面积的快速增长，建筑建造和建筑运行相关的能源需求持续上升。2021 年建筑能源需求比 2020 年增长了近 4%（比 2019 年增长了 3%），这是过去十年来最大的年度增幅。2021 年，电力消耗量占建筑能源消耗总量的 35% 左右，高于 2010 年的 30%。特别是，在所有建筑最终用途中，空间冷却在 2021 年的需求增长幅度最大，与 2020 年相比增长了 6.5% 以上。尽管人们逐渐从化石燃料转向其他选择，但自 2010 年以来，化石燃料的使用仍以年均 0.7% 的速度增长。到 2021 年，35% 的建筑能源总需求来源于化石燃料。

2020 年，我国建筑与建造碳排放总量为 50.8 亿吨 CO_2，约占全国碳排放量的 50.9%，建材生产、建筑施工和建筑运行三个阶段的碳排放量分别为 28.2 亿吨 CO_2、1.0 亿吨 CO_2 和 21.6 亿吨 CO_2，分别占全国碳排放总量的 28.2%、1.0% 和 21.7%（图 7.1）；公共建筑、城镇居住建筑和农村居住建筑的碳排放量分别为 8.3 亿吨 CO_2、9.0 亿吨 CO_2 和 4.3 亿吨 CO_2，分别占建筑碳排放总量的 38%、42% 和 20%。对于建材生产阶段的碳排放，2000—2014 年间其年均增速为 12%，2014 年后逐渐进入平台期，增速变慢；其增速减慢的主要原因是建材用量的显著下降。建筑施工阶段的碳排放量增长趋势的拐点也出现在 2014 年，且在 2014 年后增速显著下降；由于建筑施工面积的持续增长，虽然施工阶段碳排放量增速下降，但其碳排放量一直处于增加状态。2005—2020 年间建筑运行碳排放量处于增加状态，年均增速为 4.7%，在"十一五"、"十二五"和"十三五"期间年均碳排放量增速分别为 7.0%、4.2% 和 2.8%，即建筑运行碳排放量增速逐渐变缓，其主要原因是全国建筑能源结构的逐渐优化[1]。

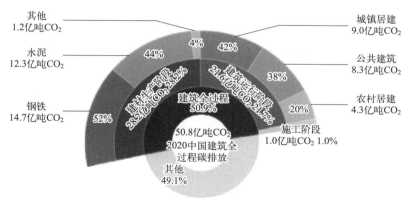

图 7.1　2020 年中国建筑全过程排放总量及占比情况[1]

7.1.3　我国建筑领域碳减排面临的挑战

（1）既有建筑存量大，节能建筑占比不大

我国 2020 年全国建筑面积约 696 亿平方米。在新建建筑中，城镇新建建筑基本达到节能建筑设计标准，但农村建筑达标率很低。2019 年，在城镇既有建筑面积中节能建筑面积仅占 56%。截至 2020 年 9 月，更节能的近零能耗建筑示范面积仅 1200 万平方米，只占城镇建筑面积的 0.03%。在既有建筑面积中能耗较高的传统建筑占比还很大，而既有建筑节能低碳改造又面临投资大、成本高等巨大市场障碍[4]。

（2）对加快发展近零能耗等节能低碳建筑的认识和重视不足

建筑系统长期以来以规模化建设为主要业务内容，对于年竣工面积、建筑质量、建筑安全等有明确目标和要求，但面对碳达峰、碳中和的新要求，对于是否要加速发展近零能耗建筑还未形成统一认识。加上近零能耗建筑在传统能源供应形式上发生革命性转变，对建筑材料、部品、施工工艺、人才和产业发展等方面都提出更高要求[5]。

（3）建筑运行能源供给和消费结构离清洁低碳的要求还相差甚远

以 2019 年的数据信息为例，2019 年在建筑运行终端能源消费中，煤炭、天然气、液化石油气等化石能源占比达 46.6%；热力在终端能源消费中占 8.8%，而目前热源主要来自煤电热电联产和天然气供热；2019 年电力在终端能源消费中占 40%，电源结构中火电仍占 59%。随着生活水平的不断提高，人们对生活环境舒适度的要求也在不断提升，采暖、空调、生活热水、家用电器等终端需求将持续增长。如果能源结构不能清洁低碳化，建筑运行碳排放将呈增长趋势。

此外，建筑施工过程链条长、环节多、精准管理难。我国建筑业传统生产方式仍占据主导地位。我国新增建筑的工程建设每年产生的碳排放约占总排放量的 18%，主要集中在钢铁、水泥、玻璃等建筑材料的生产、运输及现场施工过程中。

7.2　建筑领域碳中和政策与实施路径

7.2.1　建筑领域碳中和目标

2021 年 12 月 28 日，国务院印发的《"十四五"节能减排综合工作方案》中提出建筑领域碳中和具体目标主要包括：全面推进城镇绿色规划、绿色建设、绿色运行管理，推动低碳城市、韧性城市、海绵城市、"无废城市"建设；全面提高建筑节能标准，加快发展超低能耗建筑，积极推进既有建筑节能改造、建筑光伏一体化建设；因地制宜推动北方地区清洁取暖，加快工业余热、可再生能源等在城镇供热中的规模化应用；实施绿色高效制冷行动，以建筑中央空调、数据中心、商务产业园区、冷链物流等为重点，更新升级制冷技术、设备，优化负荷供需匹配，大幅提升制冷系统能效水平。实施公共供水管网漏损治理工程；到 2025 年，城镇新建建筑全面执行绿色建筑标准，城镇清洁取暖比例和绿色高效制冷产品市场占有率大幅提升。

2022 年 1 月 19 日，住房和城乡建设部印发的《"十四五"建筑业发展规划》中，提出以下具体发展目标：

(1) 2035 年远景目标

以建设世界建造强国为目标，着力构建市场机制有效、质量安全可控、标准支撑有力、市场主体有活力的现代化建筑业发展体系。到 2035 年，建筑业发展质量和效益大幅提升，建筑工业化全面实现，建筑品质显著提升，企业创新能力大幅提高，高素质人才队伍全面建立，产业整体优势明显增强，"中国建造"核心竞争力世界领先，迈入智能建造世界强国行列，全面服务社会主义现代化强国建设。

(2)"十四五"时期发展目标

对标 2035 年远景目标，初步形成建筑业高质量发展体系框架，建筑市场运行机制更加完善，营商环境和产业结构不断优化，建筑市场秩序明显改善，工程质量安全保障体系基本健全，建筑工业化、数字化、智能化水平大幅提升，建造方式绿色转型成效显著，加速建筑业由大向强转变，为形成强大国内市场、构建新发展格局提供有力支撑。

① 国民经济支柱产业地位更加稳固。高质量完成全社会固定资产投资建设任务，全国建筑业总产值年均增长率保持在合理区间，建筑业增加值占国内生产总值的比重保持在 6% 左右。新一代信息技术与建筑业实现深度融合，催生一批新产品新业态新模式，壮大经济发展新引擎。

②　产业链现代化水平明显提高。智能建造与新型建筑工业化协同发展的政策体系和产业体系基本建立，装配式建筑占新建建筑的比例达到 30% 以上，打造一批建筑产业互联网平台，形成一批建筑机器人标志性产品，培育一批智能建造和装配式建筑产业基地。

③　绿色低碳生产方式初步形成。绿色建造政策、技术、实施体系初步建立，绿色建造方式加快推行，工程建设集约化水平不断提高，新建建筑施工现场建筑垃圾排放量控制在每万平方米 300 吨以下，建筑废弃物处理和再利用的市场机制初步形成，建设一批绿色建造示范工程。

④　建筑市场体系更加完善。建筑法修订加快推进，法律法规体系更加完善。企业资质管理制度进一步完善，个人执业资格管理进一步强化，工程担保和信用管理制度不断健全，工程造价市场化机制初步形成。工程建设组织模式持续优化，工程总承包和全过程工程咨询广泛推行。符合建筑业特点的用工方式基本建立，建筑工人实现公司化、专业化管理，中级工以上建筑工人达 1000 万人以上。

⑤　工程质量安全水平稳步提升。建筑品质和使用功能不断提高，建筑施工安全生产形势持续稳定向好，重特大安全生产事故得到有效遏制。建设工程消防设计审查和验收平稳有序开展。城市轨道交通工程智慧化建设初具成效。工程抗震防灾能力稳步提升。质量安全技术创新和应用水平不断提高。

7.2.2　建筑领域低碳发展政策

在节能减排背景下，发展绿色建筑成为大势所趋。为支持绿色建筑产业发展，国家发布了一系列政策。我国绿色建筑行业相关政策的内容如表 7.1 所示。

表 7.1　我国绿色建筑行业相关政策

日期	政策名称	内容
2017 年 2 月	《关于促进建筑业持续健康发展的意见》	明确指出要提升建筑设计水平，突出建筑使用功能及节能、节水、节地、节材和环保等要求，提供功能适用、经济合理、安全可靠、技术先进、环境协调的建筑设计产品
2019 年 8 月	《海绵城市建设评价标准》《绿色建筑评价标准》等 10 项标准	旨在遵应中国经济由高速增长阶段转向高质量发展阶段的新要求，以高标准支撑和引导我国城市建设。工程建设高质量发展
2019 年 9 月	《关于成立部科学技术委员会建筑节能与绿色建筑专业委员会》	进一步推动绿色建筑发展，提高建筑节能水平，充分发挥专家智库作用
2020 年 7 月	《绿色建筑创建行动方案》	到 2022 年，当年城镇新建建筑中绿色建筑面积占比达到 70%，星级绿色建筑持续增加，既有建筑能效水平不断提高，住宅健康性能不断完善，装配化建造方式占比稳步提升，绿色建材应用进一步扩大，绿色住宅使用者监督全国推广，人民群众积极参与绿色建筑创建活动，形成崇尚绿色生活的社会氛围

续表

日期	政策名称	内容
2021年1月	《绿色建筑标识管理办法》	规定绿色建筑标识是指表示绿色建筑星级并载有性能指标的信息标志,包括标牌和证书。绿色建筑标识由住房和城乡建设部统一式样,证书由授予部门制作,标牌由申请单位根据不同应用场景按照制作指南自行制作。规范了绿色建筑标识管理,推动绿色建筑高质量发展
2021年2月	《国务院关于加快建立健全绿色低碳循环发展经济体系的指导意见》	开展绿色社区创建行动,大力发展绿色建筑,建立绿色建筑统一标识制度,结合城镇老旧小区改造推动社区基础设施绿色化和既有建筑节能改造
2021年3月	《中华人民共和国国民经济和社会发展第十四个五年规划和2035年远景目标纲要》	大力推广绿色建材、装配式建筑和钢结构住宅,建设低碳城市
2021年9月	《中共中央 国务院关于完整准确全面贯彻新发展理念做好碳达峰碳中和工作的意见》	大力发展节能低碳建筑。持续提高新建建筑节能标准,加快推进超低能耗、近零能耗、低碳建筑规模化发展。大力推进城镇既有建筑和市政基础设施节能改造,提升建筑节能低碳水平。逐步开展建筑能耗限额管理,推行建筑能效测评标识,开展建筑领域低碳发展绩效评估。全面推广绿色低碳建材,推动建筑材料循环利用。发展绿色农房
2022年2月	《高耗能行业重点领域节能降碳改造升级实施指南(2022年版)》《建筑、卫生陶瓷行业节能降碳改造升级实施指南》	到2025年,建筑、卫生陶瓷行业能效标杆水平以上的产能比例均达到30%,能效基准水平以下产能基本清零,行业节能降碳效果显著,绿色低碳发展能力大幅增强

7.2.3 建筑领域碳中和实施路径

推动建筑行业节能低碳发展,需要从引导建筑面积合理增长、推广超低能耗建筑、普及高效建筑用能设备和系统、优化建筑终端用能结构等方面挖掘节能降碳潜力。

(1) 科学进行城乡规划,引导面积总量合理增长

合理设定人均建筑面积发展目标,尽早实施全国建筑面积总量控制,明确提出不同时期全国城镇建筑面积总量,力争2050年将全国建筑面积控制在860亿平方米以内,并在充分考虑地方实际的基础上,对不同省份提出差别化的建筑面积总量控制要求。推动发展紧凑型城市,积极优化城市空间布局,合理配比不同功能建筑面积,开发融合居住、工作场所、生活服务场所、休闲娱乐场所于一体的综合社区。

(2) 加强技术创新研发,加快推广超低能耗建筑

研究超低能耗建筑系统设计方法、施工和质量控制办法等新技术、新工艺,开发真空隔热板、双层Low-E(低辐射)玻璃、玻璃窗膜、可光控玻璃窗户、空气密封、光伏屋顶等先进围护结构部件或技术,研究开发高性能的绿色建材,推动优质建筑材料、高性能围护结构部件、高效用能设备等产业发展。普及一体化和被动式设计理念,出台一体化和被动式设计的技术指南,开发建筑能效综合评估工具,加强对超低能耗建筑施工人员的培训。

（3）持续提升标准，加快普及高效用能设备和系统

建立基于实际用能的建筑节能标准体系，制定更加细化可行的建筑能耗定额标准。抓紧出台国家层面的超低能耗建筑标准，以及配套的技术规范、施工方法等，并逐步强制推行。制修订各类建筑用能设备能效限额标准，扩大标准覆盖面。将标准更新纳入法制体系，明确更新周期，制定标准提升路线图、时间表[6]。推行建筑用能设备能效"领跑者"制度，不断提高准入目标，促进设备能效提升。严格强制性建筑节能标准的执行监管，加强对 189 个中、小城市实施情况的核查，逐步将农村地区纳入强制执行范围。

（4）依托市场化机制，推进电气化率提高和可再生能源建筑应用

完善峰谷电价、季节性电价、阶梯电价、调峰电价等电价政策，促进提升建筑用能电气化水平；完善可再生能源电力上网政策，鼓励就地发电并网，提高建筑光伏发电装机和可再生电源比重等；研究制定有利于推进工业余热供暖的热费结算机制等。加强农村电网、城镇天然气管网等能源基础设施建设，为建筑部门提高电气化水平、应用清洁能源创造条件[7]。积极发展分布式能源及微网系统，鼓励可再生能源就地发电并网，开展主动式产能型建筑的试点、示范。

7.3　绿色建筑及建筑节能技术

7.3.1　绿色建筑概念

绿色建筑是指在全寿命期内，节约资源、保护环境和减少污染，为人们提供健康、适用、高效的使用空间，最大限度地实现人与自然和谐共生的高质量建筑〔《绿色建筑评价标准》（GB/T 50378—2019）〕。绿色建筑三大要素及其三大效益如图 7.2 所示。

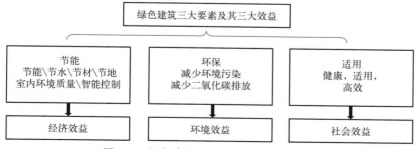

图 7.2　绿色建筑三大要素及其三大效益

7.3.2　绿色建筑设计要点

科学合理的建筑设计是绿色建筑开发建设的关键环节，关系到绿色建筑后期运营的实际效果，而被动技术应用是建筑方案设计的重点内容，关系到社区环境和户内环境的舒适性[8]。为了科学合理地开发绿色住宅建筑，绿色建筑设计要点主要有以下几个方面：

（1）重视节地设计

从建筑的角度上讲，节约用地是指建房活动中最大限度少占地表面积，并使绿化面积少损失、不损失。节约建筑用地并不是不用地、不搞建设项目，而是要提高土地利用率。

在城市中节地的技术措施主要有：建造多层、高层建筑，以提高建筑容积率，同时降低建筑密度；利用地下空间，增加城市容量，改善城市环境；城市居住区，提高住宅用地的集约度，为今后的持续发展留有余地，增加绿地面积，改善住区的生态环境[9]。

（2）绿色建筑整体设计

整体设计的优劣将直接影响绿色建筑的性能及成本。建筑设计必须结合气候、文化、经济等诸多因素进行综合分析。整体设计时，切勿盲目照搬所谓的先进绿色技术，也不能仅仅着眼于一个局部而不顾整体。

（3）绿色建筑单体设计

① 建筑的体型系数即建筑物表面积与建筑的体积比，与建筑的热工性能密不可分。曲面建筑的热耗小于直面建筑，体积相同时分散的布局模式要比集中布局的建筑热耗大，具体设计时可减少建筑外墙面积、控制层高，减少体形凹凸变化，尽量采用规则平面形式[10]。

② 外墙设计要满足自然采光、自然通风要求，减少对电器设备的依赖，设计时采用明厅、明卧、明卫、明厨的设计，外墙设计要努力提高室内环境的热稳定性。可采取以下措施：

a. 采用良好的外墙材料，利用更好的隔热砖代替黏土砖，节省土地资源；

b. 采用导热系数较小的选择性镀膜窗户，能够改善室内环境的热稳定性；

c. 加强门窗的气密性，减少热交换；

d. 使用各种轻便可调节的遮阳设备抵御夏季太阳的直接辐射，同时冬季能够调节便于采光。

③ 采用弹性设计方案，提高房屋的适用性、可变性，具体表现在建筑结构、建筑设备等灵活性要求上。

a. 楼梯的可生长性，包括基础的预留量、楼段板承重的预先考虑，周边环境的生长预留地等；

b. 预留管道空间，包括水电、通信的发展空间；

c. 家具系统的可变化性。

（4）绿色建筑节约能源设计

绿色建筑是一个能积极与环境相互作用的、智能的、可调节系统。因此，要求建筑外层的材料和结构，一方面作为能源转换的界面，需要收集、转换自然能源，并且防止能源的流失；另一方面，外层必须具备调节气候的能力，以消除、减缓，甚至改变气候的波动，使室内气候趋于稳定，而实现这一理想，在很大程度上必须依赖于未来高新技术在建筑中的广泛运用。

① 绿色建筑应合理使用建筑材料、就地取材（主要是木材），尽量使用对人体健康影响较小的建筑材料，包括无放射性、低挥发性、低活性材料；另外，对油漆、胶水、黏合剂、地板砖、地毯、木板和绝缘物的选择，除了要考虑性能优良外，还开始强调没有毒性物质的释放。

② 注重对外墙保温节能材料的使用。外墙保温节能材料属于保温绝热材料，仅就一般的居民采暖的空调而言，通过使用绝热维护材料，可在现有的基础上节能 50%～80%。

③ 绿色建筑主张太阳能等可再生能源的利用。例如，利用空调冷凝热作为生活热水的辅助热源，利用太阳能和地热能产生的热水作为日常生活用热水。利用太阳能光电系统来支持日常生活用电。在混凝土中埋设光导纤维，可以经常地监视构件在荷载作用下的受力状况，自我修复混凝土可得到实际应用。建筑物表面材料通过多功能的组织进行呼吸，可净化建筑物内部的空气，并降低温度。形状记忆合金材料可用于百叶窗的调整或空调系统风口的开关，自动调节太阳光亮。建筑物表面的太阳能电池可提供采暖和照明所需要的能源。

（5）室外环境绿化设计

在建筑设计中应充分利用绿化这一有效的生态因子，为居民创造出高质量生活环境。

① 建筑四周绿化。在夏季，地面受到的辐射热反射到外墙和窗户的热量约占总热量的一半，为了降低这部分从地面来的反射热，可在建筑物室外种植灌木和草坪，尽量减少反射到房间的热量。对于冬季寒冷的地方，适宜种植落叶性植物。

② 建筑立面绿化。通过种植攀缘性植物绿化墙面，如常春藤和野葡萄属于自攀缘性植物，不需要其他辅助支持物，常春藤可以生长至 30m 高的墙面，野葡萄可以生长至 15m 左右，可减少热辐射，对建筑物装饰性也很好，可以使建筑物更具有特色。

③ 阳台与屋顶绿化。阳台是室内与室外自然接触的媒介，阳台绿化不仅能使室内获得良好的景观，而且也丰富了建筑立面造型并可美化城市景观。阳台有凹、凸及半凹半凸三种形式，形成不同的日照及通风情况，产生不同的小气候。要根据具体情况选择喜阳或喜阴、喜潮湿或抗干旱的不同品种的植物。阳台绿化注意植物的高度，不要影响通风和采光。此外，屋顶绿化具有蓄水、减少废水排放、保温隔热和隔声等作用。

（6）室内环境设计

① 光环境。设计采光性能最佳的建筑朝向，发挥天井、庭院、中庭的采光作用，使天然光线能照亮人员经常停留的室内空间；采用自然光调控设施，如采用反光板、反光镜、集光装置等，改善室内的自然光分布；采用一般照明和局部照明相结合；采用高效、节能的光源、灯具和电器附件。

② 热环境。优化建筑外围护结构的热工性能，防止因外围护结构内表面温度过高或过低、透过玻璃进入室内的太阳辐射热等引起的不舒适感；设置室内温度和湿度调控系统，使室内的热舒适度能得到有效的调控；根据使用要求合理设计温度可调区域的大小，满足不同个体对热舒适性的要求。

③ 声环境。采取动静分区的原则进行建筑的平面布置和空间划分，减少对有安静要求房间的噪声干扰；合理选用建筑围护结构构件，采取有效的隔声、减噪措施，保证室内噪声级和隔声性能符合《民用建筑隔声设计规范》（GB 50118—2010）的要求。

④ 室内空气品质。结合建筑设计提高自然通风效率；合理设置风口位置，有效组织气流，采取有效措施防止串气、泛味；采取有效措施防止结露和滋生霉菌。

（7）地域人文环境设计

使建筑融入历史与地域的人文环境包括以下几个方面措施：对古建筑的妥善保存，对传统街区景观的继承和发展；继承地方传统的施工技术和生产技术；继承保护城市与地域的景观特色，并创造积极的城市新景观；保持居民原有的生活方式并使居民参与建筑设计与街区更新。

7.3.3 绿色建筑节能技术

（1）太阳能建筑利用技术

① 太阳能被动式利用技术。太阳能被动式利用技术主要是以非机械设备干预的手段利用太阳能，指在建筑规划设计中通过对建筑朝向及空间的合理布置、遮阳及自然通风的设计，并采用建筑围护结构的保温隔热技术等手段来降低建筑能耗需求，改善室内舒适度，其最大特点是无需消耗额外能源，一般情况下也无需控制系统[11]。

常用的太阳能被动式利用技术主要有直接受益式、集热蓄热墙式、附加阳光间式。直接受益式热利用原理是北半球阳光通过南窗玻璃直接进入被采暖的房间，被室内地板、墙壁、家具等吸收后转变为热能，给房间供暖。直接受益式供热效率较高，缺点是晚上降温快，室内温度波动较大，对于仅需要白天供热的办公室、学校教室等比较适用。集热蓄热墙又称特朗勃墙，在南向外墙上除窗户以外的墙面上覆盖玻璃，墙表面涂成黑色，在墙的上下留有通风口，以使热风自然对流循环，把热量交换到室内。一部分热量通过热传导把热量传送到墙的内表面，然后以辐射和对流的形式向室内供热；另一部分热量把玻璃罩与墙体间夹层内的空气加热，热空气由墙体上部的风口向室内供热[12]。室内冷空气由墙体下风口进入墙外的夹层，再由太阳加热进入室内，如此反复循环，向室内供热。附加阳光间的热利用原理是在带南窗的采暖房间外用玻璃等透明材料围合成一定的空间，阳光透过大面积透光外罩加热阳光间空气，并射到地面、墙面上使其吸收和蓄存一部分热能；一部分阳光可直接射入采暖房间，靠热压经上下风口与室内空气循环对流，使室温上升，受热墙体传热至内墙面，夜晚以辐射和对流方式向室内供热。

②　太阳能主动式利用技术。太阳能主动式利用技术是以机械设备干预的手段利用太阳能及其相关特性，在建筑中采用光-热转换、光-电转换等设备来获取并转换太阳能，以供建筑使用。主动式技术通常都需要补充额外的能源，供热系统集换热效率较高，系统热量变化波动小，具有良好的供热性能，并通过控制系统调节各种辅助设备来调节室内环境，以满足人体舒适度要求。

a. 太阳能光热技术。太阳能光热技术是利用各种太阳能集热设备对太阳能进行吸收、转化、存储后，由泵或风机将热量传输到采暖房间，通常与电磁炉、热泵等辅助供能设备耦合以增加系统适用性与稳定性。在基于低温辐射散热的相变储热型平板集热器太阳能供暖系统中，当平均集热器温度为 56.5℃ 时，用于供暖的毛细管网上方 1.5m 处的温度在 19.6～21.4℃ 范围内，能够满足供暖需求。太阳能热泵系统采用太阳辐照作为蒸发热源的热泵系统，空气源热泵辅助太阳能供暖系统的设计研究表明，整个机组的出水温度可以达到 42.3℃，平均室内温度能够达到 19.6℃。

b. 太阳能光伏发电技术。太阳能光伏发电技术是根据光伏效应原理，利用半导体材料的光电效应，将太阳光能直接转化为电能。太阳能光伏系统在建筑中应用主要有：采用独立或并网光伏系统直接给建筑提供电能；独立光伏系统直接给路灯、庭院灯、户外广告照明及户外公共设施提供电能；在条件允许下还可结合风能技术采用风光互补供电系统。近年来，随着对建筑节能要求的提高，太阳能光伏发电系统与建筑一体化已成为应用光伏发电的发展方向，太阳能光伏发电系统在建筑节能中得到大力推广和应用。

（2）地源热泵技术

地源热泵技术通过充分利用蕴藏于地球土壤或江河湖海中的巨大能量，来实现对建筑物的供暖和制冷，由于利用的是大自然可再生的免费能源，所以具有显著的环保、节能的效果。地源热泵系统是一种由双管路水系统连接起建筑物中的所有地源热泵机组而构成的封闭环路的空调系统，利用地球所储藏的太阳能资源作为冷热源，进行能量转换的供暖制冷空调系统[13]。在冬季，机组处于制热模式，从土壤/水中吸收热量，通过压缩机和热交换器把大地的热量集中，并以较高的温度释放到室内。在夏季，机组处于制冷模式时，就从土壤/水中提取冷量，通过压缩机和热交换器把大地的热量集中，并入室内，同时将室内的热量排放到土壤/水中，达到空调制冷目的[14]。

地源热泵技术主要有以下优点：

①　高效：机组利用大地的可再生能源在大地和室内之间转移能量，从而实现用 1kW 的电力提供 4～5kW 的冷量或热量。地下土壤的温度常年基本恒定，所以本系统

的制冷制热不受环境温度变化的影响，并且制热时无化霜所导致的热量衰减，因此运行费用较低。

②节能：比空气热泵空调系统节能40%以上，比电采暖节能70%以上，比燃气炉效率提高48%以上，而所需的制冷剂比普通热泵空调减少50%以上，地源热泵空调系统70%以上的能量是从大地中获得的可再生能源。

③环保：地源热泵系统在运行中无需燃烧，因此不会产生有毒气体，也不会发生爆炸，大大降低了温室气体的排放来减轻温室效应，有利于创造绿色环保的环境。

④耐用：地源热泵系统运行工况要比常规系统好，因而可减少维护；系统安装在室内，不暴露在风雨中，也可免遭损坏，更加可靠，延长寿命；机组寿命均在20年以上，地下埋管选用聚乙烯和聚丙烯塑料管，寿命可达50年。

（3）建筑围护结构技术

①墙体节能。墙体节能技术分为单一墙体节能与复合墙体节能（图7.3）。单一墙体节能通过改善主体结构材料本身的热工性能来达到墙体节能效果，目前常用的墙材中加气混凝土、空洞率高的多孔砖或空心砌块可用作单一节能墙体。复合墙体节能是指在墙体主体结构基础上增加一层或几层复合的绝热保温材料来改善整个墙体的热工性能。根据复合材料与主体结构位置的不同，又分为外墙外保温技术、外墙内保温技术及夹心保温技术。

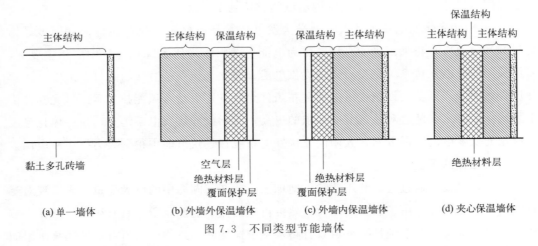

图7.3　不同类型节能墙体

外墙外保温是国家倡导推广的主要保温形式，其保温方式最为直接、效果也最好，是我国目前应用的建筑保温技术最多的一项。首先，外墙外保温避免了热桥的形成。内保温做法中的钢筋混凝土柱、梁等都会形成热桥，而外墙外保温则完全没有这方面的影响。在厚度相同的情况下，外保温要比内保温热损失减少15%左右，极大地提高了节能效果。同时外保温有利于提高建筑结构的耐久性，采用外保温技术使建筑内墙的温度变化平缓，大部分热量交换都发生在外保温材料中，减少了墙体因温度变化而产生的裂缝、变形和破损，延长了结构的使用寿命。从长远来看，外墙外保温也有利于节能建筑改造，不用对建筑原有的结构进行变动，不会对使用面积产生影响，改造时也对原有居民的生活影响甚微。

常见的外墙外保温系统主要有：

a. 模塑聚苯板（EPS）薄抹灰外墙外保温系统。该技术在国外兴起，我国应用的时间较晚，但是经过一段时间的发展，也形成了各具特色的 EPS 板薄抹灰外墙外保温系统。EPS 板保温体系是由特种聚合胶泥、EPS 板，耐碱玻璃纤维网格布衬和饰面材料组成，将保温材料置于建筑物外墙外侧，不占用室内空间，便于设计建筑外形，可以说是一种集保温、防水、防火、装饰功能为一体的新型建筑构造体系[15]。

该系统具有优越的保温隔热性能，良好的防水性能及抗风压、抗冲击性能，能有效解决墙体的龟裂和渗漏水问题，技术成熟、施工方便，性价比高，在欧美国家、沿海发达地区均得到了广泛的应用，是广大房地产开发商、保温节能建筑设计和建筑施工单位的首选隔热体系。随着建筑节能事业的深入发展，该系统将成为市场的主流产品。

b. 胶粉 EPS 颗粒保温浆料外墙外保温系统。该系统由界面砂浆、胶粉 EPS 颗粒保温浆料、柔性抗裂砂浆、耐碱网格布、高分子乳液弹性底层涂料和涂料饰面构成，设置在建筑物外墙外侧，起保温隔热、防护和装饰作用的构造系统[16]。该系统具有良好的保温效果、优异的抗裂防水效果和装饰效果。饰面层可选用弹性涂料或瓷砖装饰等。

胶粉 EPS 颗粒复合硅酸盐保温材料与其他保温材料相比具有以下优点：容重小、导热系数较低，保温性能好；干缩率低，干燥快；静剪切力强，触变性好；材质稳定，厚度易控制，整体性好；软化系数较高，耐水性能好，软化系数在 0.7 以上，相当于实心黏土砖的软化系数，符合耐水保温材料的要求。

② 门窗节能。门窗节能是建筑节能的关键，门窗既是能源得失的敏感部位，又关系到采光、通风、隔声、立面造型，这就对门窗的节能提出了更高的要求，其节能处理主要是改善材料的保温隔热性能和提高门窗的密闭性能。

a. 窗型。推拉窗不是节能窗，平开窗、固定窗是节能窗。平开窗的窗扇和窗框间一般均用良好的橡胶密封压条，在窗扇关闭后，密封橡胶压条压得很紧，几乎没有空隙，很难形成对流。这种窗型的热量流失主要是玻璃、窗扇和窗框型材的热传导和辐射散热，这种散热远比对流热损失少得多。固定窗的窗框嵌在墙体内，玻璃直接安装在窗框上，玻璃和窗框现在已用密封胶代替胶条密封，接触的四边均密封，如密封胶密封得严密，空气很难通过密封胶形成对流，很难造成热的损失。

b. 玻璃。除窗的结构外，窗的最大导热和辐射面积就是玻璃。玻璃主要依靠热传导和热辐射进行散热。传导是热量从玻璃内面通过玻璃的分子运动把热量传导到玻璃窗外表面的过程。热反射镀膜玻璃有较好的光学控制性能，对波长为 $0.3 \sim 2.5 \text{mm}$ 的太阳光有良好的反射和吸收能力，能够明显减少太阳光的辐射能向室内的传递，保持室内温度稳定。在一般情况下，热反射镀膜玻璃已满足一般节能窗的需求。中空玻璃不仅有优良的采光性能，同时具有隔热、隔声、防霜露等特殊优点。中空玻璃具有优良的隔热性能，在某些条件下其隔热性能可优于一般混凝土墙。中空玻璃隔热能力主要来源于二层玻璃间密封的空气层。此空气层的导热系数为 $0.028W/(m^2 \cdot K)$，而玻璃的导热系数为 $0.77W/(m^2 \cdot K)$，密封的中空玻璃除玻璃四边用密封胶导热，其余大面积玻璃均依靠空气层导热，加大热阻，因此，能明显提高中空玻璃隔热效果。低辐射镀膜玻璃（Low-E 玻璃）按生产方法可分为在线 Low-E 玻璃和离线 Low-E 玻璃。在线 Low-E 玻璃可以直接在空气中使用、钢化、热弯，也可以长期保存，但热学性能比较差，比溅射法生产的离线 Low-E 玻璃的"u"值差近一半；离线 Low-E 玻璃是把金属银直接用溅射法镀在玻璃表面，其缺点是银膜层非常脆弱，并易生成氧化银层，所以不能像普通玻璃一样使用，必须做成中空玻璃，在做成中空玻璃前不能长期保存和运输。

③ 屋面节能。屋面保温大部分采用外保温构造，以提高屋面的保温性能，满足节能设计目标，提高屋面的保温隔热性能，提高抵抗夏季室外热作用的能力、减少空调耗能和改善室内热环境。在多层建筑围护结构中，屋顶所占面积较小，能耗约占总能耗的 8％～10％。据测算，室内温度每降低 1℃，空调减少能耗 10％。因此，加强屋顶保温节能对建筑造价影响不大，节能效益却很显著。

a. 倒置型屋面。在传统的屋面中将防水层置于整个屋面的最外层，因为在传统屋面隔热保温层的选材中，一般为珍珠岩、水泥聚苯板、陶粒混凝土、聚苯乙烯板（EPS）等材料。这些材料普遍存在吸水率大的通病，吸水后会大大降低其保温性能，只能将防水层置于外层。

倒置性屋面将保温层置于防水层的外侧。在倒置型屋面的这种做法中，阳光不会直接照射防水层，就避免了表面温度变化幅度大而导致的防水层快速老化。同时，屋面外的卵石层或烧制方砖等保护层，这些材料蓄热系数较大，我们在夏季利用其蓄热能力强的特点，可以有效避免温度峰值，从而取得调节屋面温度的效果。

b. 屋面绿化。屋面空间绿化指利用绿色植物具有的光合作用能力减少太阳辐射的能量，在不同的地区，针对太阳辐射的差异，选择不同品种的植物进行屋面种植。绿色植物的种植不仅可以避免太阳光直接照射屋面，而且可通过植物本身对太阳光的吸收利用、转化和蒸腾作用，大大降低屋顶的室外综合温度。

随着我国城市化进程的高速发展和建筑面积的急剧增加，建筑能耗将更加巨大，"城市热岛"现象将更为严重。城市建筑实行屋面绿化，可以大幅度降低建筑能耗、减少温室气体的排放，也可增加城市绿地面积，美化城市，同时改善城市气候环境。

c. 太阳能屋面。太阳能屋面通常是指为实现节能减排，在房屋顶部安装太阳能发电装置，利用太阳能光电技术为城乡建筑进行发电。欧洲议会拟议修订的《建筑物能源性能指令》规定，至 2028 年，所有新建筑必须使用太阳能屋顶系统；至 2032 年，翻新的户用建筑必须使用太阳能屋顶系统。在我国也已经出台关于太阳能屋面的相关政策，在对现有建筑进行改造的同时，推动新建建筑安装太阳能系统。

7.4　国内外绿色建筑案例

7.4.1　国外绿色建筑案例

（1）墨尔本像素大楼

位于墨尔本的像素大楼（Pixel Building）是一座具有碳中和理念的高级办公大楼，由 Studio 505 负责设计。像素大楼的立面外观如图 7.4 所示，它在满足最高期望值和最小建设量的同时，旨在提供一座六星级绿色标准的碳中和建筑。"建筑碳中和"的概念最早起源于英国，指一年中建筑产生的能量可以自给自足，同时可以将剩余能量回馈电网以平衡建造过程中产生的碳排放。像素大楼作为绿色建筑的代表，主要从绿色屋顶、水循环利用系统、建筑表皮、楼板制冷及供暖系统和照明系统等方面体现出碳中和理念[17]。

图 7.4　像素大楼西北立面外观

① 绿色屋顶。像素大楼的屋顶由绿色植物所覆盖，如图 7.5 所示，是澳大利亚首个节水型花园。屋顶覆盖的绿色植物主要是由墨尔本大学研究学者在维多利亚草地植被资源中挑选出来的，是本居住区的优势物种。该绿色屋顶的建立为昆虫、蝴蝶和鸟类等野生动物的繁衍提供了栖息地，丰富了当地的物种和生态多样性。此外，屋顶的绿色植被不仅会对雨水起到过滤作用，还对建筑起到隔热保温作用。该绿色屋顶上用于植被生长的土壤基质具有轻质、保水性良好的特点，主要是由废弃的红砖粉碎制得，还有部分来自煤炭发电厂底层灰渣，也体现了废弃资源回收利用的碳中和理念。

图 7.5　绿色屋顶

　　② 水循环利用系统。像素大楼以墨尔本 10 年（1999—2009 年）降雨量平均值设计了水循环利用系统，以期实现大楼水资源的自给自足（图 7.6）。像素大楼的主要供给水源是回收雨水，因此在建筑中仅需利用极少量的饮用水。大楼的水循环利用系统首次利用芦苇基系统回收利用灰水，并将降落在大楼的雨水重复利用三次。第一次是用于绿色屋面植被的灌溉，在灌溉过程中，植物和土壤还可对雨水进行初次过滤，并储存于大楼地下的雨水箱中。初次过滤的雨水经过再次过滤系统处理达标，送至大楼所有水龙头和设备中，用于洗手、洗澡及厕所用水等，作为第二次利用。第三次利用便是生活污水的回收利用，主要分为两部分：第一部分是洗漱和淋浴产生的灰水，通过抬高的地板流向植物用于灌溉植物，或者泵送至芦苇基床湿地，然后经蒸发或者叶片蒸腾作用离开建筑；第二部分是黑水，即厕所和厨房产生的废水，将其储存在水箱中，保存 15 天以上用于产生 CH_4，为天然气供热系统补给燃料。

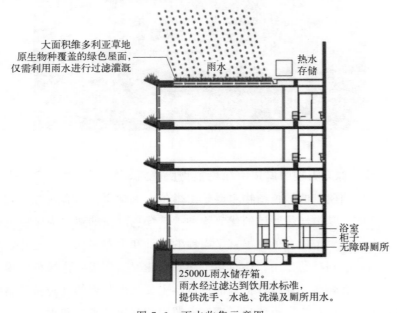

图 7.6　雨水收集示意图

③ 建筑表皮。像素大楼的"像素"表皮由植被、遮阳百叶、双层玻璃幕墙以及太阳能遮阳共同组成，具有五彩斑斓的表面形象。"像素"表皮不仅可以根据建筑功能、材料差异等呈现出不同的视觉感受，还可使大楼充分利用自然光源达到采光的目的，以此节约能源消耗。因此，"像素"表皮的彩色翼片具有三个功能：a. 赋予建筑独特的视觉效果；b. 在夏季作为遮阳百叶为室内遮阳，减少空调的使用率；c. 彩色翼片经过设计可以将自然光全部引入办公区，同时避免眩光，使得室内光线柔和，保证各个区域均可使用电脑工作。

④ 楼板制冷及供暖系统。像素大楼设有为室内制冷的建筑楼板，在楼板中设置冷水管，并将中央制冷设备的冷水注入冷水管中，由此楼板可以为室内持续提供冷源。大楼还可以充分利用夜间的降温冷却作用，在非上班时间或者室外温度较低时，大楼西侧和北侧的窗户在智能系统的调节下设为开启，此时室外冷空气便可进入室内，降低办公空间的温度，同时冷却楼板结构以便次日制冷所用。以上楼板结构设置可以在一定程度上减少制冷系统负荷。像素大楼中还设有先进的能源捕捉系统，室内会产生温度较高的废气，废气中的部分能量可以被捕捉系统收集，收集的能量可用于室内新风的冷却（夏季）或加热（冬季）。

⑤ 照明系统。为减少照明引起的能源消耗，在办公大楼中既要保证自然采光，又要避免阳光引起室内温度过高。为此，像素大楼设置双层墙，并以计算机作为辅助，在保证办公空间具有 100% 自然采光的同时，使遮阳系统发挥最大作用，避免设有落地窗的办公空间成为温室。像素大楼的照明光源还可以由调光系统进行智能调控，当自然采光满足办公需求时，光源会逐渐关闭；当自然采光不能达到工作需求时，照明系统会根据自然光强弱自动开启。

⑥ 可再生能源的利用。为节约能源消耗，像素大楼充分利用风能和太阳能等可再生能源。像素大楼设有 3 台风力发电机为办公楼供电，而且所用风机的效率高于国际产品。此外，大楼部分屋顶设置了太阳能电板用于发电。为了发挥太阳能光电板的最大发电能效，将光电板设置在全年逐时追日的基座上，将发电效率提升 40% 以上。

（2）英国伦敦西门子"水晶大厦"

坐落在英国伦敦维多利亚码头的"水晶大厦"，由西门子公司设计，因其外观形似水晶而得名（图 7.7）。"水晶大厦"作为集展览和办公为一体的现代化绿色建筑，在建筑领域节能高效评估中，获得最高等级的可持续证书（BREEAM 杰出奖和 LEED 白金奖），被评为世界上最具可持续性发展的环保建筑之一。该建筑为参观者呈现了当前如何在保证更高生活质量的前提下打造更具可持续性和更环保的城市生活。"水晶大厦"占地 $6300 \mathrm{m}^2$，与相同规模的办公楼相比，它所采用的节能技术可以减少 65% CO_2 排放，节电 50%[18]。

① 西门子楼宇管理系统。为了最大限度地提高资源利用效率，"水晶大厦"采用西门子 Desigo 楼宇管理系统对大厦中的能源使用进行管理。楼宇管理系统是利用先进的舒适度传感器、占用侦测器以及火灾探测器等设备收集室内外温度、空气质量及房间占

图 7.7　西门子"水晶大厦"

用情况等信息，并进行智能分析，以此判断是否需要开窗通风以及是否关闭闲置办公室的供暖设备，进而达到节约成本和减少能耗的目的。如此一来，"水晶大厦"仿佛成为一座会自动"呼吸"的建筑。

②　广泛使用自然光。"水晶大厦"的照明系统与像素大楼的设置相似，整个大厦室内广泛使用自然光。"水晶大厦"外形为下窄上宽，使得低层在楼顶的遮挡下避免照射过多阳光，以此保证大厦温度不会过高。玻璃的安装位置进行了严格考量，在提高日光利用率的同时，尽量避免太阳光热量引起室内温度过高。此外，室内照明系统可以根据白天光照强度和室内占用情况自动调节，在日间不需要人工照明时确保不会浪费资源。

③　高效供热/制冷系统。大厦主要利用地源热泵进行供暖和制冷。在夏季，地源热泵吸收大厦内的热量传送至地下，以达到降温效果，储存的热量则在冬季从地下泵送至大厦室内，为大厦供暖。为了保证供热/冷系统的高效运行，在大厦的办公区域设置电动通风孔进行自然通风，保证室内最大化的自然冷却，进而减少供冷系统的使用；外装玻璃和隔热屋面在夏季将热量挡在室外，在冬季将热量留在室内，这样可以使得供热/冷系统高效运行。

④　全电式的智能建筑。这个全电式大楼中产生的电能中很大一部分来自屋顶的光伏板，这种光伏板收集太阳能经西门子变频器处理后生成建筑物所需的电能。智能化的能源中心负责热量回收，通过太阳能热电板将太阳能用于加热饭店及卫生间用水。

在西门子"水晶大厦"中，楼宇管理系统对每一度电和每一升水的使用都加以检测，并与其他建筑物中的能源消耗情况进行比较以确保保持极好的能源效率。电池储能可以平衡负荷与需求，从而智能化控制何时从电网中取电，何时将多余电量导入电网。楼内的电动汽车充电站帮助电动汽车以最小成本实现最大行车里程。

⑤　水资源全面循环利用。"水晶大厦"实现了水资源的全面循环利用，在循环利用过程中不仅可以全面回收利用大厦内的各种用水，还能收集雨水加以利用。"水晶大厦"下窄上宽的外形有利于雨水的收集，收集的雨水经过过滤后流至地下蓄水池。过滤后的雨水在使用前经过薄膜过滤层、碳过滤器和紫外线消毒技术等一系列处理，达到饮用水水质标准。由于伦敦的多雨天气，雨水收集的理论值可满足大厦内85％的饮用水需求。

收集的雨水经过太阳能装置加热，可为大厦提供热水（约满足 20％ 的热水需求）。大厦中的生活废水经过回收和净化处理后，可用于冲洗厕所或者浇灌大厦的绿化带。植被的灌溉也采用智能监测系统，根据土壤湿度确定用水量，以确保水资源的有效利用。

（3）新加坡义顺邱德拔医院

新加坡一直对绿色建筑的实施推广十分重视，且期望到 2030 年，绿色建筑占有比例达到 80％ 以上。义顺邱德拔医院坐落在新加坡北部的义顺镇，由英国 RMJM 建筑事务所设计。该医院占地 3.4hm²，总建筑面积 10.8 万平方米，建筑高度 48m，与同等规模的医院相比，它不仅仅具有病患护理、疾病防治管理等功能，还在遵循绿色和高能效理念的基础上提高医护人员工作效率，实现节能减排[19]。邱德拔医院在照明系统、光伏发电、太阳能集热以及景观设计等方面体现了碳中和理念。该医院在此理念的支撑下实现了"零能源"，也因此获得新加坡建筑协会的"年度建筑奖"和"最佳公共卫生保健建筑设计奖"。

① 高性能立面系统。建筑师通过对邱德拔医院的立面系统进行精心设计，使得病房自然通风效果和照明舒适度最佳化（图 7.8）。公费病房楼的朝向有利于东南风和北风流入，并获得自然通风的风速至少 0.6m/s，从而在病房内形成舒适的通风环境，同时减少 60％ 的机械通风需求。在满足最佳通风条件的同时，还可以根据室外温度变化利用可调节式的百叶窗控制病房的气流量，从而防止夏季过多的热量进入室内而增加制冷需求。此外，百叶窗呈 15° 角的设置利于室内外气体交换，同时减少雨水渗漏。窗户上设有遮阳板可以避免阳光直射，还可以反射阳光到室内天花板形成漫射光来提高室内亮度，以此达到最佳采光舒适和节约照明能源需求的目的。病房楼外立面还设有带有固定滤网的帷幕墙，以最佳视觉角度安装，通过调节直射阳光和眩光，达到最佳的遮阳效果。在遮阳的同时，帷幕墙中高可见光透过率和高冷却指数的玻璃保证了室内的采光效果和温度适宜性。

图 7.8　邱德拔医院

② 可再生能源的利用。邱德拔医院对可再生能源的利用主要体现在运用了大型光

伏发电系统和真空管太阳能集热器。该医院的屋顶安装了光伏发电系统，面积为1276m²，发电量可达15万千瓦时，可以补充市政电网能源。医院还采用真空管太阳能集热器对自来水进行加热，每天可以提供约2.1万升热水，满足医院所有的热水使用需求。太阳能集热器的使用可以节电约781kWh/d，这既节省了锅炉安装费用，也减少了空间占用。

③ 景观设计。邱德拔医院被评为"不是花园，却胜似花园"的医院，它的景观设计为病患者创造了有益的康复环境。该医院的景观设计秉持的可持续性发展理念主要体现在：a. 花园的建立方式是实用并可自我维护的；b. 创造花园中人与自然和谐关系；c. 采用节能环保的综合性环境景观设计。该医院充分利用每一个空间进行绿色景观设计，共设有8个屋顶花园，每个花园都呈现不同趣味性和教育性的主题，给人们带来心灵上的宁静。在花园中种植的可食用蔬菜瓜果，不仅丰富了花园的色彩，而且为医院提供了药草和香料的有机原料。此外，景观墙上还种植了使用滴灌过滤系统的气生植物，形成室外卫生间的私密屏风，达到节约建筑材料的目的。室外溪水中的水生植物还可以为水循环进行初步过滤。总之，医院的景观设计不仅给人们创造了一种利于康复的舒心宁静的环境，还结合碳中和理念充分发挥了绿植的价值。

7.4.2 中国典型绿色建筑案例

(1) 北京奥运村

北京奥运村是2008年夏季奥运会运动员居住的多功能建筑，位于奥林匹克公园内，总面积达66万平方米，设有公寓、餐厅、银行、医院、超市、健身房及图书馆等各种应用设施。为了响应绿色奥运的理念，北京奥运村采用了大量绿色节能技术，成为我国第一个获得LEED ND认证的项目。奥运村应用的绿色节能技术主要有以下几种：

① 太阳能热水系统。奥运村采用了与建筑一体化的太阳能热水系统，充分利用太阳能加热水。该系统主要包括集热系统、储热系统、换热系统、生活热水系统，在奥运会期间可为16800名运动员提供洗浴热水的预加热；奥运会后，供应全区近2000户居民的生活热水需求。

② 污水处理再利用。奥运村利用清河污水处理厂的二级出水，建设再生水源热泵系统提取再生水温度，为奥运村提供冬季供暖和夏季制冷[20]。景观与水处理花房相结合，在阳光花房中，组成植物及微生物食物链可以对生活污水进行处理，实现中水利用。

③ 合理利用建筑材料。奥运村建造过程中合理利用了木塑、钢渣砖和农业作物秸秆制作的建材制品、水泥纤维复合井盖等再生材料，以达到节约资源的目的。奥运村部分建筑赛后需拆迁，多采用拆迁后可回收再利用无毒无味无污染材料，从而有效节约资源，控制环境污染。

（2）上海世博会中国国家馆

2010 年上海世博会中国国家馆，以"城市发展中的中华智慧"为主题，既向世界展现了"东方之冠，鼎盛中华，天下粮仓，富庶百姓"的中国文化精神与气质，又传达了我国绿色低碳发展的理念。中国国家馆将生态节能环保技术的应用渗透到其建造设计中，其中主要的节能降耗技术包括以下几点：

① 室内温度的有效调节。中国国家馆在建筑形体的设计层面，力争实现单体建筑自身的减排降耗[21]。中国国家馆造型层叠出挑，形成巨大的"屋檐"（图 7.9），在夏季建筑上层会对下层自然遮阳，从而避免室内温度过高；半室外玻璃廊的使用是一种被动式节能技术，可以为馆内提供冬季保温和夏季拔风；在地区馆的屋顶实施生态农业景观技术可以有效实现隔热。以上几种技术措施，可以有效调节室内温度，减少使用空调进行供暖或制冷，进而大大降低用电负荷。

图 7.9　上海世博会中国国家馆

② 利用雨水收集系统和人工湿地技术实现循环自洁。中国国家馆在景观设计的同时，还考虑到水资源的节约和再利用。在国家馆的屋顶上安装了雨水收集系统，可以将雨水收集后用于灌溉植被、冲洗道路等，从而实现雨水的循环利用；在地区馆的景观和园林设计中设置人工湿地技术，此技术可以实现水体的自净，为城市局部环境提供生态化景观。

③ 可再生能源的利用。中国国家馆采用太阳能技术进行发电。太阳能电池装置主要设置在中国馆的顶部和外墙，以确保最大程度地利用太阳能，使中国馆的照明用电自给自足。

（3）深圳大梅沙万科中心

深圳大梅沙万科中心位于深圳盐田区大梅沙海滨公园附近，总面积为 12.1 万平方米，是集办公、住宅和酒店为一体的多功能型建筑（图 7.10）。万科中心是由美国著名建筑大师 Steven Holl 遵循"漂浮的地平线，躺着的摩天楼"的理念进行设计的，充分利用光、风、热、水等自然资源，最大限度地增加地面绿化面积，确保自然与建筑共荣共生，体现了绿色、可持续发展的设计理念。万科中心在节电、节水、节材和可再生资源利用等方面采取了一系列先进技术。与同等规模的普通建筑相比，万科中心在遮阳百叶、水资源利用、太阳能光伏发电、室内照明系统等方面节能约 65%。具体的绿色节

图 7.10   深圳大梅沙万科中心

能技术如下：

① 外遮阳系统。万科中心的建筑被抬高，整体挑高 9～15m，在底部形成自然通风和良好的遮阳效果；建筑进深控制在 20m 以内，开窗率高达 30%，也保证了自然通风、采光及形成对流。在万科中心建筑的主体立面上还设置了外遮阳体系，该体系主要包括水平固定遮阳、垂直固定遮阳和电动遮阳。外遮阳系统可以根据太阳的照射角度自动调节，以此保证室内光线和温度，进而降低空调能耗。

② 水资源的循环利用。万科中心设有雨水收集系统和人工湿地水处理技术，对水资源进行循环利用。该建筑设有景观水池和地下雨水池分别对屋面雨水和地面雨水进行收集，同时采用渗蓄等技术措施控制雨水径流污染。整个建筑将所产生的中水和污水全部回收，人工湿地水处理技术的日处理量达到 100t，中水和污水经湿地处理后可以用来补充景观池用水，也可以用来浇灌绿植和冲洗道路。整个水资源循环系统的使用，可实现污水 100% 处理，同时节约 50% 的自来水。

③ 太阳能光伏发电的节能降耗。深圳属于亚热带季风气候，日照率和气温均较高，太阳能资源优越，为太阳能利用技术的施用创造了有利条件。因此，万科中心楼顶安装了太阳能光伏发电板，其面积约为 $2000m^2$，总发电量为 30 万千瓦时，用于市政电网补充，可为大楼节约 14% 的能源消耗[22]。

④ 室内照明系统。万科中心设置了先进的室内照明系统，可以根据不同区域的功能采用相应的照明方式，而且某些功能区的灯光可以根据环境自然采光效果进行自动独立调节，同时还搭配节能型灯具的使用。与同等面积的相同功能型建筑相比，此照明系统可以节约 30% 左右的能源消耗。

⑤ 高效节能的空调系统。万科中心配有高效节能的空调系统，该系统主要采用冰蓄冷技术，即在用电低谷期的夜间，电价较低时，利用制冷机制冰，并进行储存；在日间用电高峰期，将储存的冷量释放出来用于室内降温。冰蓄冷技术主要是利用峰谷电价差节省运行费用，每年省电约 34 万元。此外，空调出风口设置在地板上，这是因为冷空气较重且易下沉，冷气从地下吹，可以节约能量。

⑥ 利用本土建筑材料，节约建材。在万科中心的施工建造过程中，使用了大量本地建材，进而减少了材料运输中造成的能源消耗；还选用了大量的可再生建材、快生木材以及获得国际森林管理委员会认证的木材。万科总部的室内结构部分楼板和梁柱部分都保留清水混凝土的做法，除了涂刷一些保护剂之外没有做其他装饰处理，不做吊顶，节约了大量装修费用。

思考题

在线题库
参考答案

1. 简述建筑碳排放类型，并阐明建筑领域建造和运行过程中哪些环节需要重点实施建筑碳减排。

2. 我国建筑领域碳减排面临的机遇和挑战有哪些？

3. 根据绿色建筑的概念和设计要点，试阐述我们生活中的绿色建筑特点和碳减排案例。

4. 由于太阳能技术分布不均，我国应该在哪些地区推行太阳能建筑利用技术？太阳能利用受限制的地区应怎样合理使用太阳能呢？

5. 简述建筑围护结构中可以采用的节能减排措施。

6. 除了本章节中列举的绿色建筑案例，还有哪些经典绿色建筑？试阐述这些绿色建筑中采用的节能技术。

7. 如果让你设计一座绿色建筑，你会如何设计并采用哪些节能减排技术？

参考文献

［1］　中国建筑节能协会建筑能耗与碳排放数据专委会. 2022 中国建筑能耗与碳排放研究报告［R］. 重庆，2022.

［2］　董莹，刘军，董恒瑞，等. 建筑碳排放分析与减碳路径研究［J］. 重庆建筑，2023，22（01）：5-8.

［3］　孔繁艺，熊海亭，严欢. 基于节能设计的建筑全生命周期碳排放分析［J］. 四川建筑，2022，42（03）：59-61.

［4］　郁聪. 建筑运行能耗实现碳达峰碳中和的挑战与对策［J］. 中国能源，2021，43（09）：25-31.

［5］　林波荣. 建筑行业碳中和挑战与实现路径探讨［J］. 可持续发展经济导刊，2021，22（Z1）：23-25.

［6］　Zhang S H，Yang X Y，Xu W，et al. Contribution of nearlv-zero eneray buidinas standards enforcement to achieve carbon neutral in urban area by 2060［J］. Advances in Climate Change Research，2021，12（05）：734-743.

［7］　徐伟，张时聪，王珂，等. 建筑部门"碳达峰""碳中和"实施路径比对研究［J］. 江苏建筑，2022，219（02）：1-6.

［8］　Olubunmi O A，Xia P B，Skitmore M. Green building incentives：A review［J］. Renewable and

Sustainable Energy Reviews，2016，59：1611-1621.

[9]　冯晓晴. 基于建筑设计中掌握绿色建筑设计的要点探究 [J]. 城市建设理论研究（电子版），2022（35）：25-27.

[10]　王清勤. 绿色建筑和绿色建筑标准 [J]. 工程建设标准化，2022（09）：15-20.

[11]　梁锟. 太阳能热利用技术及建筑应用 [J]. 科技创新导报，2010（26）：37.

[12]　Shen C，Peng J Q，Wang D J，et al. Recent advances in multispectral solar energy technologies for the building sector [J]. Renewable Energy，2023，202：1146-1147.

[13]　王逸飞. 地源热泵技术在建筑节能中的应用及技术研究 [J]. 应用能源技术，2022（08）：48-51.

[14]　董清明，朱启波，董谷雨. 地源热泵技术在暖通空调节能中的应用 [J]. 智能城市，2020，6（10）：129-130.

[15]　朱春玲. 模塑聚苯板（EPS）外墙外保温系统防火性能研究 [J]. 墙材革新与建筑节能，2011（04）：37-42.

[16]　郑瑾，欧长丽. 胶粉聚苯颗粒外墙外保温系统的性能特点 [J]. 四川建材，2011，37（03）：4-5.

[17]　戴维·沃尔德伦，李珺杰. 像素大楼——澳洲绿色之星建筑 [J]. 动感（生态城市与绿色建筑），2012（01）：94-101.

[18]　楚杰. 伦敦"水晶大厦"解密城市未来 [J]. 环境，2014（01）：64-67.

[19]　包哲韬，周林. 人性化设计视角下的社区友好型花园医院模式——以新加坡邱德拔医院为例 [J]. 建筑与文化，2021（05）：63-65.

[20]　宋孝春，张亚立，劳逸民，等. 北京奥运村再生水热泵冷热源系统设计 [J]. 暖通空调，2017，47（01）：74-79，54.

[21]　许名鑫，陈福熙，谢曙，等. 2010年上海世博会中国馆国家馆结构体系 [J]. 华南理工大学学报（自然科学版），2011，39（09）：82-87.

[22]　朱永斌，陈文良. 大梅沙——万科中心工程太阳能光伏发电系统的应用 [J]. 电气应用，2009，28（02）：64-68.

第8章

"双碳"目标下的污水处理技术

学习目标

1. 了解污水处理中的碳排放现状与节能降耗措施。
2. 掌握污水低碳处理工艺和能源回收利用技术。
3. 熟悉国内外污水处理碳中和技术应用案例。

8.1 污水处理中的碳排放及能耗

污水处理是通过各种人工手段，以消耗资源（如投加水处理药剂）和能源（如使用电力驱动处理设备）为代价来分离、降解、转化污水中的污染物；在转化污染物的过程中，还会生成 CO_2、CH_4、N_2O 等温室气体。因此从一定程度上讲，污水处理是一种消耗能源的碳排放过程。污水处理碳中和的实质就是实现整个处理过程能源的自给自足，依靠污水处理厂或污水自身的能量来弥补能耗[1]。据统计，我国污水处理温室气体排放量占全社会温室气体总排放量的不足 1%，但 CH_4 和 N_2O 排放量均达到了全社会 CH_4 和 N_2O 排放量的 5% 以上（单位 CH_4 的碳当量相当于单位 CO_2 的 21 倍；N_2O 则更高，达到了 312 倍），因此，污水处理是我国非 CO_2 温室气体的主要排放源之一，已成为需要实施碳减排的重要领域。

8.1.1 我国城市污水处理现状

在经济快速发展的背景下，我国城市污水排放量持续增长，并于 2020 年增加至

571.4 亿立方米（图 8.1）。为应对持续增长的城市污水排放量，我国污水处理量也呈现逐年增长趋势，且增长速度略大于污水排放量，2020 年我国城市污水处理量达 557.3 亿立方米，整体污水处理率达 97.53%（图 8.2）。我国城市污水处理厂数和处理能力也一直处于快速增长状态，自 2014 年至 2020 年我国城市污水处理厂数由 1807 座增加至 2618 座，处理能力也由 13087 万立方米/天增加至 19267 万立方米/天（图 8.3）。数据显示，2021 年末，全国城市排水管道总长度 87.2 万公里，同比增长 8.7%；污水处理厂处理能力 2.1 亿立方米/天，同比增长 7.8%。2021 年，污水处理率 97.89%，比上年增加 0.36 个百分点；城市生活污水集中收集率 68.6%，比上年增加 3.8 个百分点。

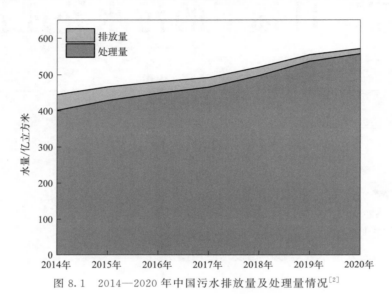

图 8.1　2014—2020 年中国污水排放量及处理量情况[2]

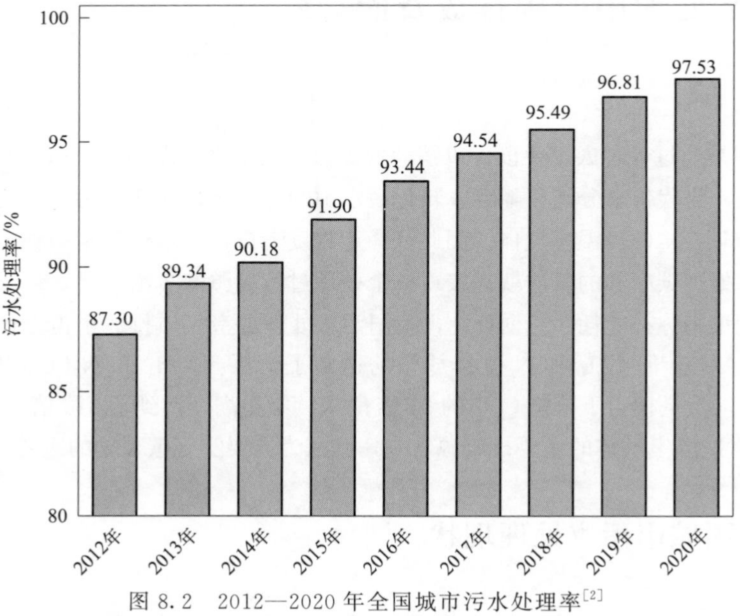

图 8.2　2012—2020 年全国城市污水处理率[2]

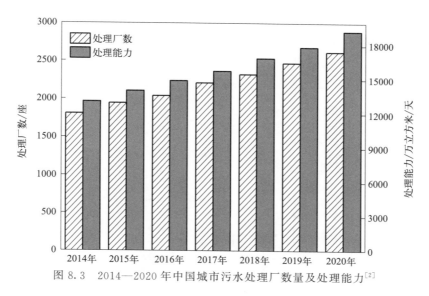

图 8.3 2014—2020 年中国城市污水处理厂数量及处理能力[2]

　　我国城市污水管道长度随着污水排放量快速增长，是排水管道中增速最快的部分，在城市排水管道中的占比也持续增长。统计数据显示（图 8.4），我国城市污水管道长度从 2014 年 21.12 万公里增长至 2020 年 36.68 万公里，年复合增长率为 9.64%，在总排水管道中的占比由 41.3% 上升为 45.7%。污水管道作为污水运输的关键基建行业，其整体长度及铺设情况决定着污水处理能力和渗透情况。整体来看，在政策推动背景下，我国排水管道持续增长，新增和改建工作持续推进，是我国污水处理行业的关键基础。

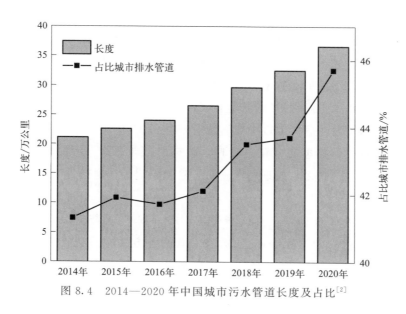

图 8.4 2014—2020 年中国城市污水管道长度及占比[2]

　　从行政分区来看，我国污水处理量位于前四的省份分别为广东、江苏、山东和浙江，2020 年处理量分别为 81.13 亿立方米、46.46 亿立方米、33.59 亿立方米和 33.08

亿立方米（图 8.5）。为解决广东、江苏、山东和浙江等省市污水排放量高的问题，这四个省份的城市污水处理厂处理能力均超过 1000 万立方米/天，污水排水管道长度也处于全国前列。

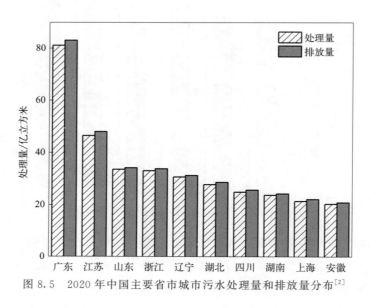

图 8.5　2020 年中国主要省市城市污水处理量和排放量分布[2]

8.1.2　污水处理过程碳排放现状

（1）污水处理过程碳排放类型

污水处理过程碳排放可以分为直接碳排放与间接碳排放（图 8.6，本章中核算的碳排放源，只包括 CH_4、N_2O 和化石碳造成的 CO_2 排放，由于生物源造成的 CO_2 排放并未造成大气中碳排放净增加，故未涵盖在核算范围内）。其中，按政府间气候变化专门委员会规定，由污水中生源性 COD 产生的 CO_2（直接排放）不应纳入污水处理碳排放清单，而 CH_4、N_2O 及污水 COD 中化石成分产生的 CO_2 则应纳入污水处理直接碳排放清单。间接碳排放包括电耗（化石燃料）碳排放，即污水、污泥处理全过程涉及能耗，以及药耗碳排放（指污水处理所用碳源、除磷药剂等在生产与运输过程中形成的碳排放）。

在污水、污泥处理过程中，直接产生的 CH_4、N_2O 是节能减排中应重点关注的温室气体。控制污水处理过程中产生的 CH_4 有两种方式：一是严防其从污泥厌氧消化池中逃逸，二是在污水处理其他单元（特别是污泥脱水和储泥单元）及管道中避免沉积物聚积的死角，也要注意沉砂池（需选用曝气沉砂池或旋流沉砂池）有效去除砂粒表面有机物。对 N_2O 控制则比 CH_4 显得难度要大，N_2O 主要产生于硝化和反硝化过程。目前，有关 N_2O 形成的机理研究已渐清晰，硝化过程是 N_2O 形成的主因，反硝化过程对 N_2O 形成的作用为次因。根据 N_2O 产生机理，提高硝化过程 DO

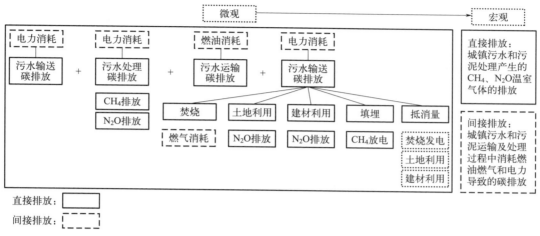

图 8.6 污水处理全过程碳排放类型[3]

浓度以及增加反硝化过程有效碳源量可以有效抑制 N_2O 形成，但这势必会增加 CO_2 排放量。

间接排放主要是能耗和药耗。由于在污水处理厂运行中最直接反映的是能耗，而药耗形成的碳排放一般在污水处理以外的行业（化工、运输等）产生（但应计入污水处理碳排放清单），故在污水处理厂对此并不关注。

（2）污水处理全过程碳排放现状与趋势

我国城镇污水排放量表现为增长趋势，总量由 2011 年的 1374.6 万吨增加为 2020 年的 2462.4 万吨，年均增速 6.69%，且中间接排放量大于直接排放量。在 2011—2020 年间，直接和间接排放分别增长 1.81 倍和 1.78 倍。由于处理工艺的改进及出水标准的提高，全国城镇污水碳排放强度呈波动变化，有轻微下降趋势。

2020 年，我国城镇污水处理全过程碳排放量为 3416.0 万吨 CO_2，碳抵消量为 769.1 万吨 CO_2，净排放量为 2646.9 万吨 CO_2，其中：直接碳排放量为 1522.1 万吨 CO_2（CH_4 排放量为 665.3 万吨 CO_2，N_2O 排放量为 856.8 万吨 CO_2），占比 45%，间接排放量为 1893.9 万吨 CO_2，占比 55%；污水处理碳排放量为 2462.4 万吨 CO_2，污泥处理处置碳排放量为 953.6 万吨 CO_2，两者比例约为 7:3。

按照处理环节、设备能耗和运输来划分，污水处理三大部分的碳排放比例分别为 33.5%、63.3% 和 3.2%；三部分中污泥处理处置比例分别为 73.1%、26.0% 和 0.9%。

（3）污水处理全过程碳排放强度

2020 年，全国城镇污水处理全过程总排放强度为 4.32 吨 CO_2/万吨；净排放强度为 3.35 吨 CO_2/万吨；以污水实际处理量为单位计算，污水处理总（净）排放强度为 3.11 吨 CO_2/万吨，污泥处理处置总排放强度为 1.21 吨 CO_2/万吨；以污泥处理处置量为单位计算，污泥处理处置总排放强度为 0.28 吨 CO_2/吨。

全国城镇污水单位 GDP 碳排放呈现逐年下降趋势，与单位 GDP 污水处理量变化趋势基本一致；而人均碳排放逐年上升，与人均污水处理量变化趋势基本一致。

2020 年单位 GDP 污水处理量上升主要是由于疫情影响，污水处理量增速大于 GDP 增速；但是 2020 年 COD 去处理量较 2019 年出现下降，导致单位 GDP 污水碳排放和人均污水碳排放均出现明显降低。

（4）污泥处理处置碳排放变化趋势

全国城镇污泥处理处置碳排放总量在 2015 年达到峰值（1237.7 万吨 CO_2），随后呈现逐年下降趋势。由于焚烧和土地利用等处置方式增加，抵消量也呈现逐年增加趋势，由 2011 年的 303.9 万吨 CO_2，上升为 2020 年的 769.1 万吨 CO_2。

由于污泥处理结构优化，全国城镇污泥处理处置净排放强度和总排放强度均呈现逐年下降趋势。其中，总排放强度由 2011 年的 0.46t CO_2/t 降低为 2020 年的 0.28t CO_2/t，净排放强度由 2011 年的 0.33t CO_2/t 降低至 2020 年的 0.05t CO_2/t。

全国城镇污泥单位 GDP 碳排放呈现逐年下降，与单位 GDP 污泥产生量变化趋势基本一致；人均碳排放和人均污泥产生量在 2015 年前均呈现上升趋势，2015 年后人均碳排放逐年下降。由于污泥减量化技术的应用，人均污泥产生量变化由上升逐渐变为平稳；在此基础上污泥处理结构持续优化，焚烧和土地利用等方式应用，人均污泥碳排放在 2015 年后逐年下降。

8.1.3　污水处理运行能耗

污水处理厂运行消耗的能源主要包括电、燃料及药剂等潜在能源消耗，其中电能消耗占总能耗的 60%～90%。电能消耗主要用于污水和污泥提升、污水生物处理中的曝气设备、污泥稳定和处理设备的能耗以及厂区和附属建筑的照明设备等；其中用于污水生物处理的电耗约占总电耗的 70%，污泥处理电耗占 20%，厂区照明及办公室用电占10%。污水处理厂热能消耗主要用于污泥加热及厂区供热；一般用于污泥加热的热耗占总热耗的 60%，消化池加热占 30%，厂区供热占 10%。污水处理厂的药剂消耗主要包括外加碳源、除磷药剂、脱水药剂、消毒药剂等消耗，而且污水处理厂药耗随着污水排放标准提高而增加。

研究表明，污水处理厂规模、处理工艺、污水排放标准和废水质量都会影响能耗[4]。其中，出水水质对能耗的影响最为直观，能耗与出水水质标准呈正相关，相同工艺和规模的污水处理厂单位能耗随着出水水质的改善而增加。此外，污水处理厂规模的扩大有助于降低单位能耗；但当规模超出一定范围时，单位能耗反而会增加，研究学者将其归结为废水在输送过程中与管道之间的摩擦[4]。

毫无疑问，污水处理过程对能源消耗有很大的影响。采用好氧活性污泥处理和厌氧污泥消化技术的典型污水处理厂耗电量一般为 0.6kWh/m³。利用氧化沟、生物滴滤池、活性污泥法和深度废水处理技术的污水处理厂耗电量分别为 0.09～0.29kWh/m³、0.18～0.42kWh/m³、0.33～0.60kWh/m³、0.31～0.40kWh/m³。不同国家和工艺下污水处理厂的能耗情况如表8.1所示，不同的国家和处理工艺会对能源消耗产生很大的影响。在我国常用的污水处理工艺主要包括 SBR、A/O、A²/O、氧化沟和 AB 工艺，其中 A/O 和 A²/O 工艺在污水处理运用中占80%左右。五种主要污水处理工艺的特点及能耗设备如表8.2所示。

表 8.1 不同国家和工艺的废水处理能耗

国家	污水处理工艺	能耗量/(kWh/m³)
中国	SBR	0.23
	活性污泥	0.24
	氧化沟	0.26
日本	氧化沟	0.44～2.07
	活性污泥	0.30～1.89
澳大利亚	氧化沟	0.5～1.0
	活性污泥	0.46
美国	活性污泥	0.33～0.60

表 8.2 常用污水处理工艺特点及主要能耗设备

污水处理工艺	工艺特点	主要能耗设备
SBR	工艺简单，调节池体积小，无二沉池和污泥回流，操作方式灵活；结构紧凑，占地少，基建、运行费用低；反应过程浓度梯度大，不易发生污泥膨胀；抗负荷冲击能力强，处理效果好；厌氧(缺氧)和好氧交替发生，同时脱氮除磷而无需额外增加反应器	序批式间歇反应器、曝气系统、搅拌设备等污泥的脱水处理系统
A/O	流程简单，无需外加碳源，以原污水为碳源，建设和运行费用较低；反硝化在前，硝化在后，设内循环，效果好，反硝化反应充分；曝气池在后，使反硝化残留物得以进一步去除，处理效果好	提升泵、曝气设备、回流泵及剩余污水泵、污水处理设备等，以及污泥的脱水处理系统
A²/O	工艺流程简单，水力停留时间短，可实现同步脱氮除磷，运行过程中不需要投药，运行费用低	鼓风机、污水提升泵、生物池、污泥回流泵、内回流泵设备以及污泥的脱水处理
氧化沟	耐冲击能力强、运行负荷低、产泥量少、可控制污泥膨胀、出水效果好等	污水提升泵、回流泵、曝气系统以及污泥脱水系统
AB法	对有机污染物去除率较高、系统运行稳定、脱氮除磷效果较好，整个运行过程节能效果好	鼓风机、污水提升泵、污泥回流泵以及污泥的脱水处理

污水处理厂中主要构筑物的能耗情况如图8.7所示，具体能耗情况如下：

（1）污水提升泵

污水提升泵的主要作用是为了使污水实现中立自流，利用水泵将污水提升至后续处理单元所要求的高度。污水提升泵的电耗与污水流量和需要提升的扬程有关，一般占全部电耗的10%～20%，是污水处理运行能耗的主要构筑物之一。

（2）沉砂池

沉砂池的功能是去除密度较大的无机颗粒，一般为减少无机颗粒对水泵管路的磨损，可以在泵站前设置沉砂池；为减轻沉淀池负荷，改善污泥处理构筑物的处理条件，可在初沉池前设沉砂池。常用的沉砂池有平流式、曝气式、多尔式和钟式等。

沉砂池中的能耗设备主要是砂水分离器和吸砂机以及曝气沉砂池的曝气系统、多尔沉砂池和钟式沉砂池的动力系统。

（3）初次沉淀池

初次沉淀池（初沉池）主要用于去除悬浮颗粒物和部分 BOD_5，常用作是一级污水处理的构筑物，也可以设置在生物处理构筑物前对污水进行预处理。初沉池包括平流式、辐流式和竖流式沉淀池。

排泥装置（如链带式刮泥机、吸泥泵等）是初沉池的主要能耗设备，但受到排泥周期的影响，初沉池的能耗是比较低的。

（4）生物处理构筑物

已有研究学者对单位体积污水所消耗电量进行了估算，并得出此耗电量为 0.15～0.28kWh/m³。在污水处理厂中能耗位居首位的构筑物则是污水生化处理单元，在此单元中的曝气鼓风机能耗约占污水厂实际直接能耗的 51%（图 8.7），具体的数据取决于特定的环境。

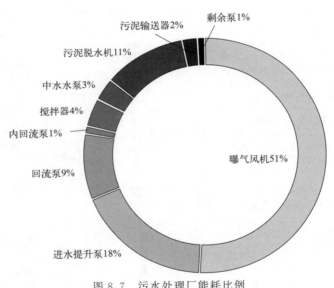

图 8.7　污水处理厂能耗比例

（5）二次沉淀池

在污泥抽吸和污水漂浮物去除的过程中，二次沉淀池（二沉池）会存在一定的能耗，但相对于其他构筑物而言，此能耗较低。

（6）污泥处理构筑物

污泥处理工艺中的污泥脱水机、回流泵、污泥输送器都会消耗大量的电能，这些设备的能耗总占比约为 22%（具体数值与处理工艺、污泥条件等相关）。污泥处理设备的电耗功率很大，导致污泥处理单元的能量消耗较高。

8.2 污水处理节能降耗措施

8.2.1 污水运输环节的节能降耗措施

城市污水处理系统需要消耗大量的能源来维持日常运行和维护，其中污水的收集和输送涉及大规模的管网铺设和远距离输送。要采取多种措施优化管网输水性能，以最大可能降低污水运输环节的能耗。首先是管网运营管理模式的改造升级，重点工作包括漏损点查询、位置确定、维护和防范漏损隐患等。实现对排水管网运行状态的实时监控，对出现的漏损、堵塞情况、严重程度以及具体位置等可以进行快速分析，利于管理者的精确判断，使之能够快速修复。其次是改善排水管网的输水性能，最根本的解决办法是在进行雨污分流改造的同时，提高排水管网覆盖率，实现污水 100% 收集，使污水处理厂的进水碳氮比大幅提高。这样便能解决碳源缺乏的问题，使得污水处理厂有机质-甲烷转化率提升，将污水处理厂转为发电厂，从根本上解决能源消耗问题，以期达到碳中和。

8.2.2 污水提升泵的节能降耗措施

通常情况下，污水处理厂进水位于管网系统的末端，标高相对较低。因此，需要使用提升泵将污水提升至污水处理系统[5]。但水泵设计或者选用错误会导致提升泵能耗较高，这部分能耗可以通过优化污水提升泵而减少 5%～30%。

通过对污水提升系统进行综合分析，可以判定污水提升泵的节能状况。在污水处理工艺的设计阶段，需要对现有管网系统和污水处理工艺设施进行广泛的调研，以最大限度降低污水标高。为了选择适合的水泵，需要综合考虑污水提升量及其变化特点。根据管道系统，特别是污水流量的变化曲线，选择合适的水泵满足高运行效率和高水位条件[6]。此外，还需要依据污水处理量、扬程、扬程损失、泵功率来调节变频泵与固定功率泵（不带变频器）之间的比例，从而得到合适高效的泵组合，以达到降低泵轴功率的目的，避免由于频繁开启而减少水泵的使用寿命[7]。变频提升泵的应用可使得某市污水处理厂能源消耗减少约 12%；通过对污水提升泵设置变频调控，污水处理厂的能源消耗降低约 20%～40%。此外，为了提升电机的运行效率，还需要考虑泵与电机的匹配性能。管道设计应保证系统紧凑流畅，以减少弯道和管道的长度以及管道运输系统的阻力和能耗[8]。最后，要注意工艺运行管理、设备维护，减少滴漏、结垢以及操作系统的机械磨损，确保设备和系统在高效条件下运行。

8.2.3 曝气设备的节能降耗措施

污水处理厂中污染物的去除主要是通过微生物生化代谢过程进行的，而这些生化代谢过程需要由曝气提供电子受体。有效曝气既是污染物去除的重要途径，也是污水有效处理的常用方法。因此，曝气设备运行也是污水处理过程中节能降耗的关键环节。曝气设备的节能降耗可以通过优化曝气装置和调控曝气供应量来进行。

曝气装置方面，A^2/O 和 SBR 工艺一般采用微孔曝气，氧化沟一般采用转刷曝气或倒伞形曝气[9]。微孔曝气主要通过制造微气泡（直径在 1.5～3.0mm 之间）来增加氧气的传输效率。但是，微孔曝气过程中由于空气流经微孔的气动阻力较大，需要较高的能量。因此，有必要在微孔曝气室底部设置搅拌器，这种设计已经应用于许多氧化沟工艺[10]。此外，在使用鼓风机曝气装置时，可以通过更换鼓风设备或者改进现有设备进行节能降耗。例如，将传统的鼓风设备换成涡轮鼓风机，可以减少 35% 的能耗；采用超细气泡扩散器，比传统的弹性膜扩散装置节省 10%～20% 的能耗。除了更换鼓风设备，在现有鼓风装置上安装变频调控，在改变工艺的同时实现自动调速和节能降耗。研究学者将变频器设置在 SBR 工艺的罗茨鼓风机中，每月可以节约电量 6810kWh，相当于每年减少 7.35 万元电费[11]。

曝气供应量的调控也是节能降耗的关键之处。污水处理出水水质可能因曝气量过小而恶化；但过多的曝气量会造成能量浪费，使得污泥絮团结构发生变化，导致活性污泥沉降[12]。曝气量的供需平衡是曝气过程节能降耗的核心。通过调控曝气供应量节能降耗的措施主要有：①调控好氧区溶解氧浓度，防止曝气过度；②按照污水处理工艺逐步减少需氧量；③设置梯度降低曝气量（如第一环节占比 35%、第二环节占比 30%、第三环节占比 25% 的方法设置曝气）；④根据出水氨氮浓度调节曝气量[13]。当活性污泥生化处理工艺 COD 负荷较高时，曝气的主要目的是去除 COD 和进行硝化作用。所以，供氧量的计算主要考虑这两个生化过程。在进行污水处理的过程中如果出现溶解氧浓度异常的情况会直接影响污水处理的效果。因此，为了可以科学合理地控制溶解氧浓度，需要设置溶解氧自动控制系统，同时利用人工操作手段减少误差，进而降低污水处理过程中的能源消耗。

8.2.4 污泥处理环节的节能降耗措施

由于污泥中的污染物比较多，污泥处理的步骤也相对较多。在进行污泥处理的过程中,将污泥中的资源进行回收,可以使污泥处理环节达到节能降耗的目的。

污泥处理过程可以分为污泥的脱水、稳定和浓缩三个部分。污泥脱水方法主要有机械脱水和自然脱水。其中,使用较为频繁的方法是机械脱水,在此过程中消耗的能源为电能。离心脱水是常用的机械脱水方法,虽然消耗的电能较少,但污泥预处理效果不佳,还会造成机械磨损。因此,需要在保证污泥处理效果的前提下,寻求更好的脱水方式来降低能耗。一般情况下,污泥稳定过程中的能量消耗可以通过厌氧环节中产生的沼气来补充。在污泥浓缩过程中,利用生物气浮技术代替重力气浮技术,可以在提高浓缩效率的同时降低能耗。另外,可以将处理后的污泥进行回收利用。污泥中能源回收利用技术将在 8.4 节中进行详细介绍。

8.3　污水低碳处理工艺

传统污水处理厂在硝化和反硝化等脱氮过程中需要消耗大量能量和有机碳,约占污水处理总能耗的 $50\%\sim70\%$。在实际操作中,为了满足日益严格的城市污水处理排放标准,需要消耗更多的能量和有机碳源,导致异养菌繁殖,产生大量污泥。此外,温室气体在硝化和反硝化过程中的排放量较大,进而导致碳排放增加。因此,从本质上讲,污水处理过程是能源密集型的。为应对气候变暖并实现"双碳"目标,研究学者已对污水低碳处理工艺进行了广泛研究,例如厌氧氨氧化、反硝化除磷以及微藻-细菌联合工艺等低碳处理工艺。

8.3.1　厌氧氨氧化

(1) 厌氧氨氧化反应原理

厌氧氨氧化是指在厌氧条件下,以氨氮(NH_4^+-N)为电子供体,亚硝态氮(NO_2^--N)为电子受体,以 CO_2 或 HCO_3^- 为碳源,通过厌氧氨氧化菌的作用,将 NH_4^+-N 直接氧化为 N_2 的过程,反应公式为:

$$NH_4^+ + 1.32NO_2^- + 0.066HCO_3^- + 0.13H^+ \longrightarrow$$
$$1.02N_2 + 0.26NO_3^- + 0.066CH_2O_{0.5}N_{0.15} + 2.03H_2O \tag{8.1}$$

根据反应方程式可以得出:厌氧氨氧化过程仅消耗了 CO_2 和 HCO_3^-,无需外加碳源的参与,防止了二次污染的产生;整个反应过程仅需保持厌氧环境或者控制曝气保持低溶解氧环境,可以节约曝气成本;反应过程几乎不产生 N_2O,能够有效避免脱氮造成的温室气体排放;反应过程中不产碱,无需外加药物进行中和,较为环保;厌氧氨氧化菌生长的倍增时间相对较长，一般为 7～14 天，使其污泥产量远低于异养反硝化细菌[14]。

在高氨氮废水中进行厌氧氨氧化需要保证底物 NO_2^--N 的持续供应，这可以通过两种方式实现：①部分硝化（partial nitrification，PN），在此过程中将 55％的 NH_4^+-N 转化为 NO_2^--N；②部分反硝化（partial denitrification，PD），此过程是通过限制电子供体等方式实现反硝化过程中的 NO_2^--N 积累。

（2）常见的厌氧氨氧化工艺

① 短程硝化-厌氧氨氧化（Sharon-Anammox）工艺。该工艺主要分为两步，第一步 Sharon 段，50％～60％的 NH_4^+-N 被氧化成 NO_2^--N，第二步 Anammox 段，剩余的 NH_4^+-N 与新生成的 NO_2^--N 进行厌氧氨氧化反应生成 N_2，并生成部分 NO_3^--N，两段反应分别在不同的反应器中完成，过程见图 8.8。Sharon 和 Anammox 工艺联用，仅需将 50％的 NH_4^+-N 转化为 NO_2^--N，后续无需外加 NO_2^--N；同时，让两类菌分相处理，分别产生作用，为功能菌的生长提供了良好的环境，并且减少了进水中有害物质对厌氧氨氧化菌的抑制效应。与传统的硝化反硝化工艺相比，短程硝化-厌氧氨氧化工艺可减少 67％的氧气消耗量，无需有机碳源的参与，且污泥产量大幅度降低，可视为"零碳"工艺。

② 全程自养脱氮（CANON）工艺。该工艺是指在同一构筑物内，通过控制溶解氧实现亚硝化和厌氧氨氧化，全程由自养菌完成由 NH_4^+-N 至 N_2 的转化过程。在微好氧环境下，亚硝化细菌将 NH_4^+-N 部分氧化成 NO_2^--N，消耗氧气创造厌氧氨氧化过程所需的厌氧环境；产生的 NO_2^--N 与部分剩余的 NH_4^+-N 发生厌氧氨氧化反应生成 N_2。由于亚硝酸细菌和厌氧氨氧化细菌都是自养型细菌，因此 CANON 反应无需添加外源有机物，全程都是在无机自养环境下进行。

③ 短程反硝化-厌氧氨氧化（PD-A）工艺。短程反硝化（PD）是将 NO_3^--N 仅被还原为 NO_2^--N 而不是 N_2，从而为厌氧氨氧化菌提供充足的底物，具体过程如图 8.9 所示。PD 与厌氧氨氧化耦合的代谢途径已经成为同时去除废水中 NH_4^+-N 和 NO_3^--N 的有效途径[15]。

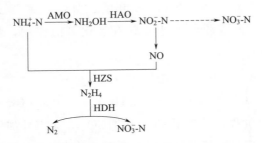

图 8.8　短程硝化-厌氧氨氧化的具体过程

AMO—氨单加氧酶；HAO—羟胺氧化还原酶；

HZS—联氨合成酶；HDH—联氨脱氢酶

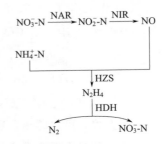

图 8.9　短程反硝化-厌氧氨氧化的具体过程

NAR—硝酸盐还原酶；NIR—亚硝酸盐还原酶；

HZS—联氨合成酶；HDH—联氨脱氢酶

与完全反硝化（将 NO_3^--N 完全还原为 N_2）相比，PD-A 工艺可节省 60% 的有机碳源，污泥产量较小，理论上氮去除效率可达到 100%[16]。更重要的是，短程反硝化为厌氧氨氧化提供了稳定的 NO_2^--N 来源，这意味着工艺的稳定运行不需要复杂和严格的参数控制来维持。目前，PD-A 工艺可以在不同反应器中处理各种含氮废水，是基于厌氧氨氧化更有前途的低碳脱氮技术。

（3）厌氧氨氧化工艺的影响因素

① 温度。厌氧氨氧化过程对温度变化较为敏感，温度会影响反应过程中相关酶的活性。厌氧氨氧化菌最适生长温度为 30～35℃。而当温度低于 11℃ 或高于 45℃，厌氧氨氧化菌的活性完全被抑制。温度对厌氧氨氧化工艺中温室气体排放也有显著影响。一般认为温度为 20～25℃ 时，可以保证 Sharon-Anammox 工艺和 PD-A 等工艺的稳定进行，也可以减少 N_2O 的生成[17]。

② 溶解氧。厌氧氨氧化菌为厌氧菌，较高的 DO 水平会抑制反应的进行；但是 AOB 亚硝化反应需要少量的氧气，所以 CANON 工艺需要维持低溶氧状态。然而，目前的研究却发现低 DO 水平会导致 CANON 工艺的 N_2O 释放量较大，且超过传统脱氮工艺[18]，此时 CANON 的能耗虽然降低但碳排放量却有所增加，这与当前环境可持续性发展以及碳中和目标相矛盾。

③ pH。过高或过低的 pH 都会对厌氧氨氧化菌产生不利影响。厌氧氨氧化菌最适生长 pH 为 6.7～8.3，而在 8.0 左右其反应速率可以达到最高。

④ 有机碳浓度。部分可溶性有机物如甲醇、抗生素、酚类等有毒抑制物会直接影响厌氧氨氧化菌活性。而葡萄糖、乙酸、丙酸等有机物是反硝化菌的底物，但反硝化菌细胞产率远高于厌氧氨氧化菌，因此在基质和空间竞争中厌氧氨氧化菌处于劣势。在 PD-A 工艺中，过高的有机碳浓度可以促进完全反硝化而不利于 PD，导致厌氧氨氧化菌缺乏底物 NO_2^--N；而有机碳浓度较低时，PD 产生的 NO_2^--N 严重不足，进而导致厌氧氨氧化菌活性较低。

⑤ 泥龄。厌氧氨氧化菌生长缓慢，细胞产率低，污泥产量少，所以维持长泥龄对该工艺很重要，其生物倍增时间约为 11d，相应的水力停留时间也应该较长。然而，在对于 PD-A 工艺的研究中发现，当水力停留时间由 16h 降为 1h 时，氮去除速率不减反增至 1.28kg N/(m^3·d)，且超过了常规污水处理工艺的去除速率[19]。据此可推测，基于 PD-A 的低碳处理技术，在不影响出水质量的前提下，可以减少土地占用和能源消耗。

8.3.2 反硝化除磷

20 世纪 90 年代，Kuba 等[20] 在厌氧-缺氧交替运行条件下发现了一类兼性微生物，即反硝化除磷菌（denitrifying phosphorus accumulating organisms，DPAOs），这种微

生物不仅可以利用 $NO_3^- $-N，还可以利用 O_2 作为电子受体实现氮、磷的同步高效去除，这解决了传统硝化和除磷过程的矛盾，同时可以节省曝气能耗、减少碳源需求量并降低污泥产量。因此，基于 DPAOs 的反硝化除磷技术是一种可持续发展技术，为现代污水活性污泥处理提供了新的方向，已经成为脱氮除磷领域的研究热点。

(1) 反硝化除磷机理

在厌氧/缺氧/好氧交替条件下，DPAOs 数量可以达到总聚磷菌（phosphorus accumulating organisms，PAOs）数量的一半。DPAOs 的代谢类似于传统的除磷细菌，使用聚羟基丁酸盐（PHB）和糖原来实现脱氮除磷的双重功能。关于反硝化除磷系统的原理，目前有三种假说。

① 一类细菌假说，又称"环境诱导理论"：PAOs 只有一类，具有反硝化和除磷功能[20]，在厌氧和缺氧交替运行条件下进行驯化和培养。当环境有利于 PAOs 的反硝化作用时，其去除 N、P 的功能得到提高；否则，功能会被削弱。

② 两类细菌假说[21]：PAOs 根据所使用的电子受体不同可分为两类，一类 PAOs 仅使用 O_2 作为电子受体，而另一类 PAOs 可以同时使用 O_2 和 NO_3^--N 作为电子受体。

③ 三类细菌假说：Hu 等[22] 发现了一类微生物，它们可以利用 O_2、NO_3^--N 和 NO_2^--N 作为电子受体的。

在以上假设中，第二种假设，即两类细菌假设，被普遍接受。

反硝化除磷是指在厌氧条件下，DPAOs 利用聚磷酸盐水解产生的能量，将污水中的挥发性脂肪酸内化为胞内碳源聚羟基脂肪酸酯（PHA），同时释放磷酸盐；在缺氧条件下，DPAOs 以为 NO_3^--N 电子受体，氧化 PHA，还原为 N_2，产生的能量大部分用于糖原的合成，另一部分则用于过量吸收水中的磷酸盐。细胞内的碳源 PHA 同时承担着为反硝化提供碳源和为 DPAOs 吸磷提供能源两方面的作用。在这样的厌氧/缺氧交替运行条件下，即可实现同步脱氮除磷。相比传统生物脱氮除磷，反硝化除磷具有节省碳源（一碳两用）、减少曝气量（吸磷可通过缺氧实现）、降低污泥产量（减少化学混凝剂的投加量）、缩小反应器体积（脱氮除磷可于同一单元内实现）等诸多优点。根据物质守恒和生化方程研究发现，反硝化除磷工艺比传统生物脱氮除磷工艺节约碳源 50%，减少曝气量 30%，降低污泥产量 50%。

(2) 反硝化除磷工艺

目前，以反硝化除磷理论为基础的工艺包括单污泥工艺和双污泥工艺。在单污泥系统中，硝化菌、反硝化菌、聚磷菌在同一活性污泥中共存，硝化菌与聚磷菌之间存在泥龄矛盾，反硝化菌又会与聚磷菌竞争碳源，从而使得反硝化除磷效能难以大幅度提高。在双污泥系统中，硝化过程与反硝化除磷过程设置在各自独立的体系中，使得微生物可以在各自适宜的环境进行生长代谢，利于反硝化聚磷菌的富集，进而实现同步脱氮除磷。双污泥系统具有处理效率高、反应池占地面积小、剩余污泥处理量较少、剩余污泥易于泥水分离等优点，在实际应用中更为普遍。目前应用较多的双污泥系统工艺主要包括 Dephanox 工艺和 A^2N 工艺。

① A²N 工艺。A²N（anaerobic-anoxic-nitrification）是采用生物膜法和活性污泥法相结合的双污泥系统，是基于缺氧吸磷理论的连续流反硝化除磷工艺，工艺流程见图 8.10。A²N 双污泥系统是在不同的污泥系统中培养硝化细菌和反硝化除磷菌，污泥沉淀之后两者只交换上清液，进而完成硝化和反硝化除磷，这避免了反硝化细菌和聚磷菌对基质的竞争，也解决了硝化细菌和聚磷菌污泥龄矛盾的问题。

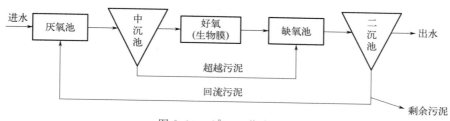

图 8.10　A²N 工艺流程图

这一工艺特别适用于 C/N 比较低的水质。该工艺的不足之处在于缺氧段硝酸盐不足时会影响缺氧吸磷效果，而硝酸盐过量又会使得剩余硝酸盐随回流污泥进入厌氧段，使厌氧释磷和 PHB 的合成受到干扰，未经硝化过程直接和反硝化聚磷污泥一起进入缺氧段，无法实现反硝化脱氮，往往导致出水的氨氮浓度较高。

② Dephanox 工艺。Kuba 等[23] 在研究反硝化除磷的基础上，提出了一种新的反硝化除磷工艺——Dephaox 工艺，如图 8.11 所示，该工艺实际上就是在 A²N 工艺的缺氧反应池后添加一个好氧池，在含有反硝化聚磷菌的厌氧池释磷并存储 PHA，经中沉池快速沉淀后，富含反硝化聚磷菌的污泥超越硝化池进入缺氧池，含氨氮和磷的上清液进入固定生物膜池进行硝化，硝化结束后进入缺氧池，与超越污泥混合，完成反硝化脱氮和过量吸磷，COD、总氮、总磷的去除率分别达到 96%、77%、79%。

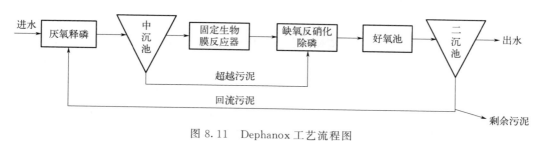

图 8.11　Dephanox 工艺流程图

8.3.3 微藻-菌颗粒污泥

微藻-菌颗粒污泥（MBGS）工艺是一种新开发的污水处理技术。该工艺具有减少曝气量、碳减排和改善固液分离等优点，不仅可以应用于工业废水、城市污水、海水等的处理，还可以作为一种极具潜力的绿色处理技术推广到其他领域[24]。

MBGS 工艺是实现污水处理碳减排的有效途径，通过微藻和细菌在城市污水处理中的协同作用，可以同时实现碳减排和能源回收[25]。在微藻-细菌的共同培养中，藻类利用太阳能和污水中的氮和磷进行生长，并通过光合作用产生 O_2，以满足好氧菌代谢所需的 O_2，不再需要进行额外的曝气；异养生物通过呼吸作用去除 COD，同时产生 CO_2 为藻类提供碳源[26]，进而显著降低处理过程中 CO_2 直接排放量。在好氧颗粒污泥（AGS）和 MBGS 工艺对比研究中发现，MBGS 工艺比 AGS 工艺具有更高的群落丰富度。由于微藻的存在，MBGS 的脱氮除磷效率高于 AGS，且减少了 86.9％的 CO_2 排放量[27]。此外，MBGS 工艺中温室气体排放量低的另一个重要原因是，大多数氮被微藻吸收，而不是转化为氮氧化物。MBGS 工艺中 N_2O 和 CH_4 排放可以忽略不计[28]，收获的生物质可以用作生产生物肥料和生物油的原料。经预测，MBGS 工艺将实现的温室气体负排放量约为 14.1×10^6 t CO_2/a。因此，MBGS 工艺在城市污水处理中具有实现负碳目标的潜力。

此外，在藻类和细菌共生系统中，引入 CO_2 也可以优化污水处理效率。从微生物角度来看，CO_2 有助于 MBGS 的颗粒稳定性，而且通过间歇曝气 CO_2 可以优化微藻种类和微生物种群的时空分布。在处理阶段，CO_2 不仅可以维持藻类絮凝作用，还可以有效控制污水的 pH 值[29]。在反应器性能方面，CO_2 的引入可以增加真核藻类的数量，增加微藻与细菌的质量比，促进光合作用，从而显著提高 COD 和磷的去除率[30]。

8.4 能源回收利用技术

污水和污泥中蕴藏着大量的能源和资源，应合理利用。养分（N 和 P）和能量（C）是循环利用的可行组成部分。本节从热能、生物质能及其衍生能、化学能三个方面介绍了水热资源化的能量回收技术。热能主要来自废水余热。化学能来自化学反应或反应产物释放的热能，可用来发电。生物质能源需要生物质作为反应的载体，如微藻可以在吸收养分的同时储存太阳能和碳（来自废水），这使得它可以储存大量的生物质能。

8.4.1 污水源热泵技术

污水源热泵技术（waste water source heat pump，WWSHP）是污水处理中回收热能的主要方式，可以通过机组内部的制冷状态循环向外部供冷和供热。污水源热泵技术目前主要应用于污水处理厂中污泥干燥、反应器加热等环节。

污水源热泵技术是利用城市污水作为冷热源进行能量提取和储存。加热时污水温度

比地下水高 $3\sim5℃$，冷却时污水温度比空气低 $10\sim15℃$。基于实验值和模拟值可知，污水的加热性能值系数为 $1.77\sim10.63$，冷却性能值系数为 $2.23\sim5.35$[31]。污水源热泵技术除了具有节能和经济效益外，还具有环境效益。于废水中回收热能可以减少煤炭等化石能源的利用，从而减少 NO_x、SO_x 和粉尘等污染物的产生。但污水源热泵技术存在以下缺点：①废水会污染换热器，结垢和腐蚀会损坏设备，降低系统的性能系数；②大部分污水处理厂由于远离市区，导致热泵系统远离用户，增加了运输能耗。但随着监测技术和控制技术的发展，污水源热泵技术仍大有可为。

城市废水是优质的余热来源，具有冬季温度高于大气温度、夏季温度低于大气温度的特点，是热泵技术的理想热源。污水源热泵根据其使用污水的状态不同可分为两种，一种是采用原污水作为冷热源的系统；另一种是利用污水处理厂的再生水或二次处理后的水作为冷热源的系统[32]。再生水和二次处理水由于水质的改善和水温的稳定，更适合热泵系统，所以利用污水源热泵技术于再生水和二次处理水中提取热能是污水处理厂利用热能的主要方式。提取的热能一部分用于满足污水处理厂内部供暖需求，另一部分用于城市建筑采暖。利用污水源热泵技术从污水中提取热能的节能潜力巨大，在节省污水处理厂运行所需热量的同时，也间接减少了碳排放量，利于污水处理厂实现碳中和。

8.4.2 生物质及其衍生能源

生物质能是一种清洁、安全、蕴藏量丰富的能源，是太阳能以化学能形式储存在生物质中的能量形式，即以生物质为载体的能量。生物质及其衍生能源在污水处理厂的应用技术主要有微藻污水处理、厌氧消化（AD）和微生物燃料电池技术（MFC）。

微藻污水处理技术具有节能、低成本、养分高效去除能力、CO_2 固定能力以及经济效益良好等优点。微藻的培养对水质要求低，生长过程中吸收营养物质（N、P）和有机碳源。利用小球藻进行二级处理出水中氮的去除，N 和 P 的去除率在 2d 后均达到 90% 以上。微藻也广泛应用于化肥、饲料和其他农业领域，具有良好的经济效益。利用微藻水热液化制取生物油也引起了广泛的关注。美国两个示范规模的藻类设施预计每年可生产 500 万加仑燃料[33]。

厌氧消化是污泥稳定中应用最为普遍的技术。该过程是在厌氧环境条件下将污泥有机固体转化为沼气，即 CH_4、CO_2 和其他气体的混合物。在中温（$30\sim36℃$）或高温（$50\sim55℃$）时，沼气中含有 CH_4（$50\%\sim70\%$）、CO_2（$30\%\sim50\%$）以及其他微量气体（如 H_2、H_2S 和 N_2）。厌氧消化产生的沼气可用于发电，其热值约为 $21\sim25MJ/m^3$。2010 年欧盟沼气发电厂总装机容量超过 6.1GW，其中 9.9% 来自污水处理厂。西班牙污水处理厂的数据显示，厌氧消化通过沼气可以回收污泥中 52% 的能量。此外，沼液中含有微藻生长所需的营养物质，适用于微藻的培养，有效地解决了厌氧消化沼液的难处理问题[34]。

微生物燃料电池是一种新型废水处理技术，主要是利用微生物作为生物催化剂氧化有机物，并将底物氧化后的电子转移到阳极表面以产生生物电。混合菌可以将有机物生物降解为 CO_2 和 H_2O，同时还可以产生电力。将微生物燃料电池应用于污泥处理，通过厌氧消化可以获得 517mV 的电压。经研究发现，在城市污水处理厂中使用微生物燃料电池技术，11h 内 COD 和 SS 去除率分别为 65%～70% 和 50%[35]。但是，由于微生物燃料电池产生的电压较低，微生物燃料电池发电的大规模应用还有很长的路要走。

8.4.3　热化学处理和有机燃料生产

污水和污泥中同样含有大量的化学能。传统的污泥堆肥和填埋不仅会造成二次污染，还会浪费大量能源。关于城市废水化学能测量的研究表明，城市废水中的化学能可达 26.4kJ/g COD[36]，这些化学能可以通过热化学处理来利用。根据氧化还原条件，常见的污泥热化学处理技术可分为三类：好氧（焚烧、湿式氧化法）、缺氧（气化）和厌氧（液化、热解）处理。

污泥主要由具有热值的有机物组成，因此可以用作辅助燃料焚烧，以减少细菌数量并氧化有毒污染物。干污泥的热值约为 12～20MJ/kg，相当于褐煤的热值（11.7～15.8MJ/kg）。焚烧过程可用于火力发电，灰分可用作建筑材料或吸附材料。一些带有污泥焚烧设施的污水处理厂预计可发电 2.0MW，可满足其 20% 的能源需求。污泥焚烧在美国波特兰已广泛应用于发电。然而，污泥焚烧尾气也会带来二次污染。

湿式氧化法可用于处理危险、有毒和不可生物降解的废水。该法利用氧化剂将废水中的有机物在高温、高压下氧化成 CO_2 和 H_2O，从而实现污染物的去除。与常规方法相比，具有适用范围广、处理效率高、极少有二次污染、氧化速率快、可回收能量及有用物料等特点。然而，湿式氧化法在推广中还存在一定的局限性，如对设备材料要求高、费用高、能耗高和气味问题等。目前全球有 400 多家湿式氧化厂在运行，主要用于处理石化、化工和制药工业的废水以及生物处理厂的剩余污泥。

污泥气化过程是在还原状态下，将干燥的污泥分解为沼气和生物炭。曼海姆示范工厂的数据显示，CO、H_2 和 CH_4 分别占气化气体的 13.8%、13.3% 和 4.2%。气化气体的热值为 4.7MJ/m³，与其他研究结果（约为 4MJ/m³）接近[37]。污泥气化虽然可以产生高质量的燃料气体，但气化过程本身会受到高能耗的限制。

生物质水热液化产生的生物油具有 20～40MJ/kg 的高热值[38]。水热液化可以破坏细胞结构和亚稳态系统，并改变它们在污泥中的沉降平衡。与传统的干污泥法相比，采用湿污泥法可降低 30% 的能耗。但该工艺生产的油品质量不高，还需对水热液化废液进行处理。

污泥热解产物中气、液、固的比例分别为 10.7%～26.6%、23.5%～40.7%、46.1%～60.3%。热解气的主要成分有 H_2、CH_4、CO、CO_2、N_2 等，该成分组成会

受到升温速率和最终热解温度等热解条件的影响。生物油主要由 C、H、O、N 和 S 组成，其中 C 约占 70%，H 约占 9%，具有很高的热值，可作为燃料或化学工业生产的原料。产生的生物炭可用于制作吸附剂、催化剂或工业材料[39]。相对于焚烧和气化，热解是污泥热化学处理的最佳选择。热解作为焚烧的一种替代技术，污染少、经济效益高，有望成为近年来污水处理厂的主要技术。然而，目前的热解技术还存在热解能耗高、燃料质量低等问题。

8.5 国内外污水处理碳中和技术应用案例

8.5.1 荷兰污水处理新框架——NWEs 及其实践

(1) NWEs 框架的内涵

荷兰学者在 20 世纪 90 年代中期率先提出了可持续污水处理新概念，即以资源、能源循环利用为主要目标。基于可持续污水处理的理念，荷兰在 2008 年制定了未来污水处理的 NEWs 框架，即未来污水处理厂将是营养物（nutrient）、能源（energy）与再生水（water）的制造工厂；《NEWs：通往 2030 污水处理厂的荷兰路线图》由荷兰饮用水研究基金会（STOWA）在 2010 年发行，以营养物工厂、能源工厂和再生水工厂的概念为指导，制定了相应的计划，预计到 2030 年使得污水处理厂实现 NEWs 框架。

兼具新闻和新生事物双重涵义的 NEWs 一词，也代表着污水处理的新框架，精妙地概括了污水处理技术可持续发展的含义。污水在 NEWs 框架下处理后，基本上不会产生传统意义上的废物。

① 营养物工厂：为了最大限度地延缓污水中营养物质缺乏的速度，在污水处理中可将这些营养物质循环利用，尤其是磷资源。

② 能源工厂：有机物可以作为能量的载体，在污水处理中，将其转化后可以用来抵消污水处理的运行能耗，进而达到碳中和的目的；污水本身所含的热量能经水源热泵转换，形成大量热/冷能，并向社会进行输送，利于实现污水处理的低碳运行。

③ 再生水工厂：传统意义上污水处理的任务在营养物质和有机物回收后便已完成，那么，剩下的可用资源便是再生水，作为副产品随之产生。

另外，污水中难降解物质也可列入回收处理清单，如无机碎石、纤维素、污泥中的重金属/生物塑料等。

(2) NEWs 框架下的概念工厂

① 营养物工厂。营养物工厂的污水处理流程如图 8.12 所示。原污水经沉砂池去除

无机碎石后，经过强化生物除磷技术将磷富集至污泥中，再进行沉淀回收，污水处理达标后排放或再利用；富磷污泥经过浓缩后进入厌氧消化池产生 CH_4，随后进行脱水干化，并将干污泥和上清液分开处理；干污泥经过焚烧后形成灰烬，进行磷的回收，上清液经浓缩后进行氧化，生成磷酸盐。该工艺的主要特点是将营养物质与有机物分开处理，并分别用于资源和能源的回收。

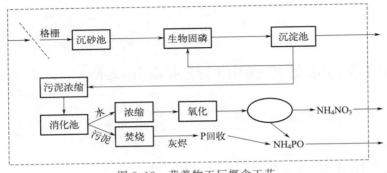

图 8.12　营养物工厂概念工艺

② 能源工厂。能源工厂污水处理过程如图 8.13 所示。原污水经过格栅、微滤网后，约有 1/5 的颗粒物被截留，再经预沉池沉淀 10%～15% 的悬浮物（SS）后经 AB 法（absorption biodegradation）A 段生物吸附沉淀或厌氧消化（anaerobic digestion，AD）生产 CH_4；出水进入主流厌氧氨氧化（anammox）反应器并完成脱氮；最后磷通过化学结晶回收；再生水通过水源热泵交换热量并完成供热后再进行排放。

利用超临界气化法处理微滤截留的颗粒物、预沉池和沉淀池中的污泥，产生 H_2 和 CH_4，与厌氧消化产生的 CH_4 一起用于燃料电池产电。

该工艺主要有以下能源利用方式：①将截留有机物进行超临界气化产生燃料气体；②采用无需碳源的厌氧氨氧化工艺去除氮和磷，并以化学结晶方式将磷进行回收，尽可能做到有机物转为能源进行利用。

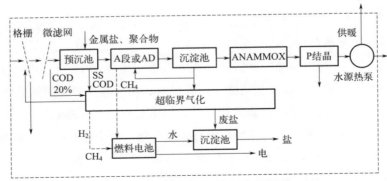

图 8.13　能源工厂污水处理流程

③ 再生水工厂。再生水工厂污水处理流程如图 8.14 所示。原污水首先经 AB 法的A 段和膜生物反应器（membrane bioreactor，MBR）进行处理，随后加入臭氧进行高

级氧化（难降解 COD）处理，再经接触池、生物活性炭过滤后，将 30％的处理水进行反渗透（reverse osmosis，RO）深度处理，处理后的水（20％）用于锅炉补充水或者饮用水，其余 10％的浓液与另外 70％（直排）处理水一起排入芦苇湿地或地表水系统。虽然上述过程能够保证获得稳定的水质和水量，但是 MBR 与 RO 等膜技术需要消耗极高的能量，即需要充足的剩余污泥提供有机能量（CH_4）。

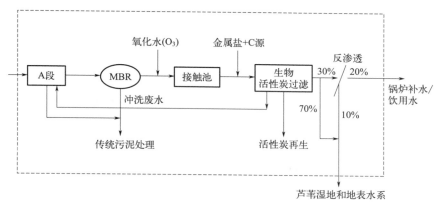

图 8.14 再生水工厂污水处理流程

（3）Amersfoort 污水处理厂

以 Amersfoort 污水厂（图 8.15）为例，与其他 3 个污水处理厂（Soest、Nijkerk 与 Woudenberg）合作，升级改造后，Nijkerk 污水厂拥有较新的热电联产技术（combined heat and power，CHP），故初沉污泥仍在该厂单独进行厌氧消化处理，沼气经 CHP 产电和热用于该厂。Woudenberg 厂中由于没有设置初沉池不会产生初沉污泥。4 个污水处理厂的初沉污泥和二沉污泥（刚提到的两个厂除外）被送往磷分离单元池（Wasstrip 工艺）中释放磷后，富磷上清液送往 Peal 反应器回收磷，污泥经浓缩后送往消化池。消化过程中，污泥通过热压水解处理以生产更多沼气，沼气通过 CHP 发电产热。

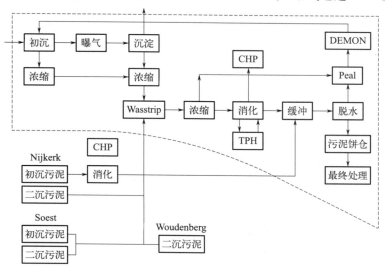

图 8.15 Amersfoort 污水处理厂工艺流程

消化污泥经脱水后产生的上清液和 Wasstrip 池富磷上清液一起进入 Peal 反应器，实现磷回收。经 Peal 反应器磷回收后，高氨氮污泥上清液通过自养脱氮（DEMON）方式被大部分去除。CHP 所产电和热主要用于 Amersfoort 污水处理厂运行，过剩的电将送往外部电网，余热将在未来用于污泥干化或其他目的。

新工艺中主要采用的技术措施：

① 污泥热压水解技术（THP）：在高温高压下裂解污泥细胞结构以提高沼气产量；

② 磷回收技术（Wasstrip＋Peal）：Wasstrip 工艺是对 Peal 营养回收技术的理想补充，Wasstrip 工艺将剩余污泥中的磷和镁分离出来，生成富磷与镁的上清液，随后进入 Peal 反应器。

在剩余污泥浓缩消化之前将磷和镁从剩余污泥中分离，并被直接送往 Peal 反应器。Peal 技术用于侧流处理富含磷和氨氮的脱水污泥上清液，主要产物为鸟粪石（$MgNH_4PO_4 \cdot 6H_2O$）。Peal 技术可以回收上清液中 90％ 以上的磷，鸟粪石颗粒纯度超过 99.9％，其颗粒尺寸和硬度都非常适合用作肥料。

最终，Amersfoort 污水厂能源自给率高达 130％，产生剩余电量供应社会可满足 600 个家庭 1 年使用；4 个污水厂总能源自给率也达到 70％；热电联产余热最大限度被回收。4 个污水进水总磷的 42％ 得以回收并转化为对环境无害的高质肥料；化学药剂使用量将减少 50％；污泥脱除 31％ 的水分；投资回收年限为 6～7 年。

8.5.2 美国希博伊根（Sheboygan）污水处理厂

在碳中和背景下，欧美等国家提出污水处理在未来要进行低碳发展；美国水环境研究基金（WERF）提出到所有污水处理厂在 2030 年前实现碳中和。位于美国威斯康星州的希博伊根（Sheboygan）污水处理厂早早地便意识到污水处理可持续发展的重要性，并于 2002 年参与 "威斯康星聚焦能源（Wisconsin Focus on Energy，FOE）" 项目，确立了 "能源零消耗" 的运行目标和实施计划。

如图 8.16 所示，污水依次流经格栅、旋流沉砂池、初沉/水解-酸化池、厌氧池、好氧池和二沉池，出水经消毒后排入密歇根湖。同时，部分回流污泥回流至初沉/水解-酸化池，并在此与初沉污泥混合、水解-酸化、释放出较多挥发性有机酸后沉淀形成剩余污泥；剩余污泥与外源高浓度食品废物混合实施厌氧共消化，以提高生物气体中的 CH_4 产量。产生的生物气经微型燃气轮机进行热电联产（CHP），为厂区供热、供电。

能源利用从开源和节流两方面着手，在处理过程中向 "能源零消耗" 目标逐步靠近，具体措施为提高能源回收效率和降低处理工艺能耗。

在开源方面，希博伊根污水处理厂中的污泥经过厌氧消化生成 CH_4，并将其用于 CHP 技术进行产电、产热。此外，为了增加 CH_4 等气体的产出量（2012 年增量已经达 200％），可以将高浓度食品废物（HSW）加入到剩余污泥中并进行厌氧共消化。

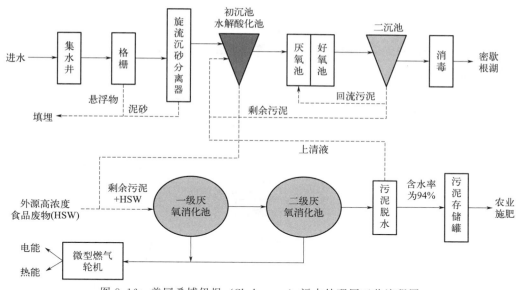

图 8.16 美国希博伊根（Sheboygan）污水处理厂工艺流程图

在节流环节，为了尽可能地减少污水处理设备的能源消耗，希博伊根污水处理厂通过自筹资金，将水泵变频机组、鼓风机系统、气流控制阀、加热设备以及相关的自控系统进行更新。

通过以上节能减排措施，截至 2013 年，希博伊根污水处理厂中产电量与耗电量的比值以及产热量与耗热量比值在 100% 左右变化，基本接近碳中和运行目标。

8.5.3 新加坡 Kakolanmäki 污水处理厂

新加坡国家水务局 PUB 为污水处理厂制定了出水水质、能源可持续性、环境可持续性三项关键评估标准。以此标准为基础，对相关污水处理技术水平和节能降耗效果进行分析，并制定出污水处理工艺实现碳中和的三阶段目标：近期目标（2017 年）——棕色水厂改造；短期目标（2022 年）——将部分棕色水厂关闭的同时，新建绿色水厂；长远目标——未来绿色水厂，利用目前实验室中试技术，使能源自给率达到 100% 以上，同时减少剩余污泥产量。

案例如下：

（1）棕色水厂改造案例（乌鲁班丹再生水厂）

为实现 40% 能源自给率的目标，在未来 5 年中，将集中改造棕色水厂，在改造过程中主要进行技术升级和设备改造。目前，新加坡有樟宜、裕廊、克兰芝及乌鲁班丹等四个再生水厂。再生水厂改造主要包括两部分内容：①以提升设备效率、降低能耗为主要手段，实现节能降耗的目标；②通过增加侧流 Anammox 自养脱氮工艺、MBR 及污泥预处理手段进行工艺改造，达到能耗降低的目的。

此次乌鲁班丹再生水厂的改造主要从降低能耗，提高电力产量等方面入手。具体工艺改造措施包括实施污泥预处理、采用 MBR 工艺、增加侧流 Anammox 工艺（图 8.17）。此外，通过应用微孔曝气、高效智能化控制、设置变频器等措施优化鼓风机效率；将原有双燃料发电机更换为高效沼气发电机，以增加电力的产出。

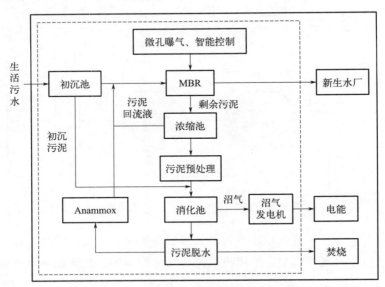

图 8.17   乌鲁班丹再生水厂工艺流程图

（2）新建绿色水厂案例（大士再生水厂设计）

新加坡 PUB 将在未来 5～10 年内建设再生水厂，使其能源自给率更高，以实现其短期既定的目标。从以下三个方面内容来选择再生水厂的工艺：

① 在污水进行生物处理之前，先将污水中的有机物（COD）进行截留，并将其转化为能源（CH_4）；

② 降低污水生物处理过程中的曝气量；

③ 提升水厂能源产量。

除优先采用 MBR、侧流 Anammox、污泥预处理等技术外，新建再生水厂还将考虑采用生物强化吸附预处理（Bio-EPT）、升流式厌氧污泥床（UASB）、短程反硝化工艺。为了提高水厂的能源自给率，将剩余污泥与厨余垃圾一起进行厌氧共消化技术。新加坡 PUB 在 2016 年开工建造了大士再生水厂，其工艺流程如图 8.18 所示。

（3）长期目标——未来绿色水厂

到 2030 年，污水处理实现能源自给自足和碳中和运行是新加坡未来绿色水厂的目标。在长期目标中，Anammox 工艺已被认为是极为可能实现再生水厂能源自给自足的绿色低碳工艺。为此，新加坡对此项技术进行了大量研究。以污水处理过程能耗的自给为主的新加坡 2030 年污水技术路线，在尽可能将污水中 COD 转化为 CH_4 并产生发电能力的同时，注重捕获和富集进水碳源，同时注重 Anammox 在侧流和主流工艺的应用。

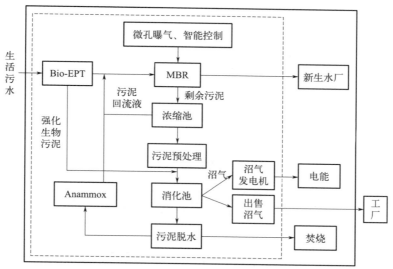

图 8.18　大士再生水厂工艺流程图

8.5.4　国内污水处理碳中和运行技术初步成效

在深入研究和了解国外先进污水处理厂理念、工艺、技术和工程实践的同时，我国学术界和产业界也在积极探索污水处理的新模式。我国工程院院士曲久辉等 6 位专家在 2014 年提出"建设面向未来的中国污水处理概念厂"的设想。污水处理概念厂将满足以下要求：

① 出水水质随水环境条件变化，符合水资源可持续循环利用的条件；

② 大幅度提高污水处理厂的能源自给率，并在适量外源有机废物共处理的条件下，实现能源零消耗；

③ 减少依赖和消耗外源化合物，寻求合理的物质循环利用；

④ 感官舒适、建筑和谐、环境互通、社区友好。

河南商丘睢县第三污水处理厂于 2018 年由河南水利投资集团和中持水务公司合作兴建，以早期概念厂版本为蓝本。睢县项目运用 DANAS 干式厌氧发酵技术，将秸秆、畜禽粪便、水草及污泥等进行协同高干厌氧消化，使有机质处理效率显著提高，并得到良性循环和资源化运作。所产沼气用于电力供应，满足厂区 20%～30% 的能源消耗。同时，将污泥处理后生成的有机肥料用于厂区农作物的试验性种植，以此降低污泥处理难度。项目具有创新发展、绿色发展的魅力，得到了当地居民和政府的广泛认可。

河南商丘睢县第三污水处理厂项目是首个完全遵循概念厂理念的污水处理厂，除具备去除污染物的基本功能外，还具备城市能源厂、水源厂、肥料厂等新功能，将进一步发展成为全方位融合和互利共生的新型环境基础设施。该项目建成于 2021 年年中，如果可以持续稳定运行，将为我国污水处理行业的绿色低碳发展、产业升级产生深远影响。

睢县第三污水处理厂水质净化中心工艺流程见图 8.19。具体工艺流程为：市政污水进入粗格栅、进水泵池、细格栅、沉砂池，去除污水中悬浮物、碎石；随后进入初沉发酵池，将碳源结构进行优化，然后进入厌氧＋分段 A/O，进行吸附降解作用，将污水中的主要有机污染物去除，再进入二沉池进行泥水分离；二沉池中产生的上清液进入深床反硝化滤池，污染物进一步去除后，流入臭氧接触池消毒，对污水中大肠杆菌等病菌进行灭菌处理，最终出水进入巴氏计量槽进行计量，处理合格后排出。

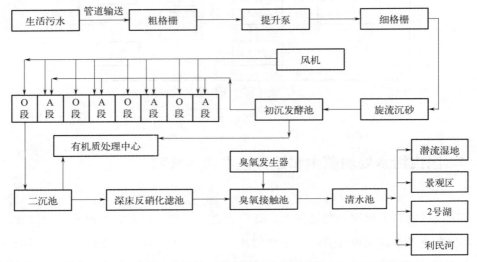

图 8.19　河南商丘睢县第三污水处理厂水质净化中心工艺流程图

有机物处理中心主要是将剩余污泥与畜禽粪便、水草和秸秆等进行资源化利用，流程图如图 8.20 所示。具体流程为：将剩余污泥排入污泥储存池，经脱水后与已经过预处理的畜禽粪便、水草、秸秆及其他有机质均匀混合，随后经螺旋输送至高干厌氧反应

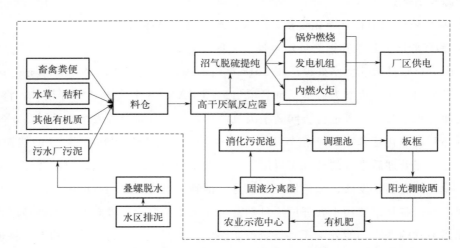

图 8.20　河南商丘睢县第三污水处理厂有机质处理中心工艺流程图

器进行协同厌氧消化；出泥经过柱塞泵打入螺旋固液分离机，滤出的秸秆直接进入物料堆置间，滤出的沼液进入二次脱水机进行泥水分离，出泥也进入物料堆置间与秸秆一起好氧发酵后，将其用于绿化园林或者改良土壤。

高干厌氧反应器中产生的沼气经干法脱硫后进入热电联产系统，对厂区供电，同时对高干厌氧反应器进行加热保温；物料经协同高干厌氧消化＋好氧发酵工艺处理后，每月平均产生沼气量约 2700m³/d，利用沼气发电，可为厂区每天提供电量 3515kWh；好氧发酵每天可以供应 13t 营养土。产品的多样性可以为项目带来更多的经济利益。

睢县第三污水处理厂主要采用以下技术工艺进行节能降耗和资源回收。

（1）多段 A/O 深度脱氮工艺

多段 A/O 深度脱氮工艺具有以下优点：不必进行硝化液内回流，节省了内回流所需的能量，降低了运行费用；将原水中的 BOD 充分利用，并作为碳源用于反硝化，以此减少进入好氧区的碳水化合物，为自养硝化菌生长提供适宜的环境；提升污染物的去除效率，反应所需体积较小，能源消耗较少，利于形成酸碱平衡的状态；丝状菌不易膨胀，操作简便，便于管理。

（2）生物有机质中心——干式厌氧发酵技术

干式厌氧发酵技术（dry anaerobic system，Danas）是专门针对含固率 15%～35% 的市政、农业等一种或多种有机固体废弃物的厌氧消化处理技术，从而实现废弃物的无害化、稳定化、减量化和资源化。干式厌氧发酵技术的主要特点为：适应性高（适用于 15%～25% 各类有机废弃物）；有机负荷大和容积产气率高；具有较强的抗异物能力；系统构成简单，能够实现标准化、模块化设计和建设；占地面积小、建设周期短；设备少，操作简单、检修和维护保养方便；系统自身能耗低。

有机质处理中心利用多种材料，如秸秆、畜禽粪便、水草、污泥等进行协同干式厌氧消化，可回收其中的生物质能，产生清洁能源——沼气（CH_4），沼气用于电力供应，可以减少厂区 20%～30% 能耗。有机质处理中心产生营养土，用于种植并利用中水灌溉，实现资源有效循环。

总之，睢县第三污水处理厂从最大程度上减少了对外部化学品的依赖与消耗，从更广意义上降低了对社会整体资源和能源的消耗，同时也降低了因化学品的引入为污水处理厂带来的环境风险。

思考题

在线题库
参考答案

1. 为什么污水处理也是实施碳减排的重要领域之一？污水处理碳中和的定义是什么？

2. 简述污水处理运行能耗情况以及全过程碳排放类型。

3. 污水处理各个环节中可以采取的节能降耗措施有哪些？

4. 试论述目前污水处理中应用较为广泛的低碳工艺及其应用前景。

5. 从能源回收利用角度，阐述污水处理如何实现碳中和。

6. 比较国内外污水处理碳中和技术应用案例的相同和差异之处。

7. 调查学校污水生产情况，并据此设计一种可应用的污水低碳处理工艺，并阐明处理过程中所采用的碳中和技术。

参考文献

[1] 郝晓地. 污水处理碳中和技术 [M]. 北京：科学出版社，2014.

[2] 住房和城乡建设部. 2021 中国城市建设状况公报 [Z]. 2022-09-28.

[3] 中国建筑节能协会. 2022 中国城镇污水处理碳排放研究报告 [J]. 城乡建设，2023，（04）：60-67.

[4] He Y, Zhu Y, Chen J, et al. Assessment of energy consumption of municipal wastewater treatment plants in China [J]. Journal of Cleaner Production，2019，228：399-404.

[5] Garrido-Baserba M, Vinardell S, Molinos-Senante M, et al. The Economics of Wastewater Treatment Decentralization：A Techno-economic Evaluation [J]. Environmental Science & Technology 2018，52：8965-8976.

[6] Chhipi-Shrestha G, Hewage K, Sadiq R. Fit-for-purpose wastewater treatment：Testing to implementation of decision support tool [J]. Science of Total Environment，2017，607：403-412.

[7] Huang B C, Guan Y F, Chen W, et al. Membrane fouling characteristics and mitigation in a coagulation-assisted microfiltration process for municipal wastewater pretreatment [J]. Water Research，2017，123：216-223.

[8] Zeng S Y, Chen X, Dong X, et al. Efficiency assessment of urban wastewater treatment plants in China：Considering greenhouse gas emissions [J]. Resources Conservation and Recycling，2017，120：157-165.

[9] Fitzsimons L, Horrigan M, McNamara G, et al. Assessing the thermodynamic performance of Irish municipal wastewater treatment plants using exergy analysis：A potential benchmarking approach [J]. Journal of Clean Production，2016，131：387-398.

[10] Liu C, Fiol N, Poch J, et al. A new technology for the treatment of chromium electroplating wastewater based on biosorption [J]. Journal of Water Process Engineering，2016，11：143-151.

[11] 卢瑞朋. 基于反硝化除磷的新型脱氮除磷工艺的研究 [D]. 北京市生态环境保护科学研究院，2022.

[12] Mousel D, Palmowski L, Pinnekamp J. Energy demand for elimination of organic micropollutants in municipal wastewater treatment plants [J]. Science of the Total Environment，2017，575：1139-1149.

[13] Meneses-Jacome A, Diaz-Chavez R, Velasquez-Arredondo H I, et al. Sustainable Energy from agro-industrial wastewaters in Latin-America [J]. Renewable & Sustainable Energy Reviews，2016，56：1249-1262.

[14] Zhang L, Okabe S. Ecological niche differentiation among anammox bacteria [J]. Water Research, 2020, 171: 115468.

[15] Li X, Peng Y, Zhang J, et al. Multiple roles of complex organics in polishing THP-AD filtrate with double-line anammox: Inhibitory relief and bacterial selection [J]. Water Research, 2022, 216: 118373.

[16] Fan Z, Zeng W, Liu H, et al. A novel partial denitrification, anammox-biological phosphorus removal, fermentation and partial nitrification (PDA-PFPN) process for real domestic wastewater and waste activated sludge treatment [J]. Water Research, 2022, 217: 118376.

[17] Zhang Y, Ji G, Wang R. Quantitative responses of nitrous oxide accumulation to genetic associations across a temperature gradient within denitrification biofilters [J]. Ecological Engineering, 2017, 102: 145-151.

[18] Massara T M, Malamis S, Guisasola A, et al. A review on nitrous oxide (N_2O) emissions during biological nutrient removal from municipal wastewater and sludge reject water [J]. Science of Total Environment, 2017, 596-597: 106-123.

[19] Du R, Cao S, Jin R, et al. Beyond an Applicable Rate in Low-Strength Wastewater Treatment by Anammox: Motivated Labor at an Extremely Short Hydraulic Retention Time [J]. Environmental Science & Technology, 2020, 56 (12): 8650-8662.

[20] Kuba T, Loosdrecht M, Heijnen J. Phosphorus and nitrogen removal with minimal COD requirement by integration of denitrifying dephosphation and nitrification in a two-sludge system [J]. Water Research, 1996, 30: 1702-1710.

[21] Vlekke G J F M, Comeau Y, Oldham W K. Biological phosphate removal from wastewater with oxygen or nitrate in sequencing batch reactors [J]. Environmental Technology, 1988, 9: 791-796.

[22] Hu J Y, Ong S L, Ng W J, et al. A new method for characterizing denitrifying phosphorus removal bacteria by using three different types of electron acceptors [J]. Water Research, 2003, 37: 3463-3471.

[23] Kuba T, Loosdrecht M C M V, Brandse F A. Occurrence of denitrifying phosphorus removing bacteria in modified UCT-type wastewater treatment plants [J]. Water Research, 1997, 31: 777-786.

[24] Abouhend A S, McNair A, Kuo-Dahab W C, et al. The oxygenic photogranule process for aeration-free wastewater treatment [J]. Environmental Science & Technology, 2018, 52: 3503-3511.

[25] Zhang M, Ji B, Liu Y. Microalgal-bacterial granular sludge process: a game changer of future municipal wastewater treatment [J]? Science of the Total Environment, 2021, 752: 141957.

[26] Kohlheb N, Van Afferden M, Lara E, et al. Assessing the life-cycle sustainability of algae and bacteria-based wastewater treatment systems: high-rate algae pond and sequencing batch reactor [J]. Journal of Environmental Management, 2020, 264: 110459.

[27] Guo D, Zhang X C, Shi Y T, et al. Microalgal-bacterial granular sludge process outperformed aerobic granular sludge process in municipal wastewater treatment with less carbon dioxide emis-

sions [J]. Environmental Science and Pollution Research, 2021, 28: 13616-13623.

[28] Safitri A S, Hamelin J, Kommedal R. et al. Engineered methanotrophic syntrophy in photogranule communities removes dissolved methane [J]. Water Research, 2021, 12: 100106.

[29] Mohsenpour S F, Hennige S, Willoughby N, et al. Integrating micro-algae into wastewater treatment: a review [J]. Science of the Total Environment, 2021, 752: 142168.

[30] Ji B, Liu C. CO_2 improves the microalgal-bacterial granular sludge towards carbon-negative wastewater treatment [J]. Water Research, 2022, 208: 117865.

[31] Hepbasli A, Biyik E, Ekren O, et al. A key review of wastewater source heat pump (WW-SHP) systems [J]. Energy Conversion and Management, 2014, 88: 700-722.

[32] Ni L, Tian J Y, Zhao J N. Experimental study of the relationship between separation performance and lengths of vortex finder of a novel de-foulant hydrocyclone with continuous underflow and reflux function [J]. Separation Science and Technology, 2017, 52: 142-154.

[33] Janssen R, Turhollow A F, Rutz D, et al. Production facilities for second-generation biofuels in the USA and the EU-current status and future perspectives [J]. Biofuels, Bioproducts and Biorefining, 2013, 7: 647-665.

[34] Gollet P, Helias A, Lardon L, et al. Life-cycle assessment of microalgae culture coupled to biogas production [J]. Bioresource Technology, 2011, 102: 207-214.

[35] Zhang F, Ge Z, Grimaud J, et al. Long-term liter-scale microbial fuel cells treating primary effluent installed performance of in a municipal wastewater treatment facility [J]. Environmental Science & Technology, 2013, 47: 4941-4948.

[36] Heidrich E S, Curtis T P, Dolfing J. Determination of the internal chemical energy of wastewater [J]. Environmental Science & Technology, 2011, 45: 827-832.

[37] Judex J W, Gaiffi M, Burgbacher H C. Gasification of dried sewage sludge: Status of the demonstration and the pilot plant [J]. Waste Management, 2012, 32: 719-723.

[38] Gollakota A R K, Kishore N, Gu S. A review on hydrothermal liquefaction of biomass [J]. Renewable and Sustainable Energy Reviews, 2018, 81: 1378-1392.

[39] Samolada M, Zabaniotou A. Comparative assessment of municipal sewage sludge incineration, gasification and pyrolysis for a sustainable sludge-to-energy management in Greece [J]. Waste Management, 2014, 34: 411-420.